First published in English under the title
Advanced HDL Synthesis and SOC Prototyping: RTL Design Using Verilog
by Vaibbhav Taraate

This edition has been translated and published under licenee from
Springer Nature Singapore Pte Ltd.

著者简介

瓦伊巴夫·塔拉特

“Semiconductor Training@Rs.1”的创办者和导师。1995年获得Shivaji（Kolhapur）大学的电子学学士学位，并因在所有工程学部中排名第一而获得金质奖章。1999年毕业于印度理工学院孟买分校，主修航空航天控制与制导，获得硕士学位。在半定制ASIC和FPGA设计方面有超过15年的经验，主要使用HDL语言（Verilog和VHDL）。曾在多家跨国公司担任顾问、高级设计工程师、技术经理。专业领域包括VHDL设计、Verilog设计、复杂FPGA系统设计、低功耗设计、综合/优化、静态时序分析、使用微处理器进行系统设计、高速VLSI设计，以及复杂的SoC架构设计。

数字IC设计工程师丛书

高级HDL综合和SoC原型设计

〔印〕瓦伊巴夫·塔拉特 著

魏 东 孙 健 译

科 学 出 版 社

北 京

图字：01-2024-0308号

内 容 简 介

本书通过实际案例介绍高级HDL综合与SoC原型设计，提供有关SoC和ASIC设计性能改进的实用信息。

本书共16章，内容包括SoC设计、RTL设计指南、RTL设计和验证、处理器设计和架构设计、SoC设计中的总线和协议、存储器和存储控制器、DSP算法与视频处理、ASIC和FPGA综合、静态时序分析、SoC原型设计、SoC原型设计指南、设计集成与SoC综合、互连线延迟和时序、SoC原型设计和调试技巧、板级测试等。本书源于作者在RTL和SoC设计领域多年实践经验的总结，旨在为SoC设计工程师提供有价值的参考。

本书适合数字IC设计工程师阅读，也可以作为高等院校微电子、自动化、电子信息等相关专业师生的参考用书。

图书在版编目（CIP）数据

高级HDL综合和SoC原型设计 / (印) 瓦伊巴夫·塔拉特著 ; 魏东, 孙健译. -- 北京 : 科学出版社, 2025. 1. -- (数字IC设计工程师丛书). -- ISBN 978-7-03-080188-3

Ⅰ. TN402

中国国家版本馆CIP数据核字第2024Y5E071号

责任编辑：杨 凯 / 责任制作：周 密 魏 谨
责任印制：肖 兴 / 封面设计：杨安安

科学出版社 出版
北京东黄城根北街16号
邮政编码：100717
http: //www.sciencep.com
北京九天鸿程印刷有限责任公司印刷
科学出版社发行 各地新华书店经销

*

2025年1月第 一 版 开本：787 × 1092 1/16
2025年1月第一次印刷 印张：17
字数：321 000

定价：78.00元

（如有印装质量问题，我社负责调换）

前 言

21 世纪，我们正见证着智能设备向小型化迈进的浪潮，这一趋势预计在未来数十年内还将持续下去。随着晶体管的尺寸逼近 5nm，SoC 设计和原型设计在追求智能化和成本效益的双重目标下，得到了实质性的发展。

回顾近十年的国内外市场，基于 SoC 的设计应用在无线通信、多媒体、处理器、控制器、图像处理、接口协议等领域得到了长足的发展，这是一个真实的由市场竞争导致的对产品成本的影响。

如果我们试着去审视近十年的技术发展，便能真切感受到，为了迎合 SoC 设计和验证的需要，电子设计自动化（EDA）算法经历了显著的发展和不断的改进过程。众多 EDA 供应商，如 Xilinx、Intel FPGA、Synopsys、Cadence 为了满足 SoC 设计的需求，不断推出新的 EDA 工具链和高容量的 FPGA 板卡。

考虑到以上需求，全书共分 16 章：

第 1 章介绍 ASIC 设计的概念、流程，以及工艺节点的特征和趋势。

第 2 章讨论 SoC 的设计流程与挑战，以及 SoC 原型设计的需求和 SoC 原型设计面临的挑战。

第 3 章讨论 RTL 设计过程中有效的指导方针和实际 RTL 设计阶段需要考虑的重要问题，这些指导方针可以通过调整 RTL 或者使用其他高效的 Verilog 结构来提高设计性能。

第 4 章讨论 RTL 设计和验证策略，有助于理解 RTL 设计和验证工程师的角色，以及如何实现高效的 SoC 原型设计。

第 5 章描述开发工程师构建处理器的架构和微架构时的思维过程，这对设计优秀的产品是非常有帮助的，有助于理解硬 IP 核在 SoC 原型设计中的使用。

第 6 章讨论 SoC 设计中常用的几个协议，以及总线架构和数据传输方案及技术，有助于理解 I2C、SPI、AHB 总线协议的基础知识。

第 7 章讨论存储控制器与外部存储器的接口技术，这类控制器的时序约束是整体设计的决定性因素。

第 8 章讨论 DSP 算法和设计工程师为了实现 DSP 的性能而进行的设计，有助于理解 FIR 和 IIR 滤波器的基础知识和如何使用 Verilog 改善设计的性能。本章还讨论如何根据实际应用场景，使用 Verilog 对视频编码器和解码器的架构和微架构进行调整。

第 9 章讨论 ASIC 和 FPGA 的逻辑综合。在 ASIC 原型设计过程中，讨论 ASIC 设计如何迁移到 FPGA 上，重点介绍 RTL 设计的重要概念、设计分块、模块级和芯片级综合。结合实际场景讨论综合过程中使用的设计约束。此外，本章还重点介绍综合过程中使用的 Synopsys DC 命令。通过实例讨论门控时钟及其在 ASIC 和 FPGA 上的实现。

第 10 章讨论静态时序分析（STA）。时序路径、最大频率计算、输入延迟和输出延迟将在本章的实际场景中讨论。此外，本章还将详细介绍 Synopsys PT 命令，并结合真实案例，探讨如何提升时序性能从而满足时序约束。本章对 ASIC 和 SoC 设计人员了解设计中的时序和解决设计中的时序违例是非常有帮助的。同时，结合具体实例讨论 FPGA 的时序分析方法。

第 11 章讨论 FPGA 的功能模块及其用途。结合实际案例讨论 FPGA 的逻辑推理过程，以及原型设计的挑战和如何克服。

第 12 章讨论 SoC 原型设计过程中重要的设计指南。原型设计的性能取决于如何将设计划分为多个 FPGA。通过实例详细描述和解决 IO 的速度和带宽，以及如何使用同步器。

第 13 章讨论设计集成与 SoC 综合。重点描述和分析如何进行设计分区。本章对于理解设计分区、综合和 STA 等概念非常有帮助。此外，还将讨论在复杂的 SoC 设计中，如何克服设计分区带来的挑战，如何高效地利用综合，如何使用增量编译策略来解决放置、布线和 STA 时序验证的问题。

第 14 章讨论高速互连及其在设计中的需求。本章的重点是解决高速 FPGA 原型设计（使用多个 FPGA）中延迟方面的问题及挑战，并给出解决方案。通过实例描述 FPGA 之间的 IO 多路复用、时序预算和互连性。

第 15 章讨论选择目标 FPGA 验证 SoC 时的重要考虑因素。本章还涵盖多 FPGA 设计的注意事项、风险和挑战，以及如何克服。此外，还将介绍 Xilinx Zynq-7000 系列产品的特点和 SoC 平台的考虑因素。

第 16 章讨论板级 SoC 设计验证。本章涵盖对单 FPGA 和多 FPGA 系统的调试规划、挑战、板级测试。本章可以让大家在测试 SoC 设计的同时了解逻辑分析仪的使用方法。FPGA 之间的连接问题和引脚分配约束问题也将在本章讨论。

如前所述，本书旨在阐释如何利用高密度 FPGA 进行 SoC 设计和原型制作，书中提供了大量实例和应用场景，可帮助读者更加轻松地掌握这些概念。

瓦伊巴夫 · 塔拉特

致　谢

在着手撰写本书之际，我心中有一个明确的目标：为 SoC 设计工程师提供一本有价值的参考书籍，全面覆盖 SoC 设计领域的理论和实践。本书的诞生，源于我在 RTL 和 SoC 设计领域多年实践经验的结晶。

本书的出版得到很多人的帮助，我非常感谢所有的参与者，他们曾在不同的跨国公司接受过我关于 RTL 设计的培训。同时，我要感谢那些曾与我共事的企业家、设计和验证工程师及管理人员，在过去的 16 年里，我们共同度过了许多难忘的时光。

感谢我最亲爱的朋友们，他们间接的支持和鼓励对我来说是莫大的激励。

感谢我的妻子 Somi、我的儿子 Siddhesh 和我的女儿 Kajal 在这段时间里给予我的支持与帮助！

特别感谢我的父亲、母亲和我的精神导师，他们对我的信任和支持使我更加坚强！

最后，感谢 Springer 的工作人员，尤其是 Swati Meherishi、Avni、Krati 和 Praveenkumar Vijayakumar 对我的信任、支持与帮助。

感谢所有购买、阅读本书的读者，希望你们喜欢这本书！

目　录

第1章 概 述

集成电路中的晶体管数量每隔18到24个月翻一番。

戈登·摩尔

21 世纪初需要的是亿门级逻辑的 ASIC 设计，其应用覆盖无线通信、汽车、医疗和其他高速运算处理或视频处理等领域，在这些领域中，高速 ASIC 芯片扮演着至关重要的角色。对于这样的 ASIC 或片上系统（SoC）原型，需要在实现层面上识别并解决 bug，并测量其性能。换句话说，这可以避免 ASIC 芯片的重新设计。在此背景下，本章主要讨论 ASIC 的设计流程和挑战，以及 ASIC 的工艺节点演进和 SoC 架构。本章有助于理解 ASIC 设计中涉及的步骤和过程。

1.1 摩尔的预言与现实

1958 年，Jack Kilby 在德州仪器（TI）设计出第一个集成电路（IC），没有人会想到集成电路（IC）在 21 世纪发展得如此迅猛。1965—1975 年，英特尔联合创始人戈登·摩尔（Gordon Moore）预测："集成电路中的晶体管数量每隔 18 到 24 个月翻一番。"我们称之为摩尔定律。实际上，摩尔定律不仅仅是定律，它通常被当作预测工具，用于规划集成电路设计投资和演进周期。

在过去 50 年里，工艺节点从几微米缩小到 10nm，甚至进一步缩小。高密度 ASIC 设计面临诸多挑战。21 世纪初，设计领域的挑战主要源自复杂的设计功能、低功耗和高性能要求。这些挑战已成为设计周期中不可或缺的组成部分，通过优化设计架构，我们完全可以克服这些问题。然而，对于先进工艺节点的 ASIC 和 SoC 来说，还有很多其他挑战是由物理条件和环境条件引起的！

如果我们考虑晶体管的缩放，那么基于器件的物理特性将面临一些限制和现实挑战。现实中的设计与表征先进工艺节点的集成电路标准单元库是一个耗时且成本巨大的过程。亚瑟·洛克曾说过，"ASIC 芯片制造的投资需求大约 4 年翻一番"，我们称之为洛克定律或摩尔第二定律。

图 1.1 提供了关于工艺节点演变的信息。如图所示，工艺节点已经缩小到几乎 10nm，并且还将进一步缩小到 7nm 以下。期待出现新的技术变革和制造工艺来应对进一步缩小的挑战。

根据 Intel 工艺测算，10nm 工艺节点的晶体管密度比 14nm 工艺节点的晶体管密度提升了大约 2.7 倍。

缩小的限制是由低功耗架构的需求和要求所引起的。缩小的工艺节点能否满足设计者所需的动态、静态和泄漏功耗，是设计师面临的最具挑战性的问题之一。

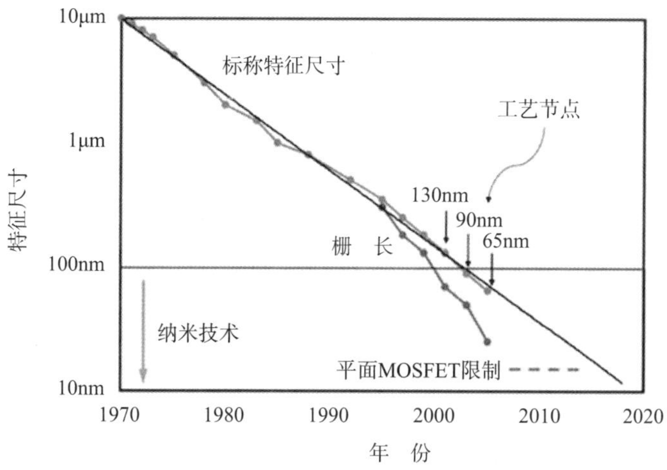

图 1.1 工艺节点变化与时间的关系

下面考虑一下移动领域的 SoC 设计。终端用户有低成本的功能需求，因此 SoC 设计在移动领域的挑战是设计具有低功耗的芯片组，满足多任务处理和设计功能、优化等。如图 1.2 所示，移动领域 SoC 芯片在 2016 年采用 10/14nm 工艺节点，并且随着消费者需求的增长，将向更先进的工艺节点发展。

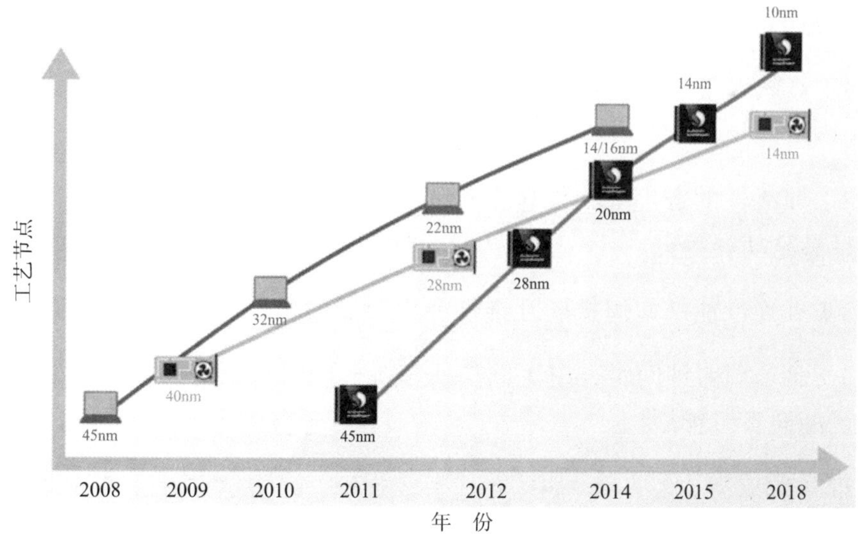

图 1.2 移动领域芯片工艺节点随时间变化图

国际半导体技术路线图（ITRS）关注更多芯片级系统设计及设计策略。ITRS 可以评估设计趋势、设计技术和未来发展，使 SoC 设计更加稳健地发展。ITRS 具有新的额外功能，甚至可以应用于十亿门级 SoC 设计。ITRS 的主要目标是为 ASIC 设计制定发展路线图。

ITRS关注的重点是设计成本、制造周期，以及目标设计技术。对于半导体客户来说，主要的挑战是NRE成本。在过去十年中，掩模和测试的NRE成本已经达到了数亿美元的级别，并且由于设计规范的改变或者设计中的重大缺陷，这些成本将成倍增加。由于工艺技术的变化，产品的生命周期将缩短，因此，上市时间成为半导体设计和制造公司最关键的问题。

对于ASIC设计，设计或验证周期通常是几个月，而制造周期通常只有几周。设计和验证中的不确定性高，芯片制造过程中的不确定性低，在这种情况下，对工艺技术的投资已经超过了对设计技术的投资。2016年低功耗ASIC/SoC的设计成本几乎在数百万美元左右，而过去十年的投资高达数亿美元。

但是，ASIC的应用需要软件和硬件协同工作，所以在这十年里，系统是典型的嵌入式类型。70% ~ 80%的成本投入到开发此类系统的软件上。在这十年中，ASIC测试成本显著增长，对于任何复杂的设计，验证成本比设计成本要高得多！

ITRS分为两个主要垂直领域：一是与芯片的物理设计有关的制造的复杂性；二是系统复杂性，这与系统设计场景和复杂的功能有关。

大多数ITRS建议物理设计重点关注以下信息：

（1）高频设备和互连：主要的挑战是噪声、信号完整性、延迟变化和交叉耦合。

（2）非线性的寄生RC和电源电压/阈值电压：由于非线性的变化，真正的挑战是满足功耗约束。

（3）互连性能：如何扩展互连性能以建立连接是其中一个挑战。

（4）全系统时钟同步：由于低功耗和统一的时钟偏差的要求，不可能实现整个系统的同步时钟结构。

在设计低成本、低功耗ASIC芯片的过程中，设计和制造公司需要考虑所有这些挑战。在过去的十年里，我们见证了单个晶体管的面积缩小和数量倍增，这些限制对处理器的发展路线图产生了深刻的影响！

除了这些物理设计挑战外，系统设计师还需要考虑验证和测试的成本、漫长的验证周期、层次化设计中的设计复用、硬件和软件的协同设计，以及设计/验证团队的规模和地理位置。在未来，这些仍将是重要的挑战。

2016—2020 年的标准工艺节点如图 1.3 所示。2020 年，我们能够使用英特尔 6nm 或 7nm 制程工艺节点的芯片。

按年份划分的标准工艺节点

公　司	2016 年	2017 年	2018 年	2019 年	2020 年
格　芯	NA	NA	8.2nm	NA	NA
英特尔	NA	9.5nm	NA	NA	6.7nm
三　星	12.0nm	NA	8.4nm	NA	NA
台积电	11.3nm	8.2nm	NA	5.4nm	NA

图 1.3 标准工艺节点随时间推进图

1.2 ASIC设计与工艺节点的缩减

如图 1.4 所示，单个处理器使用公共总线与存储器（RAM、ROM）和外设通信，这是 20 世纪微处理器处于发展阶段时的配置。

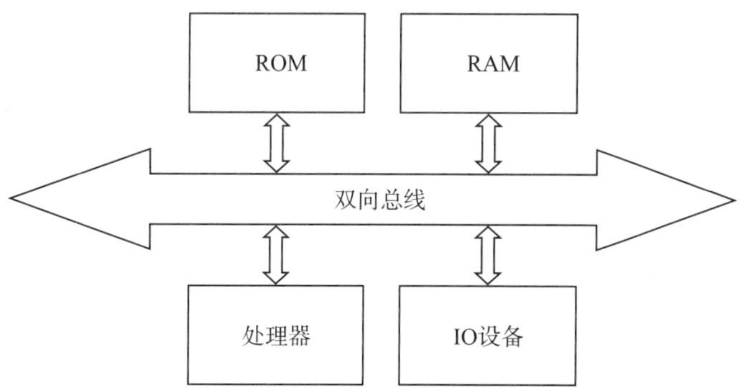

图 1.4 单处理器系统

这些类型的 SoC 以较低的成本应用于嵌入式系统的设计，被称为传统专用标准产品（ASSP），即 ASSP 是由单个处理器通过共享总线与 IO 设备、ROM、RAM 通信。在 20 世纪 80 年代早期，处理器的逻辑门数几乎在几千到十万门之间，设计频率在几 MHz 以内，工艺节点接近 600μm。在目前的应用场景中，工艺节点为 10nm，设计和制造公司面临着许多挑战，如速度和功耗要求。

如前所述，对 ASIC 设计的真正要求是广泛的并行性和低功耗架构，以及在更小的硅面积上嵌入包括高端音频 / 视频算法在内的处理功能。因此，市场对多处理器和处理引擎的需求趋向于可重构的环境，这也正是技术发展向更先进工艺节点转移的驱动力之一。

标准工艺节点变化趋势如图 1.5 所示。

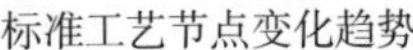

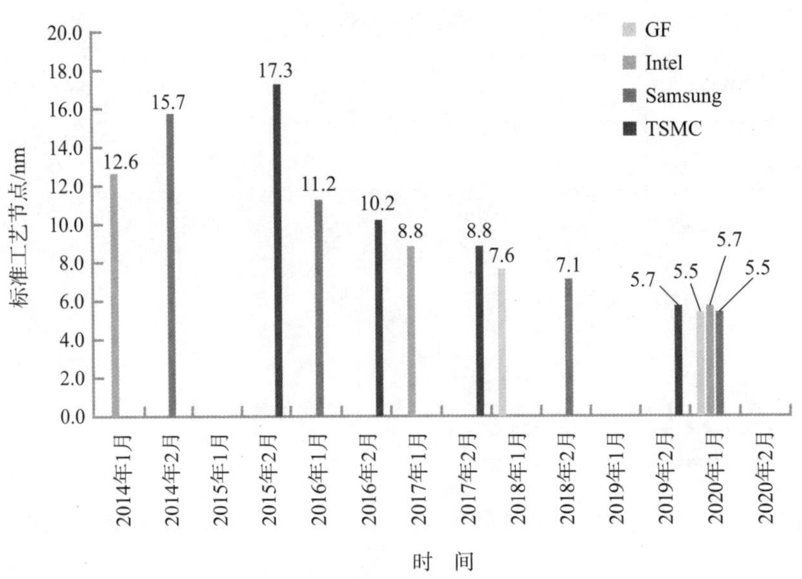

来源：EE Times, IC Knowledge, ASML fomula

图 1.5 标准工艺节点的发展

由图 1.5 可知，为了满足市场的需求和供应，并创新半导体产品，格芯（GF）、英特尔（Intel）、三星（Samsung）和台积电（TSMC）在 2019 年之后使用低于 7nm 的工艺节点制造 ASIC 芯片。

1.3 英特尔处理器的演变

如图 1.6 所示，晶体管数量随时间的推移呈指数增长。处理器的时钟频率和所需的功耗都有显著提升，这表明处理器芯片设计的真正挑战是满足所需的时钟频率和功耗要求。

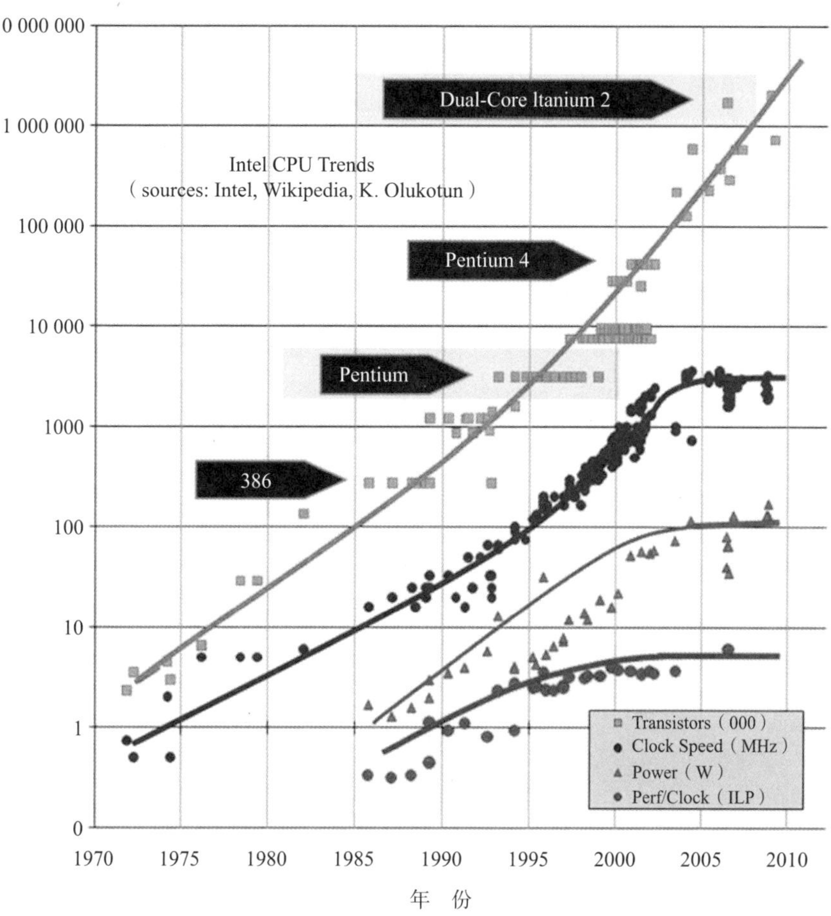

图 1.6 英特尔处理器 1970—2010 年的演变

1.4 ASIC设计

专用集成电路（ASIC）是为特定目的或应用而设计的。ASIC 芯片采用全定制或半定制设计流程进行设计。全定制的设计从头开始，所需的单元是为特定的工艺节点设计的。在半定制 ASIC 的情况下，使用预先验证过的标准单元和库，并设计所需的额外功能单元。额外需要的功能可能是标准单元的设计和 IP。ASIC 设计流程分为逻辑设计流程和物理设计流程。

逻辑设计流程包括 HDL 的设计输入、ASIC 的功能验证、综合与可测性设计、预布局时序分析。物理设计流程包括布局、电源布局、放置、时钟树综合、布线，最后对布线后的芯片进行时序分析和检测。

如前所述，ASIC 是复杂的，并且可能有超过十亿逻辑门的规模，它们可用于无线通信、高速视频处理等。在所有这些应用中，设计人员需要了解功能规范、设计体系结构，甚至硬件和软件分区。

利用功能规范，可以将功能描述为功能块的形式，这也被称为芯片的架构。复杂的 SoC 架构涉及对规范的理解以及设计中功能块的表示。架构和微架构文档包含了实现ASIC所需的功能块细节，甚至可能包含有关硬件和软件分区的详细信息，以及速度、面积和功耗要求。

20世纪80年代早期的处理器，由于仅需要单个处理器和很少的外围设备使用共享总线进行通信，因此非常简单。近十年中，设计领域一直在寻求集成多处理器、流水线、并发处理能力和低功耗、高速度的架构。

这类设计的主要挑战如下：

（1）架构和系统分区。

（2）低功耗管理。

（3）使用经过功能和时序验证的 IP。

（4）测试方法和设备。

（5）验证计划。

（6）深亚微米效应与集成。

（7）上市时间缩短。

（8）先进的设计流程和仿真模型。

应用于多媒体的 SoC 架构如图 1.7 所示，包含视频处理引擎、音频处理引擎、内存、处理器、网络接口、总线逻辑和通用 IO 接口。视频输出和音频输出

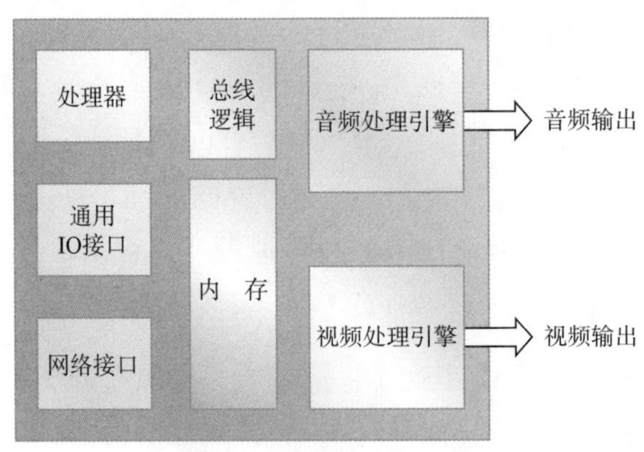

图 1.7 多媒体 SoC 架构

分别来自视频和音频处理引擎。SoC 架构可以通过添加一个或多个处理器来改进音频和视频处理引擎。每个处理器同时执行操作，从而产生高分辨率的视频和高质量的音频。

如前所述，为特定目的或应用而设计的芯片称为专用集成电路（ASIC）。复杂的 ASIC 主要由多处理器和存储体及其他功能模块（比如外部接口模块）构成。芯片可以由模拟模块和数字模块组成，例如，用于无线通信的 ASIC，具有发送器和接收器。芯片应该由一个或多个处理器来执行数据的并行处理，并且应该满足所需的性能和数据吞吐量标准。

集成电路（IC）是由硅片制造，每片硅片由成千上万个芯片组成。大多数时候，我们使用专用标准产品（ASSP），ASSP 可通过器件号在市场上买到，例如处理器芯片、视频解码器、音频、DSP 处理芯片等。

ASIC 主要分为以下几类：

（1）全定制 ASIC：在这种类型的 ASIC 设计中，设计需要对标准单元进行特征化，因此设计一般是从标准单元设计、特征化和验证开始的。这种设计流程包括所需单元或门的设计和验证。之前设计的标准单元不用于这种 ASIC。考虑这样一个设计场景：设计规范提交给设计团队，其中包含速度、功耗和面积的要求。如果之前设计的单元不满足所需的性能标准，则可以选择为目标流程节点设计所需的单元。重新设计标准单元、宏和验证需要更长的时间，因此此类 ASIC 的设计周期更长。

（2）半定制 ASIC：在这种设计中，预先设计好的逻辑门（AND、OR、NOT、EXOR）、MUX、触发器和锁存器可在整个设计周期中使用。在此类设计中，设计团队使用标准单元库（已经预先设计和预先验证过的）。与全定制设计相比，这意味着更短的上市时间、更少的投资，甚至更低的风险。考虑这样一个场景：标准单元和宏是为 10nm 工艺节点预先设计和验证过的，现在，设计团队已经获得了使用 10nm 工艺节点设计存储控制器的规格书，在这种情况下，设计团队可以使用预先设计、预先验证过的标准单元库，这减少了设计周期和设计中的风险。标准单元库仅使用全定制的设计流程进行设计，并且可以单独优化。

（3）门阵列 ASIC：门阵列 ASIC 设计涉及基本阵列和基本单元。基本阵列由预先定义的门组成。基本单元指基本阵列中最基础的门单元。在这种类型的 ASIC 中，所有基本单元的布局是定制的，也是相同的，但基本单元之间的互连线是不同的。

门阵列 ASIC 又分为布线通道门阵列、无布线通道门阵列和结构化门阵列。

1.5 ASIC设计流程

ASIC 设计是从实现特定应用的产品或设计的想法开始的，架构师和工程师通过需求分析和市场调查来制定 ASIC 的详细规格，如图 1.8 所示。

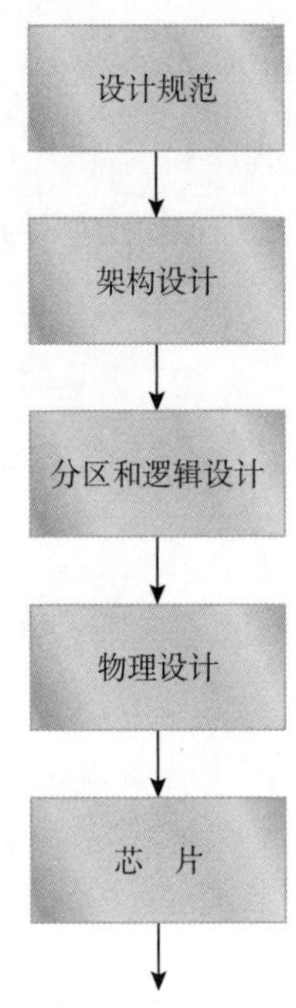

图 1.8 ASIC 设计流程

1. 设计规范

ASIC 规范包括功能设计、电气特性、机械装配。本书的重点是设计和原型化 SoC，因此，我们将根据设计规范，详细说明设计流程。

2. 架构设计

利用设计规范，可以描述 ASIC 的架构和微架构。将 ASIC 设计划分为小的模块，并在较高的层次上描述模块级设计。例如，如果 ASIC 使用处理器，那么在绘制架构草图时，架构设计团队应该考虑功能、速度、外部接口、流水线、IO 吞吐量。通过对这些细节的深入具体化，ASIC 的架构和微架构可以迭代发展。尽管高效的架构和微架构文档是费时的，但对整个设计周期的保障是非常必要的。这些文档可以作为整个 ASIC/SoC 的设计与实现周期的参考文档。

3. 逻辑设计

ASIC 逻辑设计涉及设计分区、RTL 设计、RTL 验证、逻辑综合、测试电路插入和预布局时序分析。图 1.9 给出了 ASIC 逻辑设计流程的信息。

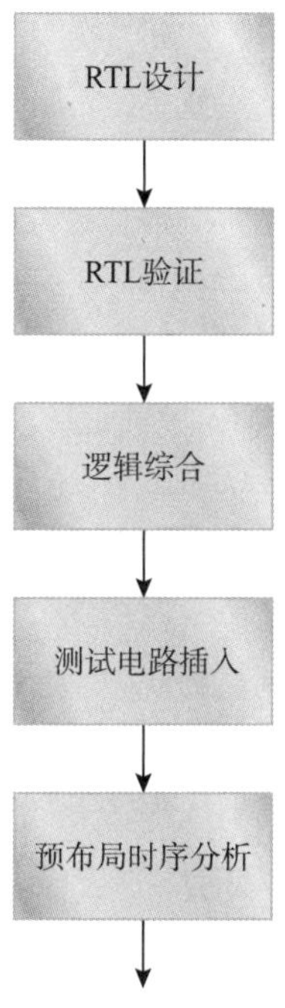

图 1.9 ASIC 逻辑设计流程

（1）设计规范理解：理解 SoC 架构和微架构。

（2）RTL 设计：使用 HDL 语言（VHDL、Verilog、System Verilog）进行设计。

（3）测试电路插入：插入存储体 MBIST 电路。

（4）RTL 验证：详尽的动态功能仿真，以验证设计的功能。

（5）环境设置：包括设计要使用的工艺库文件，以及其他环境属性。

（6）设计约束与综合：约束与综合并使用 DC 进行扫描链插入（可选的 JTAG）。

（7）模块级 STA：使用 DC 内置的静态时序分析工具进行 STA 检查。

（8）形式验证：使用 Formality 工具比较 RTL 和综合后的网表。

（9）预布局时序分析：使用 PrimeTime 进行全芯片 STA 检查。

4. 物理设计流程

图 1.10 描述了物理设计流程中的几个重要步骤。流程是迭代的，取决于是否满足设计约束。如果满足了设计约束，那么阶段性的项目里程碑就实现了，可以进入下一个设计阶段。

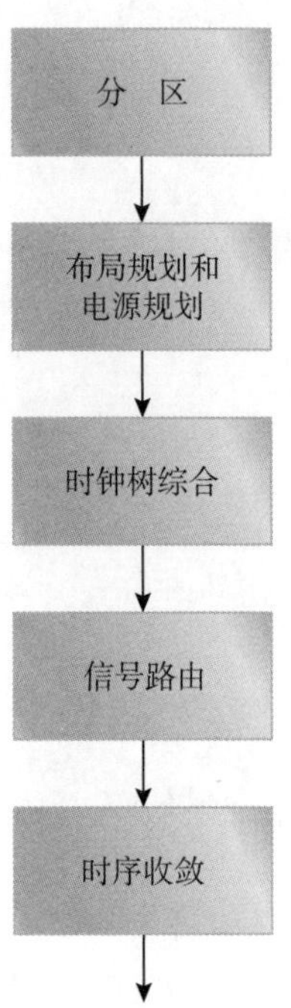

图 1.10 物理设计流程中的重要步骤

具体的物理设计流程如下：

（1）导入 SDC：将时序约束文件导入布局布线工具。

（2）布局规划：初始的布局规划与时序驱动的标准单元放置、时钟树插入和全局布线。

（3）时钟树综合：将 DC 环境下理想状态的时钟转换成满足时钟树约束的网表。

（4）IPO：在放置阶段的优化。

（5）形式验证：使用 Formality 工具进行综合后网表和时钟树插入后网表的一致性比对。

（6）寄生参数抽取：在全局布线完成后（globle route）抽取预估的寄生参数（该阶段没有实际的布线）。

（7）反标：将寄生参数抽取出的 RC 值反标到设计中，供 PrimeTime 使用。

（8）STA：使用 PrimeTime 工具和预估的寄生参数进行全局布线之后的静态时序分析检查（该阶段没有详细的布线）。

（9）详细布线：从详细布线结果中抽取真实的时序相关信息。

（10）反标时序数据：反标真实的时序数据到 PrimeTime，供时序分析使用。

（11）详细布线后 STA 检查：使用 PrimeTime 进行最终的 STA 检查。

（12）详细布线后仿真：门级功能仿真（带时序信息）。

（13）数据输出（TO）：DRC 和 LVS 验证之后的最终 GDS 数据输出。

1.6 ASIC/SoC设计的挑战

21 世纪的 ASIC 和 SoC 设计正面临小型化的严峻挑战，因为摩尔定律所预言的尺寸缩小已触及其物理极限。真正的挑战是在低功耗下实现 ASIC 的速度。如今，人们对于智能手机、智能控制设备和网络应用的追求愈发热衷。值得注意的是，在这十年中，ASIC/SoC 设计中大规模并行性的广泛运用将深刻改变设计流程和算法。在这种情况下，有许多挑战需要解决：

（1）ASIC 可以设计用于高带宽和高可靠的通信以满足终端客户的需求。

（2）像谷歌这样的公司可以在量子计算系统中使用 ASIC 解决语音识别的问题。

（3）人工智能领域将通过使用并行性和并行处理来克服先进工艺节点无法快速更新带来的挑战。

（4）医疗诊断领域将消耗大量的专用集成电路，而且新的 SoC 将随着并行处理器的发展而发展。

（5）文本到语音合成领域将向着基于并行处理器的方向演进。

（6）车辆自动驾驶领域将向着更加人性化的方向发展，自动驾驶相关的 ASIC 的需求将会彻底爆发。

（7）随着计算和处理能力的提高，SoC 甚至可以用来更精确和准确地控制危险区域的机器人。

（8）智能传感器、摄像头和扫描仪可以在没有人类干预的情况下，用来识别危险物品。

（9）使用多处理器和 ASIC/SoC，可以对病人的健康状况进行远距离的长期监控。

（10）得益于对更紧凑的尺寸、更迅捷的运行速度以及更高效的能耗的追求，大规模并行化正引领着一场深刻的技术革新。

1.7 总 结

以下是对本章要点的总结：

（1）与 ASIC 相比，SoC 设计更复杂。

（2）ASIC 设计可以分为全定制设计流程和半定制设计流程。

（3）在更先进的工艺节点，真正的挑战是实现高速和低功耗。

（4）现代 SoC 架构需要更多的处理器，可以看作多处理器架构。

（5）并发性和多任务已经成为设计系统时重要的考量参数。

（6）ITRS 的重点是客观地降低 NRE 成本并规划未来的 SoC 设计。

下一章，我们将讨论 SoC 设计及其面对的重要挑战，这将有助于了解 SoC 的设计、验证、原型设计周期和需求。

第 2 章　SoC设计

半导体芯片制造厂的成本每四年翻一番。

亚瑟·洛克（摩尔第二定律）

本章主要讨论 SoC 设计的基本概念、流程和重要步骤，以及 SoC 原型设计的需求和面临的挑战。本章有助于原型设计工程师了解 SoC 设计的基础知识。

2.1 SoC设计

在过去的十年中，SoC 设计的复杂性大大增加。由于各种低功耗和高速应用的要求，SoC 原型设计需求也逐渐增加。SoC 通常由模拟模块和数字模块组成，图 2.1 给出了一些 SoC 组件的信息。

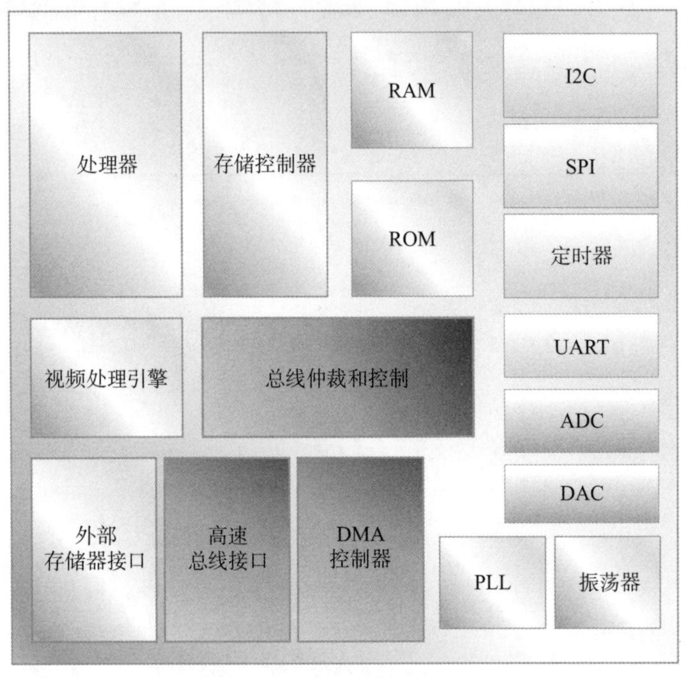

图 2.1 复杂结构的 SoC

（1）处理器和处理器核：高密度 SoC 通常由单核或多个处理器核组成。多处理器架构可以在执行指令时实现并发执行和并行性。在大多数情况下，这些应用需要高速、低功耗的处理器架构以执行复杂的操作。这些操作可能是数据传输、浮点运算、音视频处理等。大多数复杂的 SoC 都有通用的 DSP 和视频处理器用于改进 SoC 的整体执行性能。更多细节请参考第 5 章的内容。

（2）内部存储器：对于内部数据存储，SoC 通常由随机存储器（RAM）和只读存储器（ROM）组成。这些存储器可以是分布式的，也可以以内存块的形式提供。可配置的内部存储器用于存储大量的数据。如果 DSP 处理器架构有两个独立的存储器（数据存储器和程序存储器），那么该体系结构将是高效的。此策略对于改进整体架构的性能非常有用。

（3）存储控制器：DDR 或 SDRAM 控制器可与外部 DDR 或 SDRAM 通信。高速率 DDR 控制器可以作为 IP 从各个供应商处获得。时序和功能经过验证的 IP 可以减少设计 / 验证时间，并且它们可以集成为 SoC 组件以完成所需的任务。更多信息请参阅第 7 章的内容。

（4）高速总线接口：高速总线接口逻辑可以用来与外部主机建立通信。协议和总线接口电路请参阅第 6 章的内容。

（5）外部存储器接口：应用程序可能需要闪存或 SDRAM，它们可以使用外部存储器接口进行处理。

（6）DMA 控制器：DMA 控制器可以用来高速传输大量的数据块。

（7）串行接口：串行接口如 I2C、SPI 和 UART 可以用来建立串行设备和 SoC 内部之间的通信。有关串行接口的更多细节请参阅第 6 章的内容。

（8）模数转换器（ADC）和数模转换器（DAC）：模拟设备可以使用 ADC 和 DAC 与其他 SoC 组件进行接口。

（9）时钟资源：内置的振荡器和锁相环（PLL）电路可以用来产生具有均匀的时钟偏差的时钟网络。利用时钟分配网络可以使用多个锁相环来支持时钟的均匀偏差和多时钟域设计。

下一节将讨论 SoC 设计流程和重要里程碑。

2.2 SoC设计流程

随着 VLSI 工艺技术的发展，设计变得越来越复杂，由于原型工具的可用性，基于 SoC 的设计可以在更短的设计周期内实现。通过使用高效的设计流程，可以在更短的设计周期内实现产品。设计需要从规格阶段演变到最终布局布线。使用具有合适功能的 EDA 工具可以实现无缺陷、经过验证的功能。SoC 设计流程如图 2.2 所示。

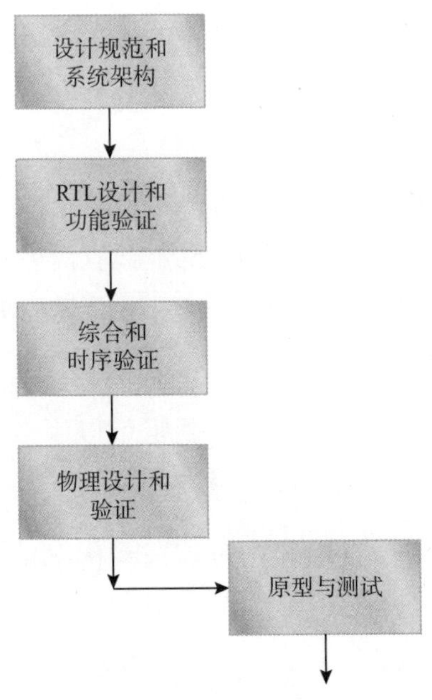

图 2.2 SoC 设计流程

2.2.1 设计规范和系统架构

将 ASIC 或 SoC 的设计功能规格确定下来是一个重要的阶段。在此阶段，需要进行广泛的市场调研，以确定设计功能规格。以移动 SoC 为例，一些重要的功能规格包括处理器的速度、处理器的功能规格、内存、显示屏及其分辨率、摄像头及其分辨率、外部通信接口等。此外，还必须了解设备的机械结构和其他电气特性，例如电源和电池充电电路及安全功能。这些规格用于绘制芯片的顶层布局图，我们称之为移动 SoC 的架构。重要的参数还包括环境约束和设计约束。关键的设计约束包括面积、速度和功耗。

绘制任何十亿门级 SoC 的架构草图都是一项困难的任务，包括对硬件和软件之间相互依赖性的想象和理解。为了避免单个处理器的总开销，设计可能需要多个处理器来执行多任务。架构文档总是从设计规范文档演变而来，它是整体设计的模块级描述。由经验丰富的专业人员组成的团队可以创建这样的文档，这可以作为设计微架构草图的参考。

微架构文档是架构文档的较低层次抽象，它提供了关于每个模块的功能、接口和时序信息。该文档还应提供有关设计中需要使用的 IP 及其时序和接口细节的信息。

SoC 的架构设计和 SoC 模块的微架构演进将在第 5 ~ 8 章讨论。

2.2.2 RTL设计和功能验证

对于复杂的 SoC 设计，微架构文档可以作为设计团队的参考。十亿门级 SoC 设计通常被划分为多个模块，由数百名工程师组成的团队致力于实现设计并执行验证。RTL 设计人员在实现 RTL 设计时使用推荐的设计和编码指南。高效的 RTL 设计在实现周期中起着重要的作用。在此期间，设计人员使用高效的 Verilog RTL 描述模块级和顶层设计功能。

在满足给定设计规格的高效 RTL 设计阶段完成后，会使用业界标准仿真器对设计功能进行验证。综合前仿真没有延迟信息，重点是验证设计功能。业界通常是通过编写测试平台来验证功能。测试平台将信号施加到设计上，并监视设计的输出。在当前技术背景下，验证流程中的自动化和新的验证方法学已经发展并应用于在较短的时间内使用有限的资源来验证设计的功能。验证工程师的角色是测试预期输出与实际输出之间的功能差异。如果在仿真期间发现功能差异，则需要在进入综合流程之前进行修正。功能验证是一个迭代的过程，直到设计满足所需的功能为止。为了获得更好的结果，验证工程师团队会使用验证计划文档，这可以实现更好的验证覆盖率目标。

2.2.3 综合和时序验证

当设计的功能需求满足后，下一步就是综合。综合工具使用 Verilog RTL、设计约束和库文件作为输入，并生成门级网表作为输出。综合是一个迭代过程，直到满足设计约束。主要的设计约束是面积、速度和功耗。如果不满足设计约束，则需要对 RTL 设计进行进一步优化，再次进行综合。在优化之后，如果观察到设计约束没有得到满足，那么就必须修改 RTL 代码或调整微架构。综合工具生成面积、速度和功耗的相关报告，并将门级网表作为输出。

时序验证是通过门级网表进行的，有助于发现综合前和综合后的仿真不匹配问题。

预布局阶段的时序分析，是修复建立时间违例的重要环节。在布局后的时序分析中，可以在设计周期的后期阶段修复保持时间违例。

2.2.4 物理设计和验证

物理设计和验证涉及设计的布局规划、电源规划、放置和布线、时钟树综合、布线后验证、静态时序分析及 GDSII 的生成。本书不讨论这个设计阶段的内容。本书其余章节主要讨论 SoC 架构、微架构、RTL 编码、综合和使用 FPGA 的 SoC 原型设计。

2.2.5 原型与测试

在此阶段，可以使用 FPGA 对设计原型进行验证和测试，了解设计是否满足所需的性能、时序和功能。这个阶段是一个耗时的过程，但有助于早期发现错误来降低总体风险。随着概念验证的进行，它可以用来避免复杂的 ASIC/SoC 设计的整体风险。

2.3 SoC原型设计与挑战

在过去的十年，大多数供应商都有强大的 FPGA 架构支持，用于仿真和原型设计。以下是一些使用现代 FPGA 进行原型设计的原因：

（1）FPGA 架构：现代 FPGA 采用了硬核处理器和高速接口，在仿真和原型设计过程中，可以使用 FPGA 进行高性能设计。

（2）测试成本：与 FPGA 相比，ASIC 的商业测试是非常昂贵的，高密度的 FPGA 板可用于模拟设计原型。

（3）验证目标：对于门数适中的设计，使用模拟器可以找到错误，但对于复杂的设计来说，使用软件进行健全的验证是最好的选择，这样可以达到预期的设计目标和覆盖率。

（4）交货周期：模拟和原型设计阶段减少了总体的交货周期，降低了 ASIC 设计的系统风险。

SoC 的密度非常高，因此在 SoC 原型设计中存在许多挑战：

（1）大多数高密度 SoC 都需要使用多个 FPGA 进行原型设计。FPGA 的架构是特定于供应商的，甚至 EDA 工具的支持也是特定于供应商的。设计在多个 FPGA 上的分区质量决定了仿真性能。另一个重要的点是原型设计过程中的人力成本效益。实际工作中需要在充分利用可用的 FPGA 资源和接口的基础上，进行高效的设计分区以获得更好的性能。

（2）针对 ASIC 的 RTL 代码，不是轻易就能转换到 FPGA 的，原因如下：

· FPGA 的工作频率和 ASIC 的工作频率存在差异。

· 时钟架构和初始化逻辑是真正的瓶颈。

· IO 接口和存储器技术对于 ASIC 和 FPGA 都有不同的架构，比如 ASIC 设计使用的是闪存，而 FPGA 使用的是 DRAM 技术。

· ASIC 和 FPGA 的总线模型不同，FPGA 内部没有三态逻辑。

· ASIC 需具备可调试、可控性、可观测性等特性，FPGA 则不需要这些。

因此，在 RTL 设计阶段，需要了解并实践 FPGA 等效的 ASIC 设计。在原型设计中，针对门控时钟、时钟、复位树和存储器需要通过 FPGA 等效器件映射到 FPGA 中。

（3）IP 的可用性是主要的挑战。大多数情况下，IP 不能以合适的 RTL 形式提供。即使要达到所需的速度，也要求 FPGA 的接口对于仿真器或 C/C++ 模型更友好，通常情况下这种高带宽接口的可用性是真正的瓶颈，甚至需要自定义接口和其他第三方 IP 通信模型进行通信。

（4）受 FPGA 可用 IO 和接口限制，仿真速度受限。IO 速度造成的真正瓶颈是在执行功能仿真时需要处理大量数据。在应用这些激励时，必须考虑 IO 和接口的速度。

（5）如果 SoC 以更好的方式进行分区，那么使用 IO 接口的硬件和软件之间的通信也是真实的挑战。在多个 FPGA 环境中进行编程时生成 bitstream 文件是一项耗时的任务，而重新编译则可能需要数小时。

（6）在线或环境仿真是挑战之一。由于环境中其他系统的参与，当仿真速度小于目标操作速度时，实时性能将成为瓶颈。考虑一个实际的场景，当以太网系统需要在 100Mbps 的速度下工作时，如果将以太网的时钟频率降低至实际系统时钟频率的十分之一，那么可以在实际系统中实现所需的速度。

（7）时钟和复位网络是另一个挑战，因为它们在实际系统和仿真系统中是不同的。

2.4 总 结

以下是对本章要点的总结：

（1）在过去的十年间，FPGA 被广泛用于原型设计和仿真。

（2）使用 FPGA 进行仿真是一种成本效益高且高效的方式。

（3）来自 Xilinx 和 Intel 的高端 FPGA 可用于 SoC 原型设计，这些 FPGA 由运行在更高时钟频率上的硬核处理器组成。

（4）对于 SoC 的设计和原型设计，硬件和软件的如何分区发挥着重要的作用，硬件和软件之间的通信开销可以通过使用流水线和多任务来减少。

（5）IO 接口带宽和多任务特性需要在设计中综合考虑，从而达到设计要求的性能。

（6）如果 SoC 处理器核功能与可用 IP 核匹配，则硬核处理器 IP 可以在原型设计期间使用。

下一章将重点介绍 RTL 设计指南，包括几个重要的设计准则。在使用 Verilog 编写代码时使用这些指南将是非常有用的。

第3章　RTL设计指南

第一块集成电路是由杰克·基尔比（Jack Kilby）于1958年在德克萨斯仪器公司（Texas Instruments）发明的。

使用 Verilog 结构实现更高性能的设计是 RTL 设计工程师的目标。RTL 团队在编写 RTL 代码时需要遵循 RTL 设计指南，以实现高效的 RTL 设计。这些指南可以是对 RTL 进行微调以提高设计性能，或者使用 Verilog 结构中的其他技术来提升设计性能。本章主要讨论 RTL 设计过程中需要遵循的一般原则和使用 Verilog 构造进行 RTL 微调的作用。

3.1 RTL设计指南

以下是 RTL 设计过程中使用的指南：

（1）在设计组合逻辑时，使用阻塞赋值。

（2）在设计时序逻辑时，使用非阻塞赋值。

（3）不要将阻塞赋值和非阻塞赋值混合在同一个 always 块中！

（4）在设计中避免组合逻辑回路，因为这种回路会产生振荡。

（5）为了避免仿真和综合结果不匹配，需要使用完整的敏感列表，通过使用“always@(*)”或“always@(// 所需的输入，临时的变量)”的方式实现。

（6）使用 case 结构时，要使用默认值或将所有条件纳入 case 结构以消除潜在的意外锁存。

（7）使用 if-else 结构时，需要覆盖所有的 else 条件，因为缺少 else 将导致设计中出现锁存。

（8）如果目的是设计优先级逻辑，那么使用嵌套的 If-else 构造。

（9）要执行并行逻辑，请使用 case 结构。

（10）为了避免设计中出现毛刺，请使用独热编码的 FSM。

（11）不要使用锁存器和寄存器的组合来实现 FSM。

（12）使用 reset 或 default 语句初始化未使用的 FSM 状态。

（13）对于下一个状态，状态寄存器和输出逻辑使用单独的 always 块。

（14）对于 Moore FSM，使用“always(current_state)”输出逻辑块；对于 Mealy FSM，使用“always@(current_state，输入)”输出逻辑块。

（15）不要对相同的变量进行 assign 赋值或以多个 always 块形式输出。

（16）为不同的功能块创建单独的模块时钟。

（17）在顶层创建一个单独的模块，用于多级跳变或脉冲同步器，并在两个时钟域之间传递数据时实例化它们。

（18）使用引用来设计与供应商无关的 RTL。

3.2 RTL设计实际场景

以下部分将讨论 RTL 设计过程中的重要场景和性能提升技术。

3.2.1 并行逻辑与优先逻辑

在 RTL 设计阶段，了解 RTL 综合后的结果是非常重要的。对于中等规模的 ASIC/FPGA 功能块来说，了解可用于设计的资源是非常有意义的。

如果设计师有多年的工作经验，并且做过百万或数十亿逻辑门的 ASIC，那么就有可能在更高的层次上直观地看到芯片的综合结果，但这并不是 RTL 设计者的目标。

理解逻辑引用可以带来额外的好处。例如，针对特定的设计需求，采用并行性设计可以提高设计性能，使用共享可以减少面积消耗。

考虑使用 case 语句的 4∶1 MUX 的 Verilog 代码，case 结构在 always 块内部使用，推断组合逻辑使用块赋值。当使用 case 构造时，输出根据所选行的状态被分配给其中一个输入。在这种情况下，所有输入都具有相同的优先级。Verilog 代码如例 3.1 所示。

```
//使用case语句的4:1 MUX的Verilog代码
module mux_4to1(d_in, sel_in, q_out);
  input[3:0] d_in;
  input[1:0] sel_in;
  output q_out;
  reg q_out;
  always@(*)
  begin
    case(sel_in)
    2'b00:q_out=d_in[0];
    2'b01:q_out=d_in[1];
    2'b10:q_out=d_in[2];
    2'b11:q_out=d_in[3];
    endcase
  end
endmodule
```

（1）在always块内部使用。
（2）Verilog阻塞赋值在活动队列中更新。
（3）阻塞赋值用于设计组合逻辑。
（4）综合工具推断出该结构为并行输入的4:1 MUX。

例 3.1　并行组合逻辑

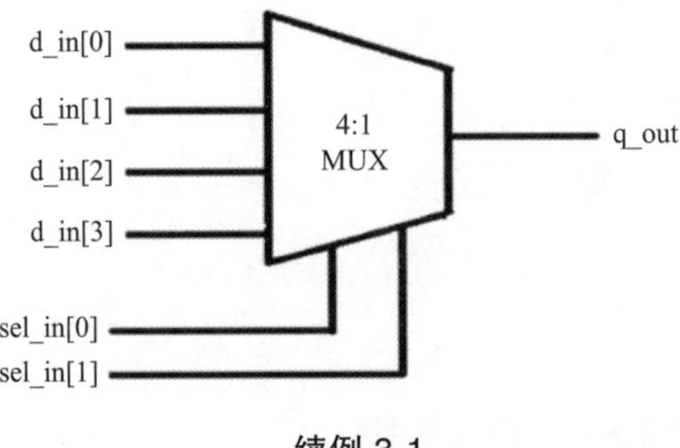

续例 3.1

综合结果如图 3.1 所示，从图中可以推断出该结构为 4∶1 MUX，有 4 条输入线和单条输出线，选择输入用于控制数据从多路复用器到输出。

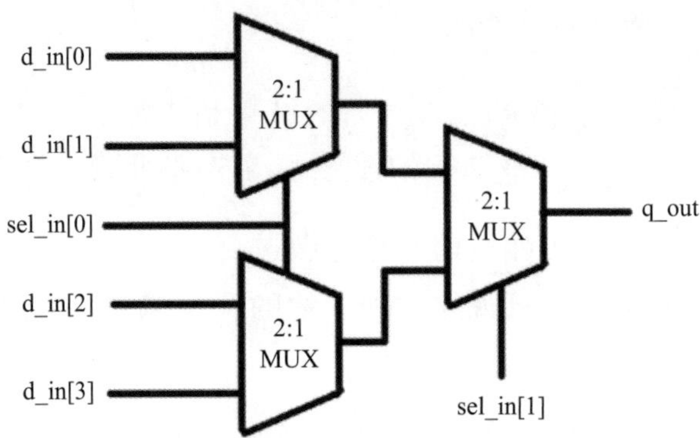

图 3.1 采用 case 结构的综合结果

大多数情况下我们需要使用优先级逻辑，在这种情况下可以使用“if-else”语句。如例 3.2 所示，4∶1 MUX 使用嵌套的 if-else 语句描述，推断出优先级逻辑的综合结果：d_in[0] 的优先级最高，d_in[3] 的优先级最低。优先级逻辑使用

```
//优先级4:1 MUX的Verilog代码
module mux_4tol_priority(d_in, sel_in, q_out);
  input[3:0]d_in;
  input[1:0]sel_in;
  output q_out;
  reg q_out;
  always@(*)
  begin
  if(sel_in==2'b00)
    q_out=d_in[0];
  else if(sel_in==2'b01)
    q_out=d_in[1];
  else if(sel_in==2'b10)
    q_out=d_in[2];
  else
    q_out=d_in[3];
  end
endmodule
```

（1）在always块内部使用。
（2）Verilog阻塞赋值在活动队列中更新。
（3）阻塞赋值用于设计组合逻辑。
（4）综合工具推断出该结构为优先级的4:1 MUX，d_in[0]具有最高优先级，d_in[3]具有最低优先级。
（5）优先级逻辑是通过嵌套if-else推断出来的。

例 3.2 优先级 4∶1 MUX 的 Verilog 代码

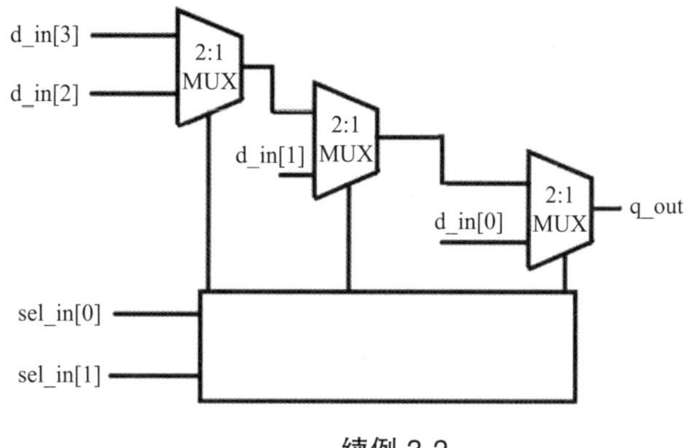

续例 3.2

额外的逻辑来执行解码。由例 3.2 可知，解码逻辑通过 2：1 MUX 级联链控制数据传输。

3.2.2 Synopsys的full_case指令

考虑具有高有效使能（Enable）和低有效输出的 2：4 解码器的设计。如果设计是使用 case 构造但 case 条件并没有完全覆盖，则综合前后的仿真结果不同。Verilog 代码请参考例 3.3。

```
module decoder_2to4 (y_out, i_in, en_in);
  input[1:0] i_in;
  input en_in;
  output[3:0] y_out;
  reg [3:0] y_out;
  always@(*)
  begin
    y_out=4'h1:
    case({en_i, i_in})
    3'b1_00:y_out=4'b1110;
    3'b1_01:y_out=4'b1101;
    3'b1_10:y_out=4'b1011;
    3'b1_11:y_out=4'b0111;
    endcase
  end
endmodule
```

· 在此情况下，en_i并未通过综合工具进行优化。

· 这会导致综合前和综合后仿真匹配。

例 3.3 未使用 full_case 指令的 Verilog 代码

如例 3.4 所示，Synopsys 的 full_case 指令用于向综合工具提供信息：case 语句已完全定义，所有未使用 case 条件的输出被视为不关心。

在使用此指令时，应格外小心，综合前和综合后的结果可能不匹配。更好的选择是不使用本指令涵盖所有情况。

```
module decoder_2to4 (y_out, i_in, en_in);
  input[1:0] i_in;
  input en_in;
  output[3:0] y_out;
  reg [3:0] y_out;
  always@(*)
  begin
    y_out=4'h1;
    case ({en_i, i_in})//synopsys full_case
    3'b1_00:y_out=4'b1110;
    3'b1_01:y_out=4'b1101;
    3'b1_10:y_out=4'b1011;
    3'b1_11:y_out=4'b0111;
    endcase
  end
endmodule
```

· 在这个例子中，en_in由综合工具优化并悬空。

· 这会导致综合前和综合后仿真匹配。

例 3.4 使用 full_case 指令的 Verilog 代码

3.2.3 Synopsys的parallel_case指令

大多数情况下，我们会观察到可能导致优先级逻辑的条件重叠的情况，此时最好使用 Synopsys 的 parallel_case 指令，如例 3.5 所示。

```
module encoder_4to2(y_out, i_in);
  input[3:0] i_in;
  output[1:0] y_out;
  reg[1:0] y_out;
  always@(*)
  begin
    y_out=2'b00;
    case(i_in)
    4'b1???:y_out=2'b11;
    4'b01??:y_out=2'b10;
    endcase
  end
endmodule
```

· 在此情况下，en_in并未通过综合工具进行优化。

· 这会导致综合前和综合后仿真匹配。

例 3.5 未使用 parallel_case 指令的 Verilog 代码

如例 3.6 所示，Synopsys 的 parallel_case 指令用于向综合工具提供信息：所有 case 条件都应该是并行的。

在使用此指令时，应格外小心，大多数时候综合前和综合后的结果可能不匹配。

```
module encoder_4to2(y_out, i_in);
  input[3:0] i_in;
  output[1:0] y_out;
  reg[1:0] y_out;
  always@(*)
  begin
```

例 3.6 使用 parallel_case 指令的 Verilog 代码

```
    y_out=2'b00;
    case(i_in)//synopsys parallel_case
    4'b1???:y_out=2'b11;
    4'b01??:y_out=2'b10;
    endcase
  end
endmodule
```

· 在这个例子中，en_in由综合工具优化并悬空。
· 这会导致综合前和综合后仿真匹配。

续例 3.6

3.2.4 casex的用法

建议不要在 RTL 编码中使用 casex 语句，最好使用 casez 语句取代 casex 语句。

casex 结构中的“x”，通常被视为不关心的状态，当由 casex 构造测试的输入初始化为未知态时可能会出现这个问题。在综合后的仿真过程中，“x”作为条件被传播到门级网表，由 casex 表达式进行测试。

例 3.7 为 2∶4 解码器的示例。

```
module decoder_2to4(y_out, i_in, en_in);
  input[1:0] i_in;
  input en_in;
  output[3:0] y_out;
  reg[3:0] y_out;
  always@(*)
  begin
    y_out=4'h1;
    casex({en_i, i_in})
    3'b1_00:y_out=4'b1110;
    3'b1_01:y_out=4'b1101;
    3'b1_1?:y_out=4'b1011;
    endcase
  end
endmodule
```

· 如果启用输入有毛刺或i_in的MSB有毛刺，则综合前后仿真的输出可能会不同。

例 3.7 使用 casex 的 Verilog 代码

3.2.5 casez的使用

casez 可以在编码优先级逻辑和解码逻辑时使用。建议在 RTL 设计中使用 casez，但应注意三态逻辑的初始化，如例 3.8 所示。

```
module decoder_2to4(y_out, i_in, en_in);
  input[1:0] i_in;
  input en_in;
  output[3:0] y_out;
  reg[3:0] y_out;
  always@(*)
```

例 3.8 使用 casez 的 Verilog 代码

```
    begin
      y_out=4'h1;
      casez({en_i, i_in})
      3'b1_00:y_out=4'b1110;
      3'b1_01:y_out=4'b1101;
      3'b1_1?:y_out=4'b1011;
      endcase
    end
  endmodule
```

· 如果其中一个输入被初始化为高阻抗状态，则可能会出现问题。

续例 3.8

3.3 用括号运算符分组

为了提高设计性能，可以使用括号进行分组。在例 3.9 中，（a_in+b_in−c_in−d_in）的结果赋值给 y_out。如果没有分组，则综合工具推断出该结构为算术逻辑单元组成的级联逻辑。

```
//无分组的Verilog代码
module logic_without_grouping(a_in, b_in, c_in, d_in, y_out);
  input[1:0] a_in, b_in, c_in, d_in;
  output[1:0] y_out;
  reg[1:0] y_out;
  always@ (*)
  begin
    y_out=a_in+b_in-c_in-d_in;
  end
endmodule
```

· always块对任何一个输入的变化很敏感。
· 任何一个输入上的事件，y_out被赋值为“a_in+b_in−c_in−d_in”。
· 该设计使用阻塞赋值。
· 推断出级联逻辑。

例 3.9 无分组的 RTL 代码

推导出的逻辑如图 3.2 所示，由三个级联的加法器构成。延迟是 $n*t_{pd}$，其中 n 表示加法器数量，t_{pd} 表示加法器的传播延迟。

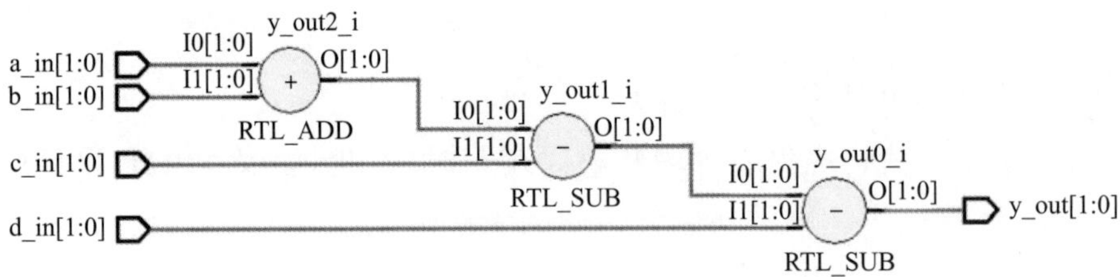

图 3.2 无分组的 RTL 代码综合后结果

例 3.9 中的 RTL 代码可以使用括号来修改，修改后的代码如例 3.10 所示，使用表达式 y_out = (a_in+b_in)−(c_in+d_in) 来描述。

```
//带分组的Verilog代码
module logic_with_grouping(a_in, b_in, c_in, d_in, y_out);
  input[1:0] a_in, b_in, c_in, d_in;
  output[1:0] y_out;
  reg[1:0] y_out;
  always@(*)
  begin
    y_out=(a_in+b_in)-(c_in+d_in);
  end
endmodule
```

- 阻塞赋值在always块内使用，由于分组，逻辑推断出输入端的并行加法器。
- (a_in+b_in)−(c_in+d_in)的结果被赋值给y_out。

例 3.10 使用分组的 RTL 代码

例 3.10 的综合结果如图 3.3 所示，由于使用了括号，它推断出两个加法器和一个减法器。减法运算是用 2 的补码加法来实现的。如果每个加法器的延迟为 1ns，则整个传播延迟为 2ns。该技术通常用来提升设计性能。

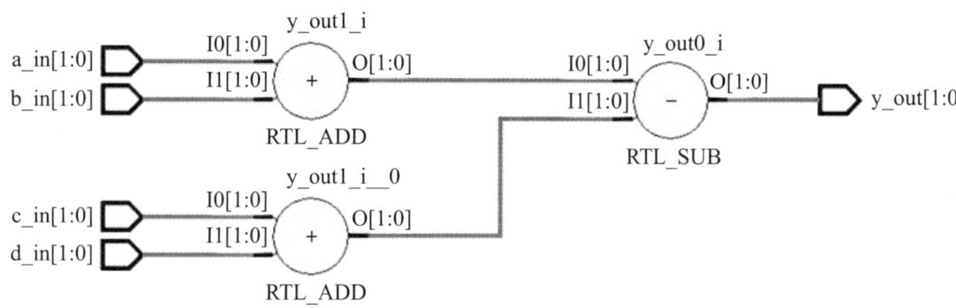

图 3.3 使用括号进行分组的 Verilog 综合后结果

3.4 三态总线和三态逻辑

三态有三个值，即逻辑 0，逻辑 1 和高阻态 z。在设计中，不同功能块之间的数据传输通常使用三态总线来完成。有关总线和接口的更多信息将在第 6 章讨论。

例 3.11 描述了三态逻辑。建议在设计的顶层使用三态逻辑。三态主要是用来避免总线竞争的。

使用基于使能的 MUX 逻辑是更好的选择。

图 3.4 为三态逻辑的综合结果，当 enable_in 等于逻辑 1 时，可用于传递数据；当 enable_in 等于逻辑 0 时，三态逻辑输出为高阻态。

```
// 三态逻辑的Verilog代码
module tri_state(a_in, enable_in, y_out);
  input[7:0] a_in;
  input enable_in;
  output[7:0] y_out;
  reg[7:0] y_out;
  always@(*)
  begin
    if(enable_in)
      y_out=a_in;
    else
      y_out=8'bz;
  end
endmodule
```

- always块对enable_in和a_in敏感。
- 当enable_in=1时，y_out被赋值为a_in。
- 当enable_in=0时，y_out被赋值为高阻态。

例 3.11 三态逻辑的 Verilog 代码

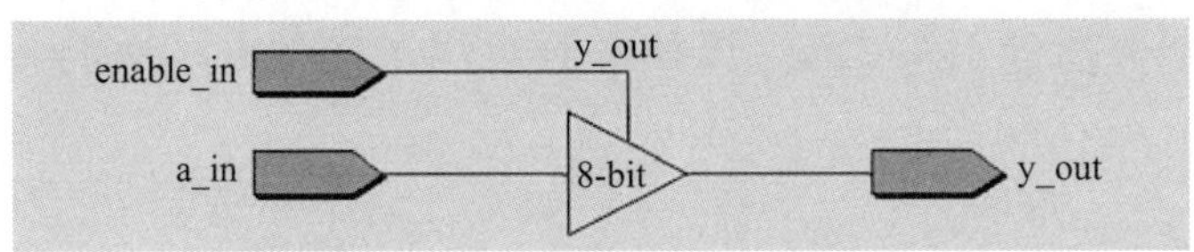

图 3.4 三态逻辑的综合后结果

3.5 敏感列表不完整

不完整的敏感列表推断出无意的锁存。综合工具忽略敏感列表并将组合逻辑推断为异或门，如例 3.12 所示。

```
module combinational_logie(y_out, a_in, b_in);
  input a_in;
  input b_in;
  output y_out;
  reg y_out;
  always@(a_in or b_in)
  begin
    y_out=a_in^b_in;
  end
endmodule
```

- 敏感列表包含所有必需的输入。
- 综合前和综合后的仿真结果匹配。

例 3.12 具备完整敏感列表的 Verilog 代码

例 3.13 中所需的输入在敏感列表中缺失，在这种情况下，综合前和综合后的仿真结果将不匹配。

如果敏感列表缺少，则在仿真过程中 always 块被锁定，这就像无限循环。综合工具推断出组合逻辑异或门，如例 3.14 所示。

避免上述情况的更好的解决方案是采用例 3.15 中描述的编码规范。

```
module combinational_logie(y_out, a_in, b_in);
  input a_in;
  input b_in;
  ontput y_out;
  reg y_out;
  always@(b_in)
  begin
    y_out=a_in^b_in;
  end
endmodule
```

· 敏感列表缺少输入a_in。
· 综合前后的仿真结果不匹配。

例 3.13 具有不完整敏感列表的 Verilog 代码

```
module combinational_logic(y_out, a_in, b_in);
  input a_in;
  input b_in;
  output y_out;
  reg y_out;
  always
  begin
    y_out=a_in^b_in;
  end
endmodule
```

· 缺少敏感列表。
· 综合前后的仿真结果不匹配。

例 3.14 缺失敏感列表的 Verilog 代码

```
module combinational_logie(y_out, a_in, b_in);
  input a_in;
  input b_in;
  output y_out;
  reg y_out;
  always@(*)
  begin
    y_out=a_in^b_in;
  end
endmodule
```

· always@(*)在仿真设计时使用所有必需的输入。
· 综合前后的模拟结果相同。

例 3.15 推荐的 Verilog 代码

3.6 共享公共资源

在大多数实际设计场景中，可以使用共享公共资源的理念来进行逻辑设计，从而实现面积优化。例如，如果使用过多加法器将占用更多的面积，可以通过共享公共加法器的方法来减少面积。这项技术在面积优化中起着重要的作用，可以通过优化所需的逻辑门数来改善面积需求，如例 3.16 所示。

比起使用更多的加法器，使用多路复用器是更好的选择。考虑例 3.16 描述的 Verilog 代码，其真值表如表 3.1 所示。

```
module resource_sharing(a_in, b_in, c_in, d_in, sel_in, y_out);
  input[1:0] a_in, b_in, c_in, d_in;
  input sel_in;
  output [1:0] y_out;
  reg[1:0] y_out;
  always@(a_in, b_in, c_in, d_in, sel_in)
  begin
  if(sel_in)
    y_out=a_in+b_in;
  else
    y_out=c_in+d_in;
  end
endmodule
```

· always块对所有输入都敏感。
· if-else是顺序结构。
· sel_in=1，y_out=a_in+b_in。
· sel_in=0，y_out=c_in+d_in。

例 3.16 无资源共享的算术逻辑 Verilog 代码

表 3.1 算术逻辑的真值表

sel_in	y_out
0	c_in + d_in
1	a_in + b_in

由表 3.1 可知，输出取决于输入选择的状态。当 sel_in = 1 时，y_out = a_in+b_in；当 sel_in = 0 时，y_out = c_in+d_in。

不使用资源共享理念的算术逻辑综合结果如图 3.5 所示，逻辑推导出两个加法器和一个多路复用器。加法器在数据路径中用于执行加法操作。多路复用器的输出由 sel_in 的输入控制，当 sel_in = 1 时，它的输出是 a_in+b_in；当 sel_in = 0 时，它的输出是 c_in+d_in。

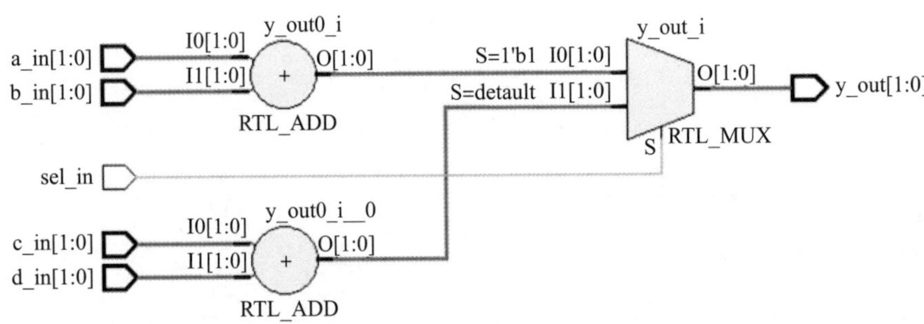

图 3.5 无资源共享的 Verilog 代码综合后结果

由图 3.5 可知，两个加法器在同一时刻工作，因此该设计会有更大的功耗。执行加法后的结果在多路复用器的输入行等待选择输入，并根据选择的状态，分配输出。

所以这种技术效率较低，门数更多，甚至功耗更大。为了克服这一限制，可以在需要共享的地方使用资源共享，即将加法器向前推到多路复用器。对于这种使用资源共享的设计，通常需要更多的多路复用器和较少的加法器数量。

要实现有效的资源共享，就要将资源共享逻辑使用在输出端，将多路复用器使用在输入端。表 3.2 给出了关于共享公共资源的策略的相关信息。

表 3.2 算术逻辑的真值表

sel_in	sig_1	sig_2	y_out
0	c_in	d_in	c_in + d_in
1	a_in	b_in	a_in + b_in

通过对代码的修改，可以实现资源共享。修改后的 Verilog 代码如例 3.17 所描述，它使用临时信号 sig_1 和 sig_2。当 sel_in = 0 时，sig_1 = c_in，sig_2 = d_in；当 sel_in = 1 时，sig_1 = a_in，sig_2 = b_in。

```
module resource_sharing(a_in, b_in, c_in, d_in, sel_in, y_out);
  input [1:0] a_in, b_in, c_in, d_in;
  input sel_in;
  output [1:0] y_out;
  reg [1:0] y_out;
  reg [1:0] sig_1, sig_2;
  always@(a_in, b_in, c_in, d_in, sel_in);
  begin
    if(sel_in) begin
      sig_1=a_in;
      sig_2=b_in;
    end
    else begin
      sig_1=c_in;
      sig_2=d_in;
    end
  end
  always @(sig_1, sig_2)
  begin
    y_out=sig_1+sig_2;
  end
endmodule
```

- always块对a_in、b_in、c_in、d_in和sel_in敏感。
- if else是顺序语句。
- 当sel_in为真时，输入b_in被赋值给sig_2，输入a_in被赋值给sig_1。
- 当sel_in为假时，输入d_in被赋值给sig_2，输入c_in被赋值给sig_1。

- 另一个always块对sig_1和sig_2敏感。
- 阻塞赋值在always块内使用，输出y_out被赋值给sig_1+sig_2。

例 3.17 算术逻辑使用资源共享的 Verilog 代码

例 3.17 的综合结果如图 3.6 所示，该逻辑是通过使用单个加法器和两个多路复用器实现的。该方法使用了较小的面积，并提高了设计性能。

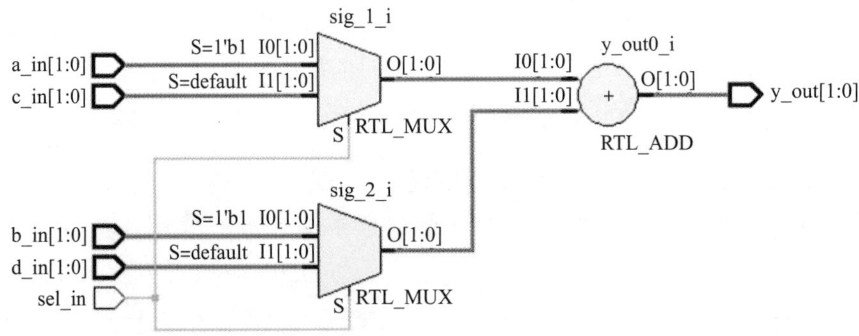

图 3.6 使用资源共享后的综合结果

3.7 多时钟域设计

ASIC 设计或 FPGA 设计可以有单时钟或多时钟。大多数情况下，单时钟域的设计不存在数据完整性或数据收敛的问题。但如果设计有多个时钟，则数据从一个时钟域传递到另一个时钟域会产生问题。

为避免亚稳态和数据完整性问题，通常使用两级或多级同步器将数据从一个时钟域转换到另外一个时钟域。

例 3.18 描述了多时钟域的设计场景。但实际上，可以对时钟域 1 和时钟域 2 进行单独设计。在时钟域之间传递数据时实例化同步器模块。

```
//多时钟域Verilog代码
module multi_clock_design(a_in, b_in, clk_1, clk_2, y_out);
  input a_in, b_in, clk_1, clk_2;
  output y_out;
  reg y_out;
  reg sig_domain_1, sig_domain_2;
  always@(posedge clk_1)
  begin
    sig_domain_1<=a_in & b_in;
  end
  always@(posedge clk_2)
  begin
    sig_domain_2<=sig_domain_1;
    y_out<=sig_domain_2;
  end
endmodule
```

- 两个always块并行执行，分别在clk_1和clk_2的上升沿被触发。
- 第一个always块中的单个NBA推断出单个寄存器，第二个always块的多个NBA推断出两个寄存器。

例 3.18 多时钟域 Verilog 代码

综合结果如图 3.7 所示，从时钟域 1 到时钟域 2 传递数据时，采用两级同步器。两级同步器的输出是合法的有效状态，虽然第一个触发器在第二个时钟域进入亚稳态。

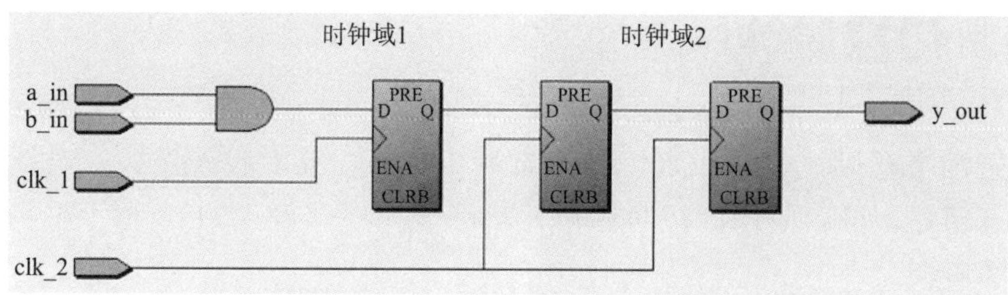

图 3.7　采用多时钟的 Verilog 设计综合后结果

3.8　临时变量的赋值顺序

在使用always块进行组合逻辑设计时，需要特别注意临时变量的赋值问题。考虑例 3.19，其中 always 块中的语句是顺序执行的。如前所述，在第一次赋值时使用临时变量 temp_reg 所需的新值。在这种情况下，仿真器使用先前 temp_reg 的锁存值，这就造成了综合前仿真和综合后仿真的不匹配。

```
module combinational_logic(y_out, a_in, b_in, c_in);
  input a_in;
  input b in;
  input c_in;
  output y_out;
  reg y_out, tmp_reg;
  always@(* )
  begin
    y_out=(a_in^b_in )&tmp_reg;
    tmp_reg=~c_in;
  end
endmodule
```

· always块有完整的敏感列表。
· tmp_reg在always块内的第一条语句中使用，它使用前一个值。

例 3.19　Verilog 代码中不正确的临时变量顺序

避免综合前和综合后仿真不匹配的更好方法是改变 always 块内语句的顺序，这将生成正确的结果，如例 3.20 所示。

```
module combinational_logic(y_out, a_in, b_in, c_in);
  input a_in;
  input b_in;
  input c_in;
  output y_out;
  reg y_out, tmp_reg;
  always@(*)
  begin
    tmp_reg=~c _in;
    y_out=(a_in^b_in)&tmp_reg;
  end
endmodule
```

· always块具有完整的敏感列表。
· tmp_reg先进行赋值才可以进行以下顺序操作赋值给c_in。

例 3.20　Verilog 代码中正确的临时变量顺序

3.9 门控时钟

时钟网络在设计中是最繁忙的（总是切换）。由于时钟切换，设计具有更大的动态功耗，可以使用门控时钟单元来降低功耗。例 3.21 介绍了采用门控时钟设计的原理。

```
module gated_clock(data_in, clock, load_en, y_out);
  input data_in, clk, load_en, clock_en;
  output y_out;
  reg y_out;
  wire clock_gate;
  assign clock_gate=(clk & clock_en);
  always@(posedge clock_gate)
  begin
  if(load_en)
    y_out<=data_in;
  end
endmodule
```

- 时钟使能信号“clock_en”用于启用时钟。
- 门控时钟信号“clock_gate”通过“clock_en”和“clk”创建。
- always块对“clock_gate”的上升沿敏感。
- 对于“clock_gate”的上升沿，如果“load_en=1”，则y_out被赋值为“data_in”。

例 3.21 门控时钟的 Verilog 代码

综合结果如图 3.8 所示，寄存器的时钟由 clock_gate 驱动，clock_gate 信号是通过与逻辑产生的，这种类型的门控时钟容易出现毛刺。

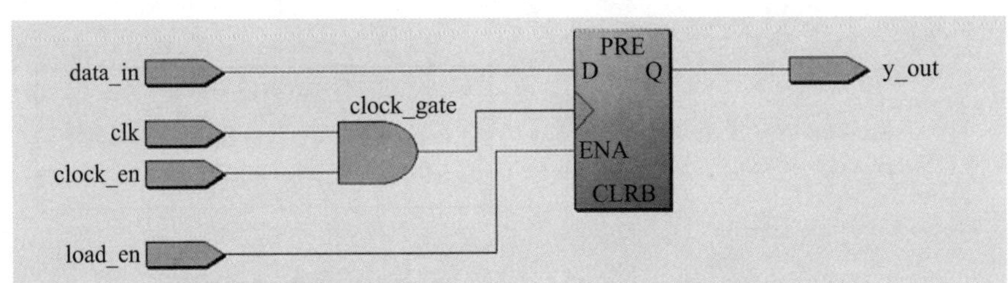

图 3.8 门控时钟的综合后结果

为了避免时钟毛刺，建议使用门控时钟单元来进行设计。通常使用特定于供应商的门控时钟单元来进行例化。ASIC 的门控时钟单元可能与 FPGA 的门控时钟单元在功能上并不等同。

在这种情况下，RTL 的调整是强制性的，或者在 FPGA 设计时强制进行门控时钟转换。门控时钟转换和调整将在第 9 章和第 12 章进行更详细的讨论。

3.10 时钟使能

时序设计可以有附加的使能信号，通过使能信号可将输入数据转移到输出。例 3.22 描述具有使能输入的 Verilog RTL。

```
module clock_enable(data_in, clk, load_en, clock_en, y_out);
  input data_in;
  input clk;
  input load_en;
  input clock_en;
  output y_out;
  reg y_out;
  reg clock_enable;
  always@(load_en, clock_en)
  begin
    clock_enable=load_en & clock_en;
  end
  always@(posedge clk)
  begin
    if(clock_enable)
      y_out<=data_in;
  end
endmodule
```

· 时钟使能信号clock_enable使用load_en和lock_en的与门生成。
· always块对时钟的上升沿敏感。
· 如果clock_enable是逻辑1，clk是上升沿，则data_in被赋值给输出y_out。

例 3.22 使用时钟使能的 Verilog 代码

综合结果如图 3.9 所示，clock_enable 被生成并在触发器使能时钟。

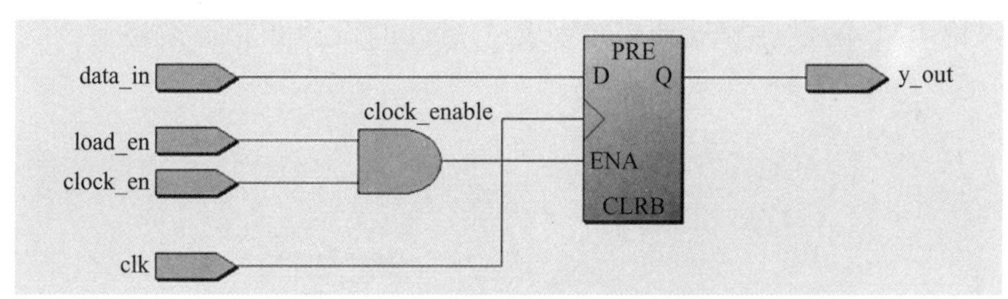

图 3.9 使用时钟使能的综合后结果

更多与实际场景相关的设计指导方针，以及它们在实际的 SoC 原型设计中的使用，请参考第 12 章讨论。

3.11 总 结

以下是对本章要点的总结：

（1）在编写 RTL 时，设计师应该使用设计指南。

（2）使用优化技术来提升面积、速度和功耗指标。

（3）利用综合工具功能优化设计。

（4）为了提高设计性能，设计应具有简洁和短的时序路径。

（5）对于优先级检查，使用嵌套的 if-else 结构。

（6）使用 case 构造来推断并行逻辑。

（7）采用门控时钟，降低动态功耗。

（8）拥有寄存器输入和寄存器输出的 RTL。

（9）在时钟域之间传递数据时使用同步器。

（10）使用时钟使能可以得到干净的时钟路径。

（11）有干净的数据和时钟路径。

（12）门控时钟的实现对于 ASIC 和 FPGA 是不同的，因此在使用 FPGA 实现原型设计时，需要使用门控时钟转换。

（13）在设计顶层使用三态逻辑进行设计。

本章我们对使用 Verilog 设计准则进行 RTL 设计有了很好的理解，下一章我们将讨论 RTL 的设计和验证，以及复杂设计的设计和验证策略。

第 4 章　RTL 设计和验证

大容量高密度的 SoC 的设计与验证工作消耗的时间几乎占整个产品设计周期的 80%。

本章主要讨论使用 Verilog 进行 RTL 设计和验证的策略，以及 FSM 的性能改进策略。本章对于理解 RTL 设计和验证工程师的作用及一些重要的概念非常有帮助。

4.1 SoC的RTL设计策略

对于复杂的 SoC 设计，RTL 设计阶段几乎占到设计时间的 10% ~ 15%。设计可分为多个功能区块，通过使用分治法，可以对 RTL 进行编码。对于这种类型的设计，RTL 可以集成功能验证正确的 IP，以及与测试和调试逻辑相关的逻辑。应该注意的是，RTL 设计团队需要使用以下设计准则作为参考：

（1）使用参考文档作为 SoC 的架构和微架构。

（2）了解功能块与其他设计块的相互依赖性。

（3）作为一名设计团队成员，尝试了解功能依赖关系和外部接口。

（4）如果您是功能块的所有者，需要使用 RTL 设计指南进行 Verilog 编码。

（5）作为 RTL 功能块的所有者，尝试引用微架构去理解功能和用 Verilog 实现小模块设计。

（6）对每个子模块进行基本验证，保证功能设计的正确性。

（7）在顶层集成子模块，并在顶部集成测试、调试和三态结构，如图 4.1 所示。

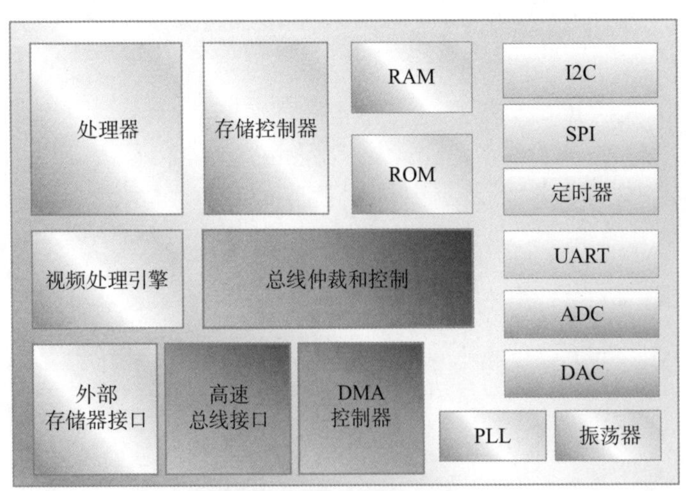

图 4.1 复杂的 SoC 设计

4.2 SoC的RTL验证策略

验证的目标是确认设计的功能正确性。对于逻辑门数少的设计，一般使用 Verilog 编写基本测试平台的方式来报告设计中的错误。对于复杂的设计，该过程需要在层次化的测试平台中使用硬件验证语言和自检。通过测试协议的使用，可以增加测试平台中层次化的复杂性以达到验证覆盖率的目标。

复杂设计的 RTL 验证几乎可以占到 65% ~ 70% 的整体设计周期，RTL 验证一般通过以下几点来实现覆盖率的目标：

（1）有适当的验证计划，并在 RTL 设计阶段同时启动验证工作。

（2）对模块级功能有一定的理解，从而获得边角案例。

（3）创建测试案例，并将它们随机化，以执行模块设计的验证。

（4）使用驱动器、监视器、计分板开发成熟的自动化测试平台。

（5）定义模块级和芯片级覆盖率目标，如功能、代码、切换和受约束的随机测试。

测试平台应执行以下操作：

（1）产生激励。

（2）对 DUT 施加激励。

（3）捕获响应。

（4）检查功能正确性。

（5）根据总体验证目标跟踪和测量进度。

在随机化输入测试时需要考虑设备配置、环境配置、输入数据、协议异常、延迟、错误和违规等因素。

分层化的测试平台架构如图 4.2 所示。

命令层有驱动程序，该驱动程序将命令驱动到被测设备，通过监视器捕获信号，并在命令表单中将它们组合在一起，考虑 AHB 中的总线写或读命令，断言被用来驱动被测设备。

在命令层之上，是代理或事务处理所处的功能层，它接收更高级别的事务（如 DMA 读和写）并驱动程序，这种类型的事务可以分解成多个命令来驱动。

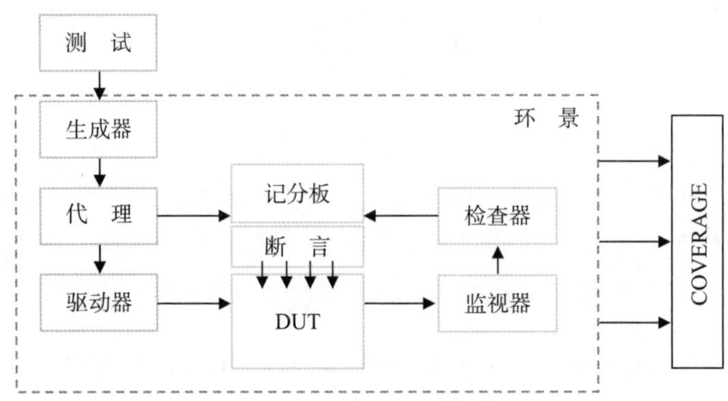

图 4.2 层次化的测试平台

为了预测事件的结果，这些命令被发送到计分板和来自监视器的命令进行比较。

考虑 H.264 编码器，测试多帧处理，帧大小和类型这类参数可以通过使用受约束的随机测试来配置，这就是我们所说的创造场景来验证特定的功能。

4.3 设计场景

本节将讨论中等规模大小的 RTL 设计。

1. 数据移位

串行输入 / 串行输出移位寄存器的 Verilog 代码如例 4.1 所示，always 块内采用了非阻塞赋值。非阻塞赋值通常用来描述时序逻辑。综合结果是具有时钟上升沿触发的串行输入 / 串行输出移位寄存器且异步复位低有效。

```
//串行输入/串行输出移位寄存器的Verilog代码
module shift_register(d_in, clk, reset_n, q_out);
  input d_in;
  input clk;
  input reset_n;
  output q_out;
  reg q_out;
  reg q1_out, q2_out;
  always@(posedge clk or negedge reset_n)
  begin
    if(~reset_n)begin
      q1_out<=1'b0;
```

例 4.1 串行输入 / 串行输出移位寄存器的 Verilog 代码

```
      q2_out<=1'b0;
      q_out<=1'b0;
    end
    else begin
      q1_out<=d_in;
      q2_out<=q1_out;
      q_out<=q2_out;
    end
  end
endmodule
```

1. 非阻塞赋值在always块内使用。
2. 由于使用了非阻塞赋值，所以推断出的逻辑是串行输入/串行输出移位寄存器。
3. 综合工具推断出带异步reset的顺序逻辑。
4. 推断的时序逻辑有三个触发器。

续例 4.1

2. 同步上升沿和下降沿检测

大多数时候，我们需要用同步逻辑来检测信号的上升沿或下降沿，该种类型的同步逻辑电路如例 4.2 所示，图 4.3 是边沿检测电路的综合结果。

```
//上升沿和下降沿检测的Verilog代码
module edge_detection(d_in, clk, reset_n, q_out);
  input d_in;
  input clk;
  input reset_n;
  output q_out;
  reg tmp_q_out;
  always@(posedge clk or negedge reset_n)
  begin
    if(~reset_n)
      tmp_q_out<=1'b0;
    else
      tmp_q_out<=d_in;
  end
  assign q_out=imp_q_out^d_in;
endmodule
```

例 4.2 上升沿和下降沿检测的 Verilog 代码

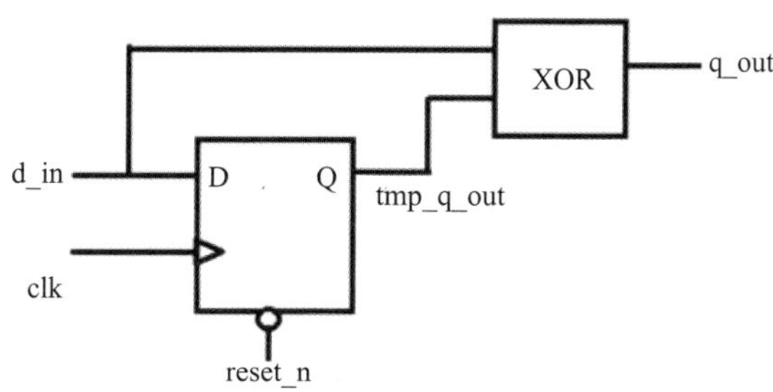

图 4.3 边沿检测电路的综合结果

3. 优先级检查

如果大多数电平敏感信号在同一时间到达，且需要被感知并根据优先级进行处理，这种情况下需要使用优先级编码器。考虑一个具有四级敏感中断的处理器逻辑的实际场景，需要为它们调度优先级，然后使用 Verilog 的嵌套 if-else 构造来设计逻辑。

如表 4.1 所示，输入 INT3 和 INT0 分别具有最高优先级和最低优先级，编码器的输出为 y1_out 和 y0_out。

表 4.1　4 : 2 优先级编码器的真值表

INT3	INT2	INT1	INT0	y1_out	y0_out
1	X	X	X	1	1
0	1	X	X	1	0
0	0	1	X	0	1
0	0	0	1	0	0
0	0	0	0	0	0

如上表所示，电平敏感输入 INT3 具有最高优先级，INT0 的优先级最低。如果仔细观察上述表项，那么我们可以看到两个输入序列 0001 和 0000 的输出为 00。如果将编码器的输出作为另一个功能块的输入，那么编码器的输出为 00 将使我们很难分辨编码器的输入是 0000 还是 0001。这种情况下，使用 flag_out 作为编码器的附加输出来检测所有输入是否都等于 0000，如果所有编码器输入都具有逻辑零值，则强制 flag_out 为逻辑 1，否则 flag_out 应该为逻辑 0。

Verilog 代码如例 4.3 所示，其综合结果如图 4.4 所示。

```
//4:2优先级编码器的Verilog代码
module priority_encoder(INT, y_out, flag_out);
  input [3:0] INT;
  output [1:0] y_out;
  output flag_out;
  reg flag_out;
  reg [1:0] y_out;
  always@(*)
  begin
    y_out=2'b00;
    flag_out=1'b1;
    if(INT[3]) begin
      y_out=2'b11; flag_out=1'b0; end
    else if(INT[2]) begin
      y_out=2'b10; flag_out=1'b0; end
    else if(INT[1]) begin
```

例 4.3　4 : 2 优先级编码器的 Verilog 代码

```
      y_out=2'b01; flag_out=1'b0; end
    else begin
      y_out=2'b00; flag_out=1'b0; end
  end
endmodule
```

续例 4.3

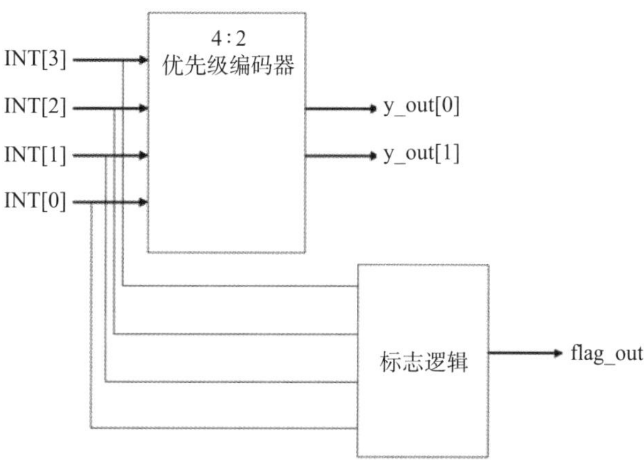

图 4.4 4 :2 优先级编码器综合后的结果

4.4 状态机的优化

有些时候我们需要在设计中使用有限状态机（FSM）来获得更好的时序性能。FSM 可以用于实现控制器，甚至被用来实现任意计数器和序列检测器。FSM 的性能是实现整体性能设计预期的重要指标之一。FSM 有两种类型——摩尔型和米利型。

1. 摩尔型状态机

在摩尔型状态机中，输出仅是当前状态的函数，当输入改变后，一个时钟周期后输出改变，如图 4.5 所示。

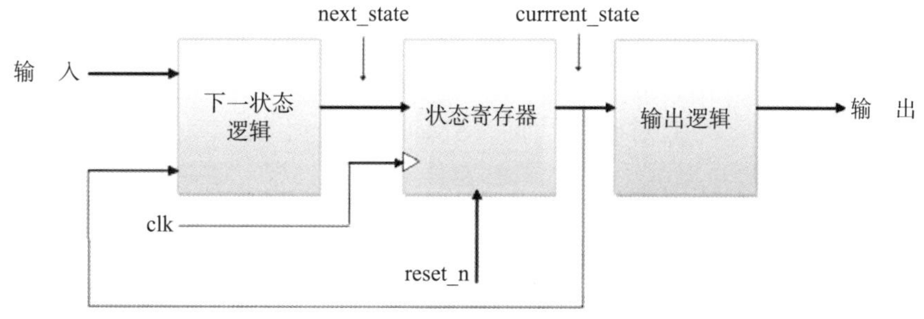

图 4.5 摩尔型状态机框图

2. 米利型状态机

在米利型状态机中，输出是当前输入和当前状态的函数，随着输入的变化，输出在同一时钟周期内立即发生变化，如图 4.6 所示。

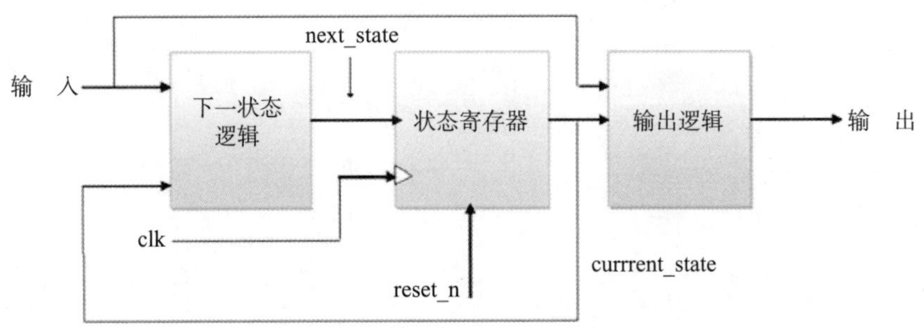

图 4.6 米利型状态机框图

3. 摩尔型状态机和米利型状态机的比较

摩尔型状态机和米利型状态机的区别如表 4.2 所示。

表 4.2 摩尔型状态机和米利型状态机的对比

摩尔型状态机	米利型状态机
输出仅仅是当前状态的函数	输出是当前状态和当前输入的函数
输出在一个时钟周期内保持稳定	输出是当前状态和当前输入状态的函数，输出不一定能在一个时钟周期内保持稳定
输出不易出现毛刺和尖峰	输出容易出现毛刺和尖峰
和米利型状态机相比，STA 简单且时序路径短，更容易获得更高的工作频率	由于寄存器之间庞大的组合逻辑的存在，STA 会变得更加复杂。和摩尔型状态机相比，工作频率更低
比米利型状态机状态多	至少比摩尔型状态机少一个状态

在 RTL 阶段，可以使用以下规则和技巧来提升 FSM 的性能：

（1）不要使用单一的 always 块来进行 FSM 编码，因为它不会产生高效的结果。

（2）为了实现 FPGA/ASIC 的高效率的综合，请使用多个 always 块。在实践中，我们可以考虑如下使用方式：

· 第一个 always 块用来描述下一个 FSM 状态。

· 第二个 always 块用来描述当前 FSM 状态。

· 第三个 always 块用来描述输出逻辑。

（3）在下一个状态和输出逻辑块中使用阻塞赋值，因为它们本质上是组合逻辑。

（4）在状态寄存器块中使用非阻塞赋值，时钟边沿触发可能是正的，也可能是负的。

（5）使用所需的编码方法：

· 二进制编码器，需要 n 个触发器，可以表示 2^n 种状态。

· 格雷码编码器，需要 n 个触发器，可以表示 2^n 种状态。

· 独热码编码器，需要 2^n 个触发器，可以表示 2^n 种状态。

（6）为了避免出现锁存器，请使用默认条件或在 case 构造中涵盖所有的 case 条件。

（7）根据状态机中转换的数量使用 if-else 构造。

（8）如果面积不是设计的瓶颈，那么优先选择使用独热码编码器的 FSM。

（9）为了获得干净的输出信号和时序，输出信号均采用寄存器输出的方式。

4.5 复杂设计的RTL设计

想象一下由数百万或数十亿个逻辑门组成的复杂设计，RTL 设计阶段是一个耗时且反复迭代的过程。在 RTL 设计之前，需要根据当前的市场和终端客户的需求，对设计或产品规格进行改进。

例如，考虑移动 SoC 设计，移动设备需要的功能包括高速处理器、高分辨率显示器、键盘、触摸板、内部存储器、天线和外部接口（比如蓝牙）、USB、Wi-Fi 功能、存储器控制器、电源、时钟管理、摄像头和机械组件等。通过考虑所有这些需求，在 RTL 设计阶段之前发展和完善设计规范。

通过获得系统需求和分析文档，完善详细的技术和功能规范，然后由专家团队创建设计的体系结构。在这个阶段，设计被分成多个模块（可称为芯片的初始布局图），例如，模拟模块、数字模块、存储器、IP、视频和音频处理模块，以及处理器内核等。

架构是为复杂的设计而发展的设计的模块级表示，微架构是从架构文档发展而来，每个模块的功能和时序细节都在更高层次的文档中有所描述。

对于复杂的 SoC 设计，RTL 设计团队可以根据每个功能块的要求进行 RTL 编码。

功能验证可以在 RTL 设计阶段之后进行。但对于复杂的设计，功能验证和 RTL 设计阶段可以同时开始。几乎 70% 的设计周期时间和精力都花在了验证阶段。

4.6 顶层RTL设计

顶层 RTL 设计可以视为多个功能模块的集成。如图 4.7 所示，该设计根据设计、接口和硬件 / 软件需求，划分为不同的功能模块。RTL 顶层模块使用实例化的方式调用这些功能模块。对于每个 RTL 模块，面积、速度和功耗约束需要被指定并在顶层的约束中体现。

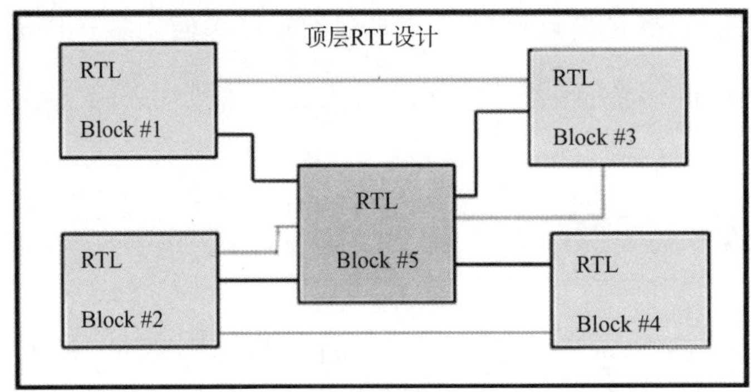

图 4.7 顶层 RTL 设计

综合和设计约束将在第 9 章讨论，随后的章节将讨论 SoC 的 RTL 设计和 RTL 验证。

4.7 总 结

以下是对本章要点的总结：

（1）在使用 Verilog 编码时使用架构和微架构文档。

（2）使用 RTL 设计指南。

（3）了解设计的功能和它们的外部接口。

（4）在顶层使用三态、调试和测试逻辑。

（5）在多个时钟域之间传递数据时使用同步器。

（6）对于大密度大容量的 SoC 设计，使用分而治之的方法。

（7）如果在设计中使用了 IP，那么需要充分理解接口并使用 wrapper 对 IP 进行封装。

（8）确定受约束的随机测试的覆盖率目标。

（9）使用层次化的测试平台并监视所需的覆盖率。

（10）在模块级和芯片级均有测试计划和相应的测试实例。

下一章将重点介绍处理器设计中架构和微架构的演变，对于理解大密度设计是如何被划分成多个功能块，以及架构级别的性能改进策略是非常有帮助的。

第 5 章　处理器设计和架构设计

在设计阶段，架构和微架构文档起着重要的作用。

本章主要介绍处理器系统的架构和微架构设计技术，主要目的是揭示工程师在绘制处理器架构和微架构草图时的思维过程，这有助于设计产品和实现新的想法。大多数时候，我们需要在 SoC 设计中使用处理器。对于复杂的设计，可以使用处理器 IP 核。本章有助于理解 SoC 原型设计中的硬 IP 核。

5.1 处理器架构和基本参数

本节讨论处理器的重要参数，如处理器速度、时钟频率、IO 带宽和多任务处理。

5.1.1 处理器和处理器内核

如果我们回顾一下处理器发展的历史，那么我们就会注意到英特尔在 1974 年 4 月推出了商用处理器 8080，它有独立的 16 位宽的地址总线和 8 位宽的数据总线。这款商用处理器采用 40 针 DIP 封装，时钟频率为 2MHz。

由处理器的发展情况可知，实现并发执行的总线带宽和速度在任何 SoC 的设计中都起发挥重要的作用。在过去的近四十年里，电子系统的设计中广泛使用了微处理器，并且已成为嵌入式系统产品开发中不可缺少的一部分。在设计中使用处理器核可以减少其他组件的使用，数千个晶体管被集成在非常小的面积上，以执行所需操作。随着新算法的发展和设计技术的进步，处理器的成本已经大大降低，功能适中的处理器成本已经低于 1 美元。

图 5.1 给出了近 40 年来微处理器的发展趋势。

由图 5.1 可知，1975—2015 年，晶体管数量呈指数增长，甚至进一步加快；1975—1980 年，处理器的频率低于 10MHz；2015 年，处理器的工作频率达到几 GHz。

近十年来的复杂设计由处理器架构主导，像英特尔、AMD、德州仪器这样的公司拥有先进的处理器，它们具有所需的功能、内部存储器、IO 接口和高速网络接口，甚至还有灵活的架构来执行复杂的浮点运算任务。

实际上，系统的性能依赖于处理器的性能。提高处理器性能的技术之一是增加时钟频率。回想一下 1974 年，当时英特尔 8080 的速度是 2MHz，而在 1978 年，英特尔 8086 的速度是 10MHz。在短短的时间内提高了 5 倍的速度！

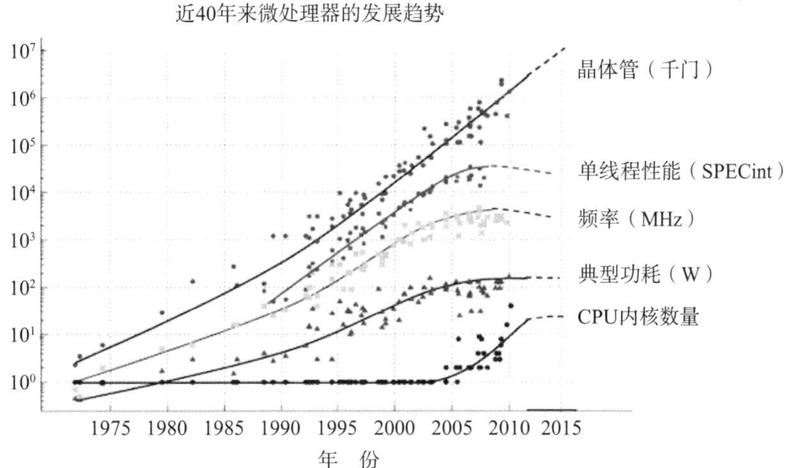

图 5.1 微处理器发展趋势

1984 年，英特尔推出了 80386 处理器，速度为 25MHz；英特尔在 1994 年推出了奔腾Ⅱ处理器，速度为 266MHz。如前所述，现代处理器的速度达到几 GHz。

处理器设计中的另一个重要因素是数据宽度和总线带宽。总线带宽随着每次的技术发展而增大，在每个时钟周期内传输大量的数据变得更加容易。我们比较一下英特尔 16 位处理器 8086 和 80386，8086 有 16 位数据总线，80386 有 32 位数据总线。图 5.2 所示的 SoC 架构由 RAM、ROM、处理器、串行接口、通用 IO 接口等组成。

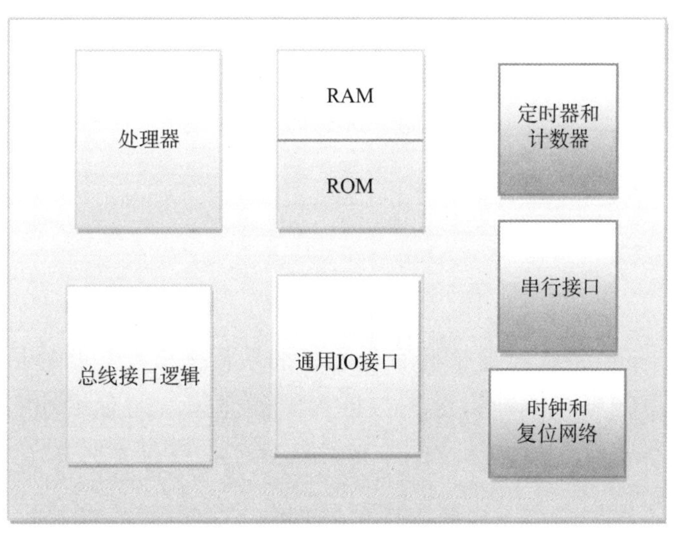

图 5.2 中等规模的 SoC

使用 SoC，可以通过可编程功能来实现额外的逻辑功能。

近期，中等规模门数的 SoC 的成本很低（可能在几美元左右）。提高处理器性能的另一种方法是添加更多总线。同多总线系统相比，共享总线的性能总是较低的。

英特尔 Pentium Ⅱ架构有独立的高速缓存总线，处理器可以同时使用主总线和高速缓存总线分别执行两种操作。

在处理器架构中增加更多总线的后果是处理器的引脚数增加。在过去的 40 年里，处理器的引脚数一直在增加。尽管随着时间的推移，时钟频率有所提高，但提高工作频率会对功耗产生巨大影响。因此，我们可以得出结论，在过去的 40 年里，处理器的功耗和能量密度呈指数增长。

如图 5.3 所示，可以通过增加总线的数量来提高处理器的性能。在 SoC 的设计中，推荐使用高带宽的 IO、总线、更高的时钟频率等性能提升技术。在处理器的设计中，额外的引脚意味着更高的封装成本和测试成本。但在 SoC 设计中，更多的引脚并不会增加额外的成本，只会增加布局布线的难度。但是一旦布线完成，额外的引脚就不会给芯片带来显著的成本增加。同样地，更多的总线不会增加额外的成本，但可以改善设计。

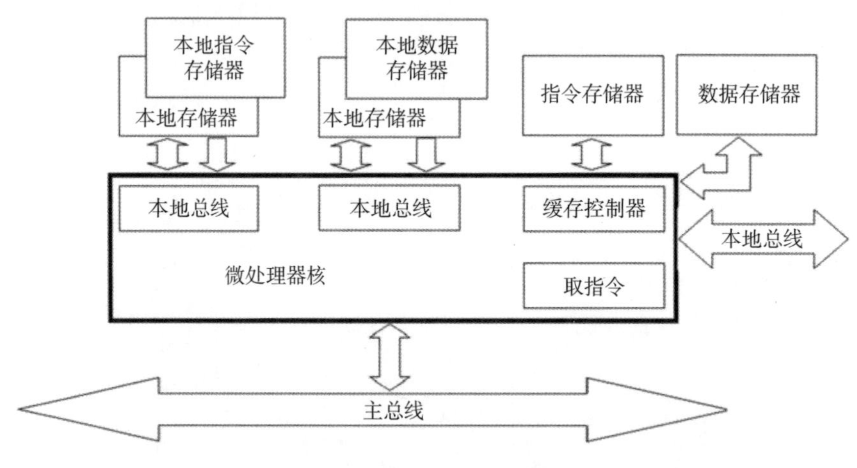

图 5.3 多总线的 SoC 架构

由图 5.3 可知，微处理器核拥有更多的总线。主总线与微处理器核和其他总线通信，其他总线则与本地指令和数据存储器通信。还有额外的总线用于与指令和数据存储器通信。图中所示的本地总线用于与高带宽外围设备通信。

由于使用了这些总线，数据和指令的加载/存储可以同时进行。缓存控制器也可以独立运行。

5.1.2 IO带宽和时钟速率

如果设计中只使用单个处理器，那么IO带宽是固定的，但如果处理器核是为SoC应用设计的，那么就可以控制IO带宽。由于处理器核中使用了多个总线，因此可以提高IO带宽，也可以提高数据传输的速率。并发的IO数据传输可以提高设计性能。

在设计SoC时，架构师应充分考虑面积、速度和功耗等指标。如果使用多个总线以较低的时钟频率运行，则功耗会更低。但如果使用共享总线以较高的时钟频率运行，则功耗会更高。因此，始终存在面积、速度和功耗之间的权衡。最好在较低的时钟频率下实现所需的性能。但如果需要，则必须在较高的时钟频率下使用处理器。

5.1.3 多任务和处理器时钟频率

为了提高处理器核的性能，具有多任务功能的架构是较好的选择。实现多任务的基本技术是在设计中添加更多的队列，以便可以在特定时间内使用多任务环境完成任务。甚至可以通过增加处理器的时钟频率来实现多任务。时钟频率越高，同时执行的操作数量就越多。

单处理器架构中共享总线以较高的时钟频率与内存或输入/输出设备通信，缺点是更多的功耗和处理器上的额外开销。与此相比，分别使用快速和慢速总线的设计（图5.4）是一种更好的方案。

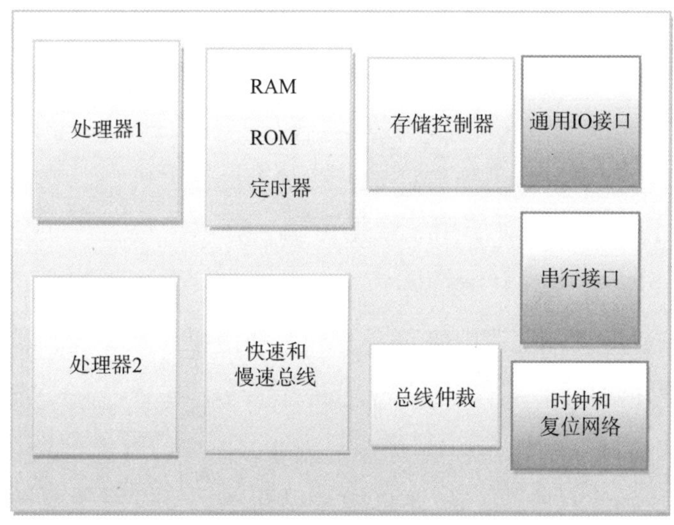

图5.4 具备多任务的SoC架构框图

5.2 处理器功能与架构设计

下面考虑一个 16 位或 32 位可配置处理器内核。对于任何 SoC 应用来说，高效的架构和 RTL 设计不仅有助于提高处理器的可靠性，还可以在面积、速度和功耗方面提高整体性能。此类设计的主要目标是在较低时钟频率下实现更高的性能。正如前面所讨论的，我们将使用 Verilog 编写 RTL 代码。处理器的设计应具有可编程性，并且指令集应尽量丰富。这种类型的设计主要的风险在于规格和功能的变化，因此架构设计应能够应对这些变化。

处理器核应该具备以下功能：

（1）灵活的架构：架构应该具有足够的灵活性，以适应设计和实现周期中的变化。为了获得更好的性能，如果我想设计架构，那么对于加载或存储指令，只能使用外部存储接口。对于其他类型的指令，应使用内置逻辑，这可以减少延迟并提高处理器的速度。外部通信开销应尽可能小，这可以提高处理器的整体效率。

（2）流水线功能：为了提高设计吞吐量，处理器核应具有流水线控制逻辑。根据需求，设计应使用多级流水线。在设计中特别需要注意添加流水线控制部分。如果考虑使用 Intcl 处理器和 ARM 处理器，那么这些架构应使用内部数据和指令队列的多级流水线。

（3）内部存储器：处理器核架构应具有足够的内部存储器。通常情况下，我们会遇到具有更多通用寄存器的架构。这些通用寄存器可以在执行加载和存储指令时使用。这种类型的内部寄存器可以在指令执行期间存储所需的操作数信息。

（4）简单指令集：为了提高处理器核的吞吐量和性能，指令应为单周期，且可以通过流水线实现。对于用于数据传输、算术逻辑运算和分支的指令，更好的 RTL 实现可以带来更好的性能。

（5）操作数定义：设计中应包含源和目的地操作数，这种机制可以改善控制路径及其相关的时序。

（6）外部接口：处理器核应具有直接端口连接、寄存器接口和 FIFO 数据传输接口，以传输大量数据。高速总线接口和网络接口对于复杂的算法和数据传输也是非常有帮助的。

（7）数据传输端口寄存器：任何处理器的性能都取决于数据传输的 IO 带宽和使用的接口。如果设计需要多个处理器核，那么可以使用直接端口连接将数据从一个处理器核传输到另一个处理器核。

图 5.5 显示了从处理器 #1 到处理器 #2 的直接端口数据传输，处理器 #1 完成指令执行后，结果将存储在输出端口寄存器中。

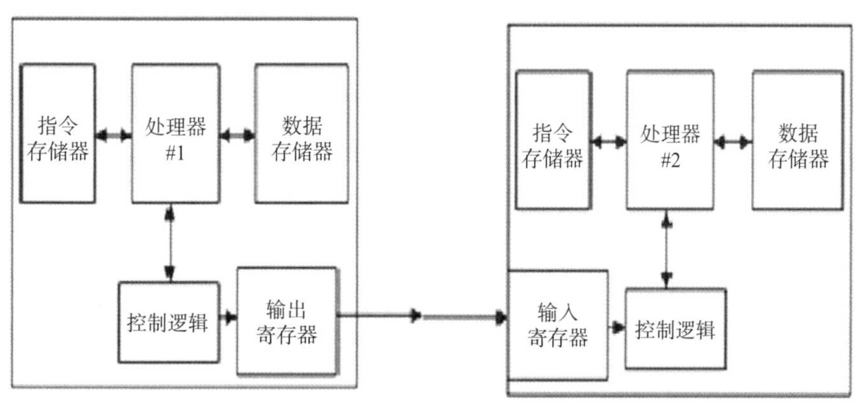

图 5.5　直接端口连接

输出端口寄存器中的内容可以传输到处理器 #2 并存储在处理器 #2 的输入寄存器中。为了进行数据传输，处理器 #1 首先执行存储指令，随后当数据需要由处理器 #2 读取时，处理器 #2 可以启动加载数据操作。

5.3　处理器架构与微架构

架构是设计规范的模块级表现形式。架构设计是从设计功能规范开始的。对于某些应用来说，设计 16 位处理器的架构至关重要，我们需要考虑如下方面：

（1）应用：根据处理器工作的环境确定其功能，通过市场调研收集处理器的功能和改进措施也可以发挥重要作用。

（2）运算：处理器应支持算术运算、逻辑运算、数据传输、分支运算、IO 控制。

（3）数据传输量：数据总线的宽度。

（4）最大寻址空间：根据处理器的最大可寻址空间，提取地址总线的位数。

（5）地址总线和数据总线复用：为复用总线提供支持，以减少处理器引脚数量。

（6）性能参数：速度、功耗、芯片尺寸、数据传输延迟、数据速率、数据吞吐量、流水线级数。

（7）内部存储：内部存储空间包括用于临时存储的内部寄存器、RAM、ROM、FIFO 缓冲区。

（8）IO 接口：包括通用 IO 端口、串行接口、网络接口、高速总线接口。

通过使用这些参数，可以对块级功能进行文档化并显示在图 5.6 中。这是启动设计的基本架构，是初始阶段。在实际的 SoC 实现中，架构设计团队需要具备丰富的经验和想象力。专家团队可以设计流水线处理器的架构，这是一个迭代的过程。

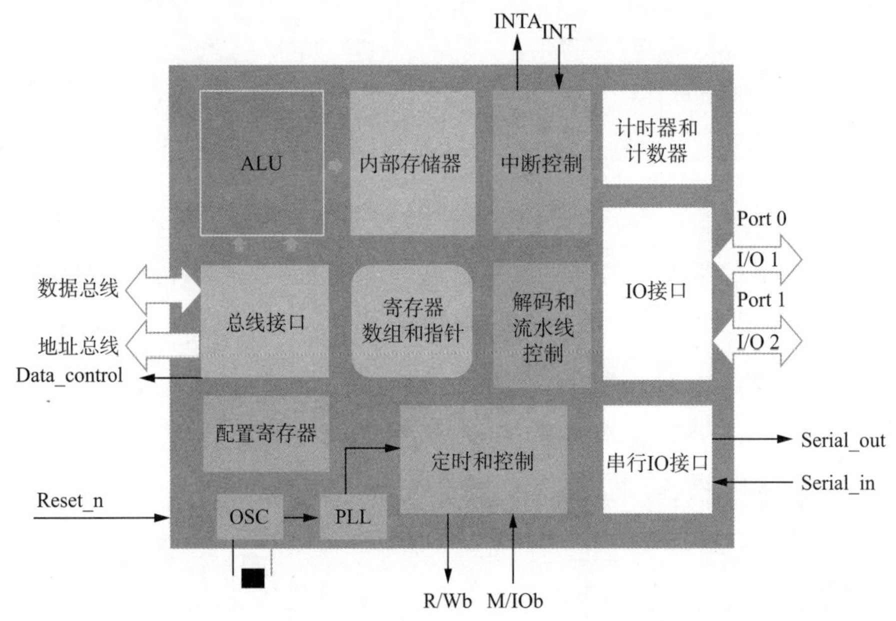

图 5.6 基础级别的处理器体系结构

架构文档应该包含以下内容：

（1）每个模块的功能：

· ALU：16 位 ALU 执行算术逻辑运算，指令类型包括算术、逻辑、数据传输。

（2）内部存储信息：

· 寄存器组。

· 内部存储器。

（3）数据流的高级信息：

· 获取指令：使用总线接口逻辑。

· 解码指令：使用解码逻辑。

· 执行指令：使用算术逻辑单元（ALU）和其他与指令类型相关的逻辑。

· 存储结果：存储在内部寄存器 / 存储器或外部存储器中。

（4）初始化 / 配置和测试寄存器及逻辑的信息：用于初始化和配置的测试和调试逻辑。

（5）外部接口（串行和并行）的高级信息：

· 串行接口。

· 通用输入 / 输出接口。

（6）中断：执行即时任务，中断数量（如果有多个）。

（7）时钟复位网络的相关信息。

（8）约束条件。

（9）外部连接性（如果有外部高速接口的话）。

（10）有关电源供应和电压域的信息。

为了获得更多的外部引脚可见性，架构文档应包含每个引脚的宽度细节。如果与处理器相连的外部存储器为 1MB，那么地址总线的宽度应为 20 位；数据总线宽度为 16 位，每个寄存器宽度为 16 位，内存指针宽度为 20 位。

使用图 5.7 所示的多路复用地址数据总线可以使引脚数最小化。

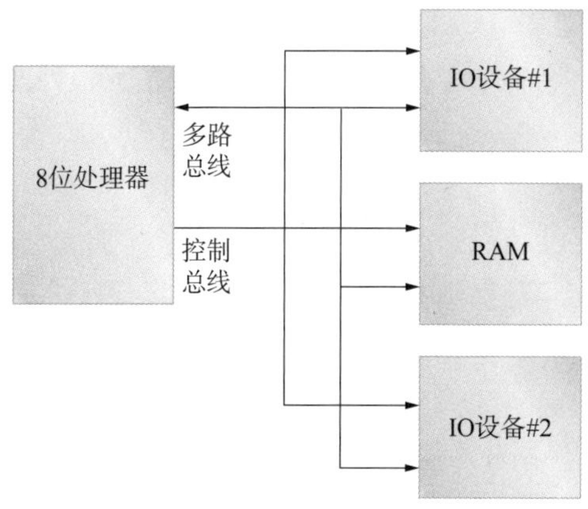

图 5.7 多路复用地址数据总线

表 5.1 给出了与外部设备的块接口信息。

表 5.1 外部连接

外部接口	管脚数量	定义及描述
Data_bus	16	双向数据传输总线
Address_bus	20	IO 或者存储器地址总线
Data_control	1	地址和数据线的复用解析
R/Wb	1	读和写。读状态是逻辑 1，写状态是逻辑 0
M/IOb	1	输出引脚，逻辑 1 状态表示内存操作，逻辑 0 表示 IO 操作
Crystal_input	2	晶体输入引脚
Serial_in	1	连接串行输入设备
Serial_out	1	连接串行输出设备
INT	1	对处理器的电平敏感中断
INTA	1	来自处理器的中断确认
Reset_n	1	低电平有效的复位输入

除了上述之外，处理器还应具有电源连接，本章不讨论此内容。

5.3.1 处理器微架构

处理器的微架构是对各个功能块的子模块级描述。微架构应提供有关各个功能块的高级逻辑要求及其时序和接口详细信息，下面将进行进行详细阐述。对于高密度的功能块，这可能是一项艰巨的任务，但微架构的发展演变在 RTL 设计、验证和实现阶段发挥了重要作用。

1. 算术逻辑单元（ALU）

ALU 用来执行算术和逻辑运算，并对两个操作数起作用。在开发 ALU 的微架构时，我们应该考虑如下因素：

（1）操作数的大小。

（2）是否允许指令流水线执行？如果不允许，哪种类型的指令可以单周期执行？

（3）能支持多少条逻辑指令和算术指令？

（4）执行这些操作需要哪些状态 / 初始化信息？

（5）能否生成有关溢出、零结果等状态的信息？

通过上述思考，可以演化出该模块的微架构。如图 5.8 所示，ALU 块被划分为算术单元和逻辑单元。控制逻辑根据操作码解码逻辑的状态来决定执行算术或逻辑指令。

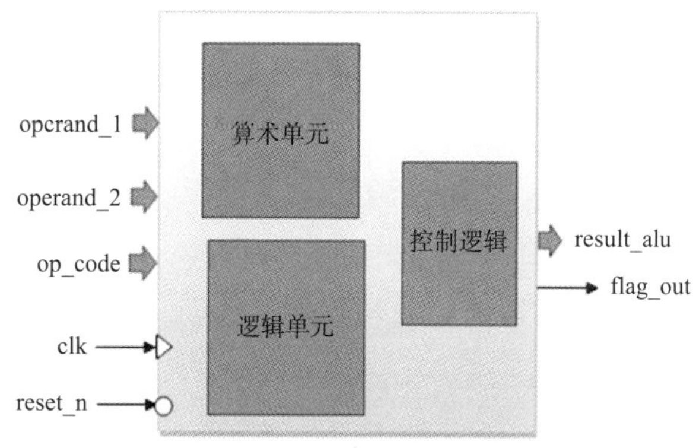

图 5.8 ALU 微架构

在 RTL 设计阶段，上述思维过程可以发挥重要作用。RTL 工程师可以考虑使用多个模块来对设计进行分区。无论设计大小是适中还是复杂，这都可以让工程师更清楚地了解如何使用 HDL 结构来一次执行一条指令。

关于内部模块的相互依赖性和更高级别的时序要求，需要考虑以下几点：

（1）指令解码应生成指令的操作码。

（2）操作数 1 和操作数 2 需要被读取。

表 5.2 给出了该模块的信号信息。

表 5.2 ALU 信号同顶层之间的连接

信号名	宽 度	描 述	方 向
clk	1	时钟信号	输 入
reset_n	1	异步，低有效的复位信号	输 入
operand_1	16	操作数 1	输 入
operand_2	16	操作数 2	输 入
op_code	4	4 位宽度，可表示 16 条指令	输 入
result_alu	16	16 位宽度的 ALU 结果输出	输 出
Flag_out	1	溢出标志	输 出

对于加法、减法和逻辑指令，可以实现单指令周期执行。风险在于乘法和除法，它们需要额外的功能和流水线支持。

2. 串行 IO 接口

串行设备可以通过串行 IO 线与处理器通信，我们可以这样思考：

（1）最大串行 IO 数据传输速率。

（2）串行 IO 的最大时钟频率与处理器时钟频率的关系。

（3）如何将串行输入的数据分离出来，以获得所需的并行数据。

（4）如何将并行数据转换为串行形式。

因此，在更高层次上，可以使用双向移位寄存器来实现逻辑。

如图 5.9 所示，双向移位寄存器用于与串行 IO 通信，方向控制逻辑通过 IO 指令来确定数据是向处理器传输还是从处理器传输。

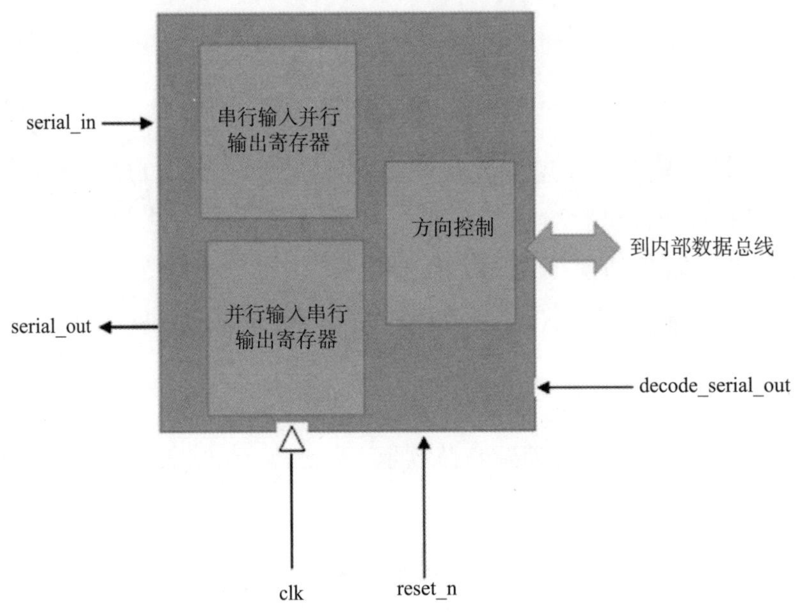

图 5.9 串行 IO 微架构

在 RTL 设计阶段，可以使用两个不同的过程块来编写设计代码，一个过程块用于采样输入数据，另一个过程块用于传输串行数据。在编写 RTL 时，应注意方向控制逻辑的编写，这种类型的逻辑使用移位寄存器来采样或传输数据。

串行接口信号信息如表 5.3 所示。

表 5.3 串行接口

信 号	位 宽	描 述	方 向
clk	1	时 钟	输 入
reset_n	1	低电平有效的异步复位信号	输 入
Serial_in	1	串行输入	输 入
Serial_out	1	串行输出	输 出
Data_inout	16	双向数据总线	双 向
decode_serial_out	1	从解码逻辑输入的信号	输 入

3. 内部寄存器

寄存器可用于存储结果或操作数。可以将微架构视作并行输入 / 并行输出（PIPO）寄存器，以实现读写控制。根据指令类型，可以将数据传输或存储到这些寄存器中，甚至专用指针也可以是 PIPO 类型。

这些寄存器的附加逻辑如下：

（1）寄存器选择逻辑是解码逻辑。

（2）用控制和定时单元的信号进行方向控制。

如图 5.10 所示，子模块具有解码逻辑、内存和内部存储指针。

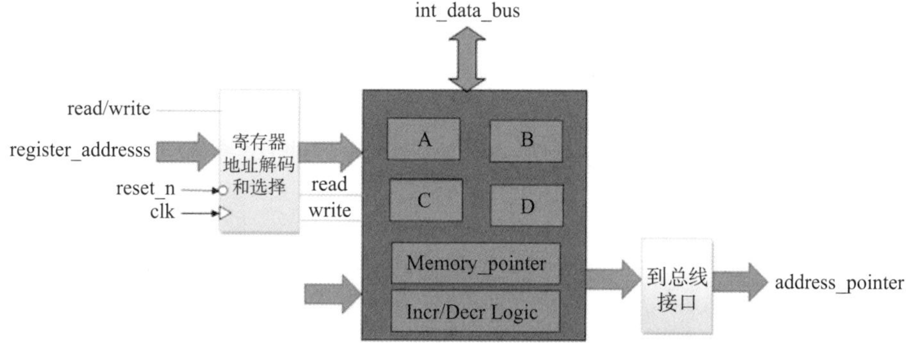

图 5.10　内部寄存器和指针

在 RTL 设计阶段，使用不同的过程块编写 RTL 代码对于编写设计代码很有帮助：

（1）PIPO 逻辑用于管理寄存器和指针。

（2）方向控制。

（3）地址解码逻辑。

（4）内部地址指针的读 / 写逻辑。

表 5.4 提供了该功能块的接口信息。

表 5.4　内部寄存器和指针接口

信号名称	宽　度	描　述	方　向
clk	1	时　钟	输　入
reset_n	1	低电平有效的异步复位信号	输　入
register_address	2	寄存器地址选择	输　入
int	1	电平敏感中断输入	输　入
int_data_bus	16	从状态寄存器读取或写入数据	双　向

续表 5.4

信号名称	宽 度	描 述	方 向
inta	1	中断应答	输 出
address_pointer	20	外部存储器地址总线	输 出

4. 中断控制

可以采用以下思路为这种逻辑结构设计微架构：

（1）中断类型（边沿触发或电平触发）。

（2）在有多个硬件中断的情况下，中断的优先级是什么？

（3）中断的允许和禁止以及相关逻辑。

（4）向量位置（分支地址）逻辑（如果没有其他机制支持）。

如图 5.11 所示，中断模块可以感知电平或边缘触发、优先级检测，并根据中断使能状态（见表 5.5）处理中断。

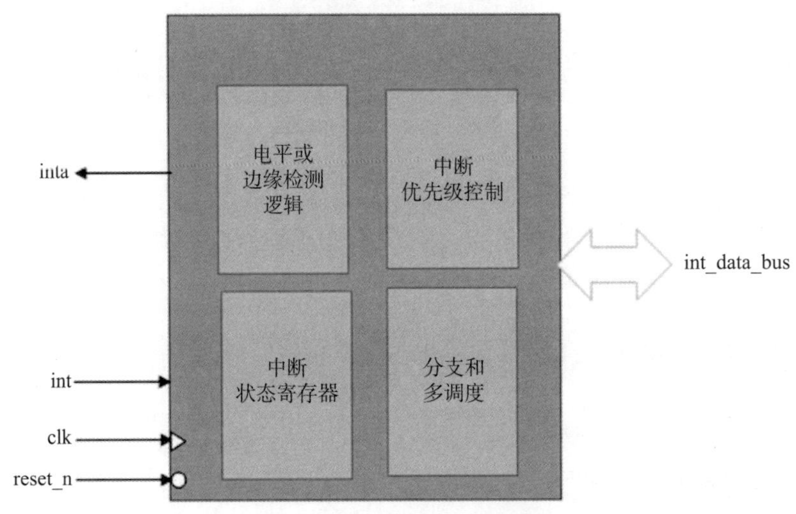

图 5.11 中断控制逻辑

表 5.5 中断控制接口

信 号	位 宽	描 述	方 向
clk	1	时 钟	输 入
reset_n	1	低电平有效的异步时钟	输 入
register_address	2	寄存器地址选择	输 入
read/write	1	输入指示读 / 写	输 入
int_data_bus	16	从寄存器中读取或写入数据	双 向
address_value	20	寄存器指针输入	输 入
address_pointer	20	外部存储器地址总线	输 出

在 RTL 设计阶段，使用独立的过程块编写 RTL 代码对于编写设计代码很有帮助：

（1）边缘或电平检测逻辑。

（2）优先级检测逻辑。

（3）中断状态和中断逻辑的分支 / 调度。

5. 解码 / 控制及时序

要为这种逻辑开发微架构，可以采用以下思路：

（1）指令类型和操作码解码类型是什么？

（2）需要提取哪些内部信号？

（3）需要从外部控制和定时信号中提取出哪种类型的信号？

（4）信号的时序应该是怎样的？

如图 5.12 所示，可以获取指令、解码指令，状态机控制器可以生成控制和时序信号（见表 5.6）。

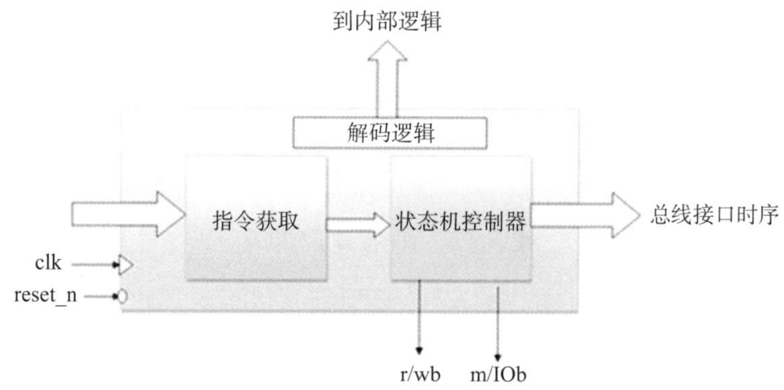

图 5.12　解码及时序控制信号

表 5.6　解码及时序控制信号

信　号	位　宽	描　述	方　向
clk	1	时钟信号	输　入
reset_n	1	低电平有效的异步复位信号	输　入
Instruction_code	4	4 位宽度的指令操作码	输　入
rd/wb	1	读写控制标志	输　出
M/IOb	1	逻辑 '1' 表示内存操作，逻辑 '0' 表示 IO 操作	输　出

在RTL设计阶段，使用不同的程序块编写RTL代码对于编写设计代码很有帮助：

（1）获取指令码。

（2）创建控制器状态机。

（3）实现解码逻辑。

6. IO接口

可以采用以下思路设计这种逻辑的微架构：

（1）输入/输出操作的类型。

（2）端口寄存器选择逻辑。

（3）方向控制和配置寄存器。

图5.13显示了逻辑结构，表5.7给出了相关信号的描述。

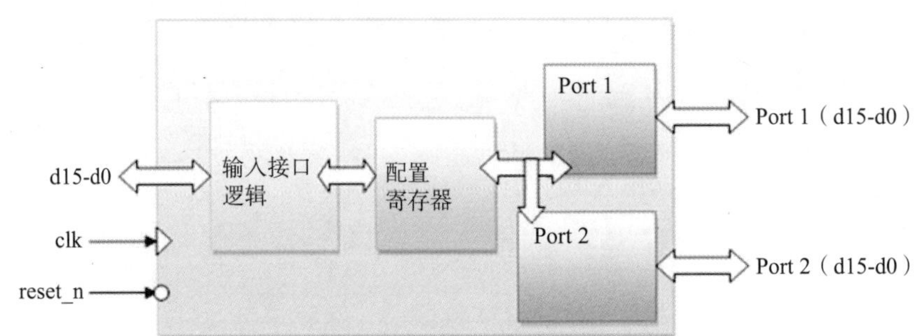

图5.13 IO接口逻辑

表5.7 IO接口

信号	位宽	描述	方向
clk	1	时钟信号	输入
reset_n	1	低电平有效的异步复位信号	输入
D15-D0	16	16位宽的双向数据总线	双向
Port_1(D15-D0)	16	双向IO端口	双向
Port_2(D15-D0)	16	双向IO端口	双向

在RTL设计阶段，使用不同的程序块编写RTL代码对于编写设计代码很有帮助：

（1）获取配置和状态信息。

（2）使用配置逻辑实现方向控制。

（3）设计双向通信的端口寄存器。

如果我的设计很复杂或者我有新的产品构想，该怎么办？

对于复杂和十亿逻辑门级别的大型设计，绘制上述的微架构草图是不切实际的，团队可以考虑以下内容：

（1）架构设计团队考虑功能模块时要集思广益。

（2）对于复杂的设计，找到所需的硬核或软核 IP，它们可以是开源版本或授权版本。

（3）为设计创建初始的顶层平面图。

（4）对于每个功能块：

· 使用的 IP：了解其功能和时序信息、接口信息、配置信息。

· 如果模块有可用的架构：检查所需的修改、检查所需的接口和封装。

· 如果模块的体系结构不可用：使用硬件和软件分区，画出模块级结构图，绘制微架构图。

· 预估外部 IO 接口和通用接口。

· 了解延迟、数据速率和吞吐量。

· 时钟和复位逻辑需求。

· 设计中是否包含多个电压域。

5.4 RTL设计与综合策略

可以使用模块化设计方法或自底向上方法来高效实现处理器设计。在架构级别进行设计分区，并使用参考文档作为微架构设计的基准。

在顶层模块中使用同步器、三态逻辑、时钟和复位网络。

5.4.1 模块级设计

设计团队成员（RTL 设计、验证、综合和 STA 团队）可以执行以下操作：

（1）为每个功能块编写高效的 RTL 代码。

（2）使用相应的测试环境对设计进行功能验证。

（3）使用模块级约束并对模块进行综合。

（4）检查这些约束条件是否能够满足？

（5）进行时序仿真和预布局时序分析。使用 RTL 微调和架构微调来解决建立时间违例。

5.4.2 顶层设计

设计团队执行以下任务：

（1）使用实例化创建 Top.v 文件，并验证设计。

（2）检查是否达到了覆盖目标？

（3）使用顶层约束进行设计综合。

（4）检查这些约束是否得到满足？

（5）为顶层电路“top.v”进行布局前的时序分析。

（6）检查并使用必要的调整来修复时序违例。

5.5 设计场景

本节的目的是讨论处理器 RTL 设计阶段中常见的设计场景。根据功能规格和要求，设计师可以修改 RTL 以实现所需的功能。

5.5.1 场景1：指令集和ALU设计

假设处理器具有以下算术和逻辑指令：

（1）传输（a_in）。

（2）不带进位的加法操作（a_in, b_in）。

（3）带进位的加法操作（a_in, b_in, cin）。

（4）不带借位的减法（a_in, b_in）。

（5）带借位的减法（a_in, b_in, cin）。

（6）累加（a_in, 1）。

（7）累减（a_in, 1）。

（8）逻辑或（a_in, b_in）。

（9）逻辑异或（a_in, b_in）。

（10）逻辑与（a_in, b_in）。

（11）逻辑非（a_in）。

让我们考虑一下这些指令的RTL设计（例5.1和例5.2，图5.14和图5.15）。如果需要支持更多的指令，则采用多个模块，即模块化的设计方法，以获得更好的时序和综合结果。RTL设计中应使用寄存器输入和寄存器输出。

```
module alu_design(clk, reset_n, op_code, a_in, b_in, cin, y_out, cout);
  input clk;
  input reset_n;
  input [3:0] op_code;
  input [15:0] a_in, b_in;
  input cin;
  output reg cout;
  output [15:0] y_out;
  reg [15:0] y_out;
  always@(posedge clk or negedge reset_n)
  begin
    if(~reset_n)
      {cout,y_out}=0;
  else
    case (op_code)
    4'b0000:{cout, y_out}= {0,a_in};
    4'b0001:{cout, y_out}=a_in+b_in;
    4'b0010:{cout, y_out}=a_in+b_in+cin;
    4'b0011:{cout, y_out}=a_in-b_in;
    4'b0100:{cout, y_out}=a_in-b_in-cin;
    4'b0101:{cout, y_out}=a_in+1'b1;
    4'b0110:{cout, y_out}=a_in-1'b1;
    4'b1000:{cout, y out}={0,(a_in|b_in)};
    4'b1001:{cout, y out}={0,(a_in^b_in)};
    4'b1010:{cout, y out}={0,(a_in&b_in)};
    4'b1011:{cout, y out}={0,~a_in};
    default:{cout,y_out}=0;
    endcase
  end
endmodule
```

- 使用寄存器输入和寄存器输出实现alu功能。
- 使用case结构，一次只执行一条指令。
- 启用EDA工具中的资源共享选项。

例 5.1 使用 case 结构的可综合的 ALU 代码

```
module alu_logic(clk, reset_n, op_code, a_in, b_in, cin, y_out, cout);
  input clk;
  input reset_n;
  input [3:0] op_code;
  input [15:0] a_in,b_in;
  input cin;
  output reg cout;
  output [15:0] y_out;
  reg [15:0] y_out;
```

例 5.2 使用嵌套 if-else 结构的可综合 Verilog 代码

```
    always@(posedge clk or negedge reset_n)
    begin
      if(~reset_n)
        {cout, y_out}=0;
      else
        if(op_code==4'b0000)
          {cout, y_out}={0,a_in};
        else if(op_code==4'b0001)
          {cout,y_out}=a_in+b_in;
        else if(op_code==4'b0010)
          {cout,y_out}=a_in+b_int+cin;
        else if(op_code==4'b0011)
          {cout, y_out}=a_in-b_in;
        else if(op_code==4'b0100)
          {cout, y_out}=a_in-b_in-cin;
        else if(op_code==4'b0101)
          {cout, y_out}=a_in +1'b1;
        else if(op_code==4'b0110)
          {cout, y_out}=a_in-1'b1;
        else if(op_code==4'b1000)
          {cout, y_out}=a_in|b_in;
        else if(op_code==4'b1001)
          {cout,y_out}=a_n^b_in;
        else if(op_code==4'b1010)
          {cout, y_out}=a_in&b_in;
        else if(op_code==4'b1011)
          {cout, y_out}=~a_in;
        else
          {cout, y_out}=16'b0;
    end
  endmodule
```

- 使用寄存器输入和寄存器输出实现alu功能。
- if-else用于构造RTL。
- 启用EDA工具中的资源共享选项。

- 不建议将if-else构造用于此类设计，因为它推断了优先级逻辑。

续例 5.2

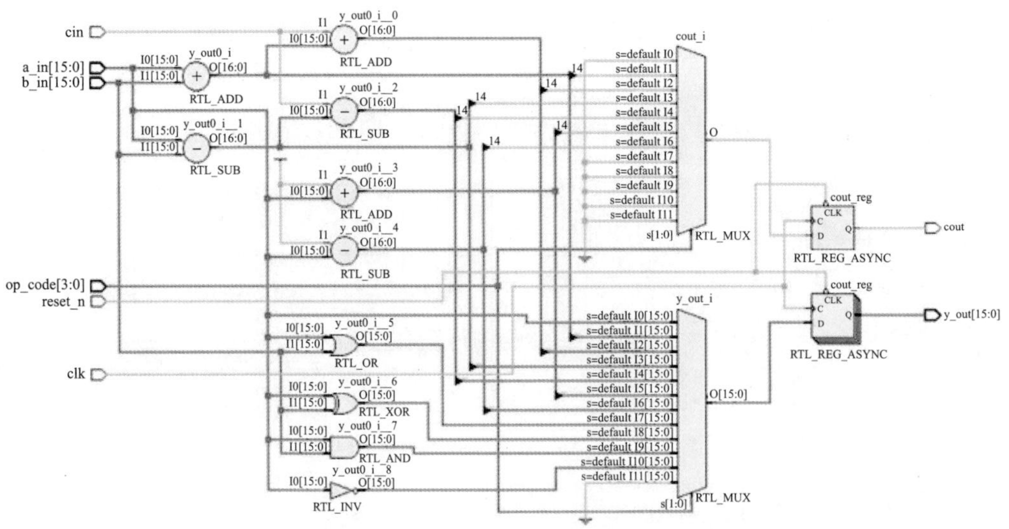

图 5.14 使用 case 构造的 ALU 综合结果

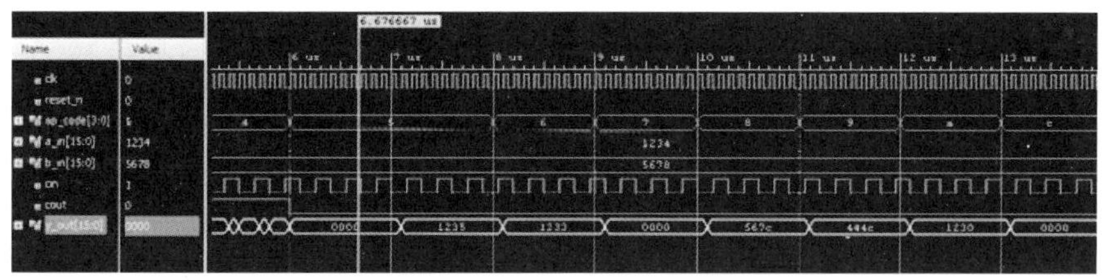

图 5.15　16 位 ALU 的仿真结果

5.5.2　场景2：数据的加载和移位

加载并行数据并执行右移或左移操作，移位操作如表 5.8 所示。

表 5.8　移位操作

操作码	操　作
00	装载并行数据
01	右移一位
10	左移一位
11	保持数据

Verilog 代码见例 5.3，综合结果如图 5.16 所示。

```
module shift_register(clk, reset_n, op_code, data_out, data_in, MSB_out, ISB_out);
  input clk;
  input reset_n;
  input [1:0] op_code;
  input [15:0] data_in;
  output MSB_out, LSB_out;
  output [15:0] data_out;
  wire [15:0] data_out;
  reg [15:0] tmp_data_out;
  always@(posedge clk or negedge reset_n)
  begin
    if(~reset_n)
      tmp_data_out<=16'b0;
    else
      case(op_code)
      2'b00:tmp_data_out<=data_in;
      2'b01:tmp_data_out<={data_in[0], data_in[15:1]};
      2'b10:tmp_data_out<={data_in[14:0], data_in[15]};
      2'b11:tmp_data_out<=tmp_data_out;
      endcase
  end
  assign data_out=tmp_data_out;
  assign MSB_out=tmp_data_out[15];
  assign LSB_out=tmp_data_out[0];
endmodule
```

- 根据操作码状态，生成移位寄存器的输出。
- 并行输出被指定为data_out。
- 左移操作的串行输出来自MSB_out。
- 右移操作的串行输出来自LSB_out。

例 5.3　可综合的移位寄存器代码

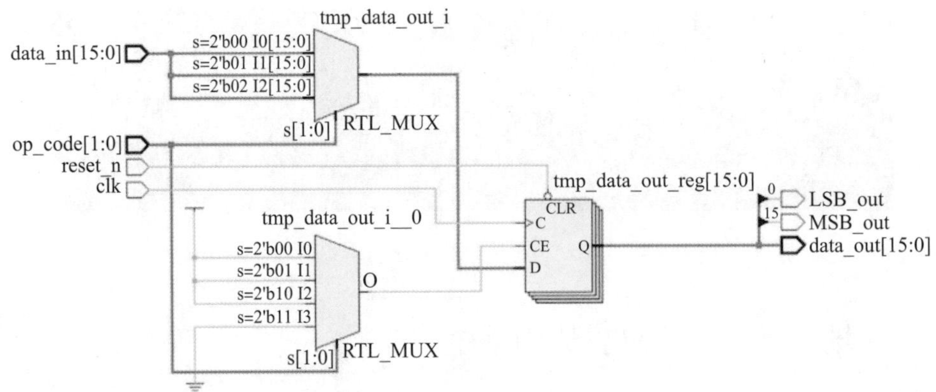

图 5.16 移位寄存器的综合结果

5.5.3 场景3：并行数据的加载

并行输入 / 并行输出寄存器用于获取并行数据并根据使能状态生成并行数据输出，类似于指令寄存器和地址寄存器的策略。Verilog 代码见例 5.4，综合结果如图 5.17 所示。

```
module paralle_in_parallel_out(clk, reset_n, enable_in, data_in, data_out);
  input clk;
  input reset_n;
  input enable_in;
  input [15:0] data_in;
  output [15:0] data_out;
  reg [15:0] data_out;
  always@(posedge clk or negedge reset_n)
  begin
    if(~reset_n)
      data_out<=16'b0;
    else if(enable_in)
      data_out<=data_in,
  end
endmodule
```

· 如果enable_in=1，并行data_in被加载到寄存器中。
· 如果enable_in=0，它将保存之前的数据。
· 该逻辑生成对时钟上升沿敏感的16位寄存器，并使用多路复用器逻辑对数据进行采样。

例 5.4 用于并行数据处理的可综合 Verilog 代码

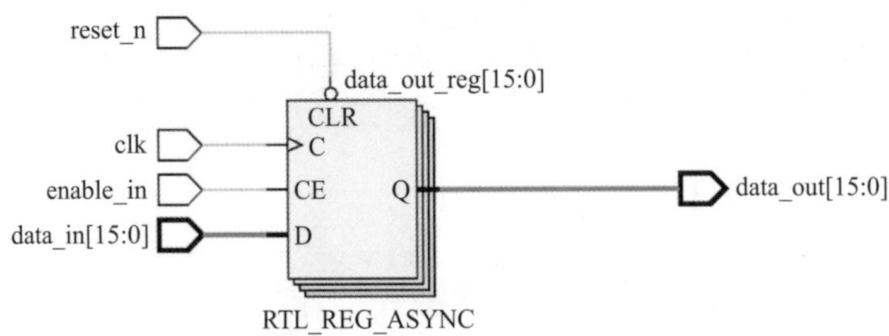

图 5.17 并行输入 / 并行输出寄存器综合结果

5.5.4 场景4：串行数据处理

串行输入 / 串行输出寄存器用于建立串行数据通信。Verilog 代码见例 5.5，综合结果如图 5.18 所示。

```
module serial_in_serial_out(clk, reset_n, enable_in, data_in, data_out);
  input clk;
  input reset_n;
  input enable_in;
  input [15:0] data_in;
  output data_out;
  wire data_out;
  reg [15:0] tmp_data_out;
  always@(posedge clk or negedge reset_n)
  begin
    if(~reset_n)
      tmp_data_out<=16'b0;
    else if(enable_in)
      tmp_data_out<={data_in[0], data_in[15:1]};
  end
  assign data_out=tmp_data_out[0];
endmodule
```

- 如果enable_in=1，并行data_in被加载到寄存器中。
- 如果enable_in=0，它将保存之前的数据。
- 该逻辑生成对时钟上升沿敏感的16位寄存器，并使用多路复用器逻辑对数据进行采样。

例 5.5 用于串行数据处理的可综合 verilog 代码

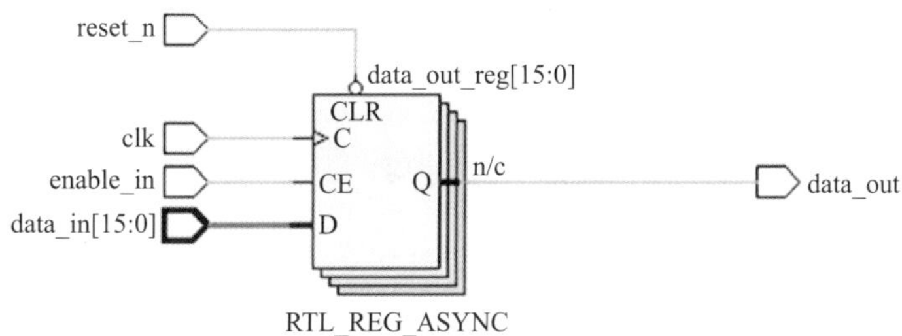

图 5.18 串行输入 / 串行输出移位寄存器的综合结果

5.5.5 场景5：程序计数器

在执行当前指令时，程序计数器指向下一条指令的指针。Verilog 代码见例 5.6，综合结果如图 5.19 所示。

```
module program_counter(clk, reset_n, pc_in, load_pc, incr_pc, pc);
  parameter size=16;
  input clk;
  input reset_n;
  input load_pc;
  input iner_pc;
  input [size-1:0] pc_in;
  output [size-1:0] pc;
  reg [size-1:0] pc_out;
  always@(posedge clk or negedge reset_n)
```

例 5.6 可综合的程序计数器 verilog 代码

```
    begin
      if(~reset_n)
        pc_out<=16'b0;
      else if(load_pc)
        pc_out<=pc_in;
      else if(incr_pc)
        pc_out<=pc_out+1;
    end
    assign pc=pc_out;
  endmodule
```

· 对于load_pc=1，pc_in被加载到程序计数器中。
· 对于incr_pc=1，程序计数器递增1。
· 该逻辑通过多路复用器逻辑生成对时钟上升沿敏感的16位寄存器，用于增量和装载。

续例 5.6

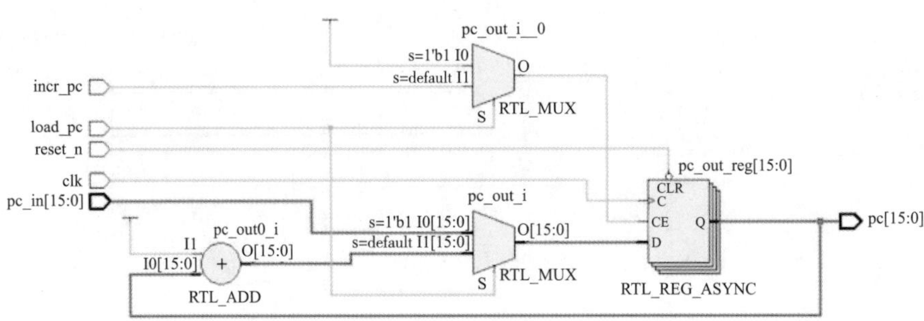

图 5.19 程序计数器综合结果

5.5.6 场景6：寄存器文件

寄存器文件可用于存储数据。Verilog 代码见例 5.7，综合结果如图 5.20 所示。

```
module register_file (clk, reset_n, write_addr, write_en, data_in,
                      read_addr, data_out);
  parameter size=16;
  parameter addr=4;
  input clk;
  input reset_n;
  input [addr-1:0] write_addr, read_addr;
  input writ_en;
  input [size-1:0] data_in;
  output [size-1:0] data_out;
  reg [size-1:0] reg_file [0:addr-1];
  always@(posedge clk or negedge reset_n)
  begin
    if(~reset_n)
      reg_file [write_addr]<=16'b0;
    else if(write_en)
      reg_file[write_addr]<= data_in;
      //pe_out<=pc_out+1;
  end
  assign data_out=reg_file[read_addr];
endmodule
```

· write_en=1时，并行data_in被加载到寄存器堆中。
· 根据read_addr的状态，存储在寄存器堆中的数据在数据输出时输出。

例 5.7 寄存器文件的 verilog 可综合代码

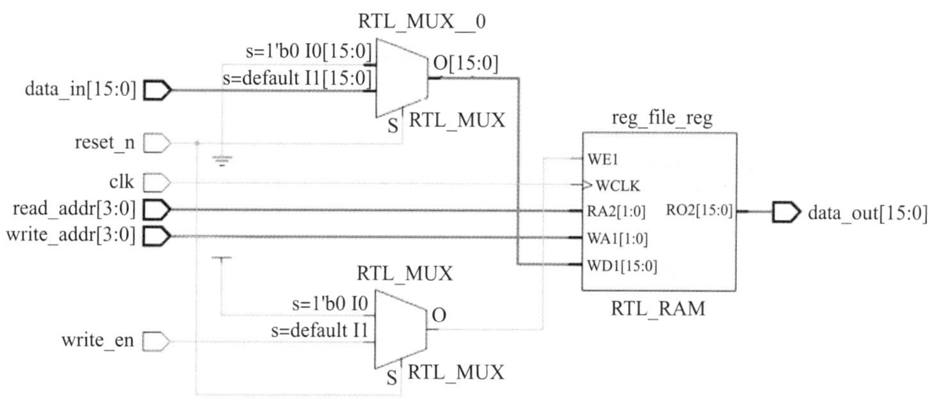

图 5.20 寄存器文件的综合结果

5.6 性能提升

通过添加流水线和提高时钟频率及 IO 带宽（如前文所述），可以在架构层面上提升处理器性能。

考虑以下需要按顺序执行的四个指令：

```
Add reg0, reg1, reg7          (reg0)+(reg1) = (reg7)
Sub reg2, reg3, reg6          (reg2)-(reg3) = (reg6)
Load 16 bit data, reg5        16bit data = (reg5)
Store reg4, Memory_Loc        (reg4) = (Memory_Loc)
```

每个指令都需要经过取指、解码、执行和存储结果 4 个步骤，如果不采用流水线结构，那么每个指令需要 4 个时钟周期。这意味着这 4 条指令总共需要 16 个时钟周期。由于采用了流水线控制逻辑，如果在设计中引入四级流水线，就可以减少时钟周期数并提高设计性能。

表 5.9 展示了这 4 条指令的执行过程。

表 5.9 指令流水

时钟周期	取 指	解 码	执 行	存储结果
Ⅰ	Add	X	X	X
Ⅱ	Sub	Add	X	X
Ⅲ	Load	Sub	Add	X
Ⅳ	Store	Load	Sub	Add

由表 5.9 可知，为了存储加法指令的结果，需要 4 个时钟周期。但由于采用了流水线结构，从第二个指令开始将使用更少的时钟周期数。对于这 4 条指令，结果在第 7 个时钟周期即可获得，从而在时钟周期数上减少了 9 个时钟周期。

采用寄存器输出和输入的流水线如图 5.21 所示。

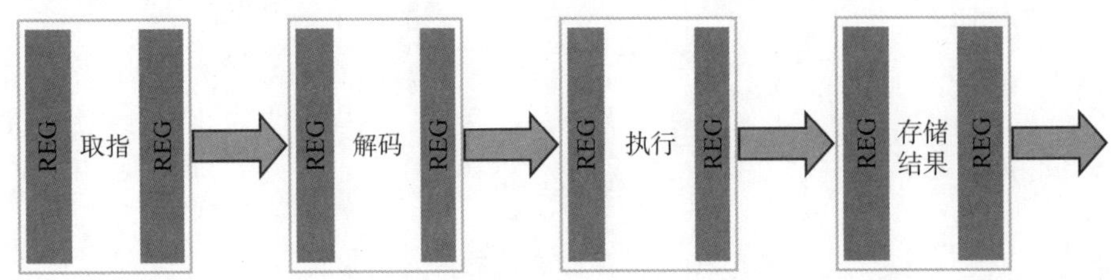

图 5.21 流水线

由于采用了流水线技术，设计性能可以得到提升。通过流水线概念提升设计性能的常用技术是寄存器平衡和寄存器优化。根据层次化设计或扁平化设计的需求，这些技术可以在 RTL 设计和综合阶段使用。可以通过添加流水线来微调 RTL。通过改善寄存器到寄存器的时序路径，从而减少设计中的时延，提升整体设计的性能。

5.7 在SoC原型设计中处理器的应用

大多数现代FPGA都拥有硬核处理器。如果考虑使用Xilinx或Intel的FPGA，那么 ARM 架构的硬核处理器就内置在 FPGA 中，它们可以在原型设计中使用。有关 Xilinx 和 Intel 的 FPGA 架构的详细信息，请参阅第 11、12 和 15 章。

大多数复杂设计的软核和硬核处理器通常在 100MHz 以上的速度下运行。如果需要，原型设计团队可以使用运行速度为 200 ~ 250MHz 的软核处理器。FPGA 布线中可用的硬核处理器通常可以在 100MHz 以上的速度下运行，这是 Xilinx 和 Intel 提供的大多数高密度 FPGA 的典型速度。这些内置处理器核的功能和时序决定了原型设计的性能，如图 5.22 所示。

表 5.10 是处理器硬核和软核的区别。

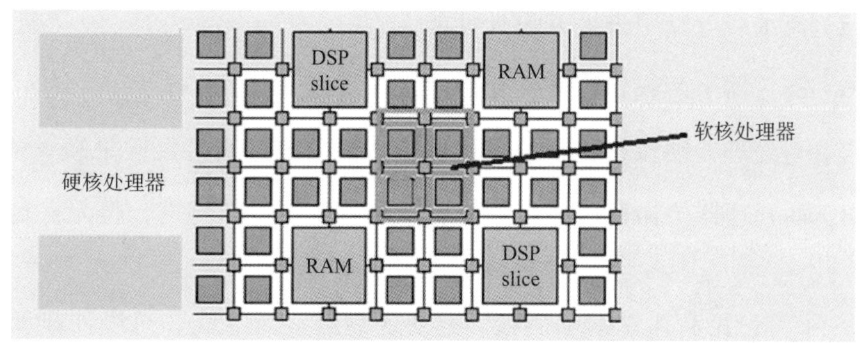

图 5.22 FPGA 结构中的处理器硬核和软核

表 5.10 处理器软核和硬核对比

特 性	软 核	硬 核
架构的灵活性	可以对软核进行调整，定制模块。通过增加外部接口组件可以容易地与软核进行通信和数据交换	架构是固定的。增加 ADC、DAC 这种外部功能 IP 是不可能的。只能使用附加板或者设计分区接口来完成设计
工作频率	高（250 ~ 300MHz）	合理（100 ~ 150 MHz）
逻辑密度	合 理	高密度
内部逻辑的可视性	使用逻辑分析仪或示波器可以对原型设计中的信号进行访问	不可以直接访问内部信号，通常需要额外的外部接口才可以访问
处理器核的测试	根据处理器软核提供的网表，所有信号均在测试中可见	监控内部信号受限，需要使用独立的测试平台和验证接口，才能获得相关接口信息和时序
成 本	高	合 理
电源域	不是很高效	低功耗架构
硬件和软件分区	可以对处理器软核进行硬件和软件分区	硬件固化；可以通过软件包装的形式建立通信与连接

5.8 总 结

以下是对本章要点的总结：

（1）现代 FPGA 中广泛使用了处理器内核。

（2）在开发处理器逻辑时，速度、数据速率和 IO 带宽是其中几个重要的因素。

（3）在 RTL 设计验证和实现阶段，应使用架构和微架构设计文档。

（4）为了提高处理器的性能，可以通过添加流水线控制逻辑来实现流水线操作。

（5）流水线可以用来提升设计性能。

（6）寄存器平衡或寄存器优化可以用来提高设计性能。

（7）与处理器硬核相比，处理器软核调试时的逻辑可见性更高。

（8）多处理器架构可用于设计中，以提高整体设计特性，因为它允许多任务处理。

下一章将讨论高速总线和协议，这对于理解双向总线、总线仲裁和协议非常有帮助。

第6章　SoC设计中的总线和协议

在设计阶段，架构和微架构文档起着重要的作用。

在所有SoC设计中，我们都会使用总线和协议。为了在SoC组件之间传输数据，我们使用FIFO、缓冲器和总线，总线的架构和性能决定了整个设计的性能。本章主要讨论设计中经常使用的总线协议及其用法、SoC各个模块之间的数据传输技术，以及总线架构和数据传输方案。本章对理解I2C、SPI、AHB总线协议非常有帮助。

6.1 数据传输方案

以下是用于传递数据的几种机制：

（1）总线：正如前面所讨论的，总线用于在两个处理模块之间传输数据。SoC设计中的多种总线配置可以提高整体设计性能。与其使用具有更高时钟频率的单个总线，不如使用多总线与速度较慢或较快的SoC处理模块进行通信。在架构演进过程中，我们需要考虑使用快速处理器总线和慢速的外围总线。

（2）共享存储器：为了在SoC处理模块之间传输大量数据，我们可以考虑使用共享和双端口存储器。例如，在H.264编码器的设计中，需要在两个处理模块之间传输数据包或视频帧，因此，共享存储器是必不可少的。

（3）FIFO：对于处理器之间的通信，其中一种通信机制是FIFO（先进先出）。在设计架构时，我们可以考虑使用单向FIFO来在SoC处理模块之间传输数据。根据数据大小，可以选择FIFO深度，FIFO深度不一定要相同。但在该机制中，需要额外的逻辑来向各自的模块报告FIFO为空和FIFO已满的状态。

（4）读写寄存器：如果需要在不同处理器之间交换少量数据，那么建议使用读写寄存器。与使用共享存储器或FIFO相比，这种机制更加简单。因此，更好的方法是使用寄存器之间的点对点通信，配置通用寄存器以执行读写操作。

（5）片上网络：对于大量数据传输，更好的机制是使用片上网络。在SoC设计中，人们为提高片上网络的使用做了大量的努力，本文不讨论这一内容。

（6）总线协议：总线协议可用于在两个处理器或总线之间传输数据。诸如SPI、I2C和USB之类的串行协议可以将数据以包的形式从一个计算模块传输到另一个计算模块，反之亦然。AHB和APB总线可用于在两个计算模块之间传输数据。协议具有预先定义的架构和功能，因此在设计中具有更多的优势。

接下来将讨论总线协议的设计与实现、RTL设计与验证，以及设计中的挑战。

6.2 三态总线

可以使用三态总线来避免数据竞争，在顶层设计中，可以通过三态总线添加其他 SoC 组件。根据设计需求，可以使用单向或双向总线，也可以使用基于多路复用器的总线进行设计。使用多路复用器的总线的问题是存在较长的组合逻辑路径和延迟。

例 6.1 给出了一个使用 Verilog 的单向三态 32 位总线的例子，综合结果如图 6.1 所示。

```
// 32位宽三态总线Verilog代码
module tri_state_bus(a_in, enable_in, y_out);
  input [31:0] a_in;
  input enable_in;
  output [31:0] y_out;

  reg [31:0] y_out;

  always@(*)
  begin
    if(enable_in)
      y_out=a_in;
    else
      y_out=32'bz;
  end
endmodule
```

- always块对enable_in、a_in敏感。
- enable_in=1时，y_out被指定为a_in。
- enable_in=0时，y_out被指定为高阻抗状态。

例 6.1 32 位宽三态总线 Verilog 代码

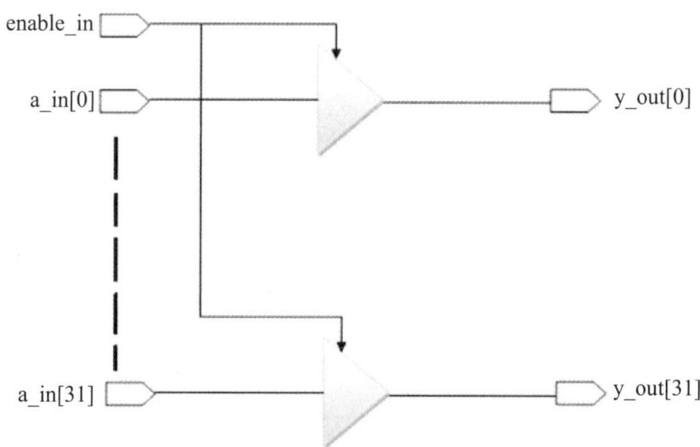

图 6.1 32 位宽三态总线的综合结果

在设计中，根据需要可以使用双向或基于 MUX 的总线。如前所述，SoC 应用需要高速总线在处理器和存储器之间交换数据，因此共享总线需要进行总线仲裁，数据交换速度会变慢。此外，在处理器和外围设备之间交换数据时需要解决数据完整性问题。

6.3 串行总线协议

在大多数SoC设计中，我们需要使用串行总线将数据传输到串行设备。其中一些常用的串行总线包括 USART、UART、I2C、SPI，以及其他串行控制器。

1. USART

USART 是通用同步 / 异步串行接收 / 发送器，其特性如下：

（1）可用于同步或异步串行通信。

（2）通过使用可编程功能，传输速率可控。换句话说，它具有可变波特。

（3）支持中断传输控制。

（4）支持 5 ~ 9 位带或不带奇偶校验位的数据包。

（5）在传输过程中，可以检测错误。

2. UART

UART 是通用异步收发器，其主要特点如下：

（1）用于数据的串行传输。

（2）数据传输是异步的。

（3）数据传输之间的间隔是未定义的。

（4）使用数据包的开始位和结束位进行串行传输。

（5）波特率是固定的，传输时双方应事先知晓。

（6）在全双工模式下，可以同时进行传输和接收。

（7）双方都可以发起数据传输。图 6.2 所示是使用 Rx、Tx 进行串行数据传输。

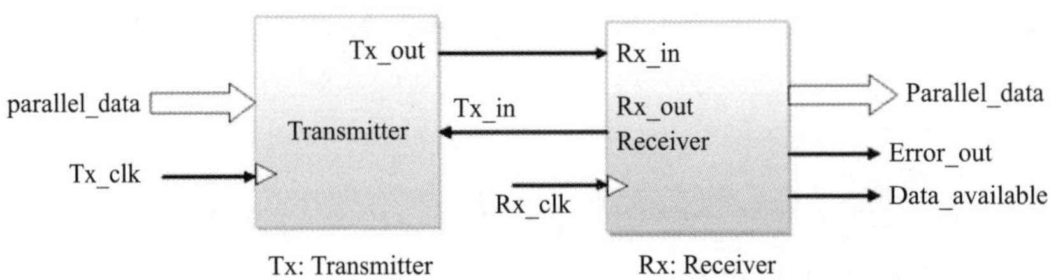

图 6.2 使用 Rx、Tx 进行串行数据传输

单个数据帧如图 6.3 所示，以逻辑 0 的起始位开始，然后是 5 ~ 8 位的数据和单个奇偶校验位。帧以 1 或 2 个停止位结束。偶校验的逻辑值为 0，奇校验的逻辑值为 1。

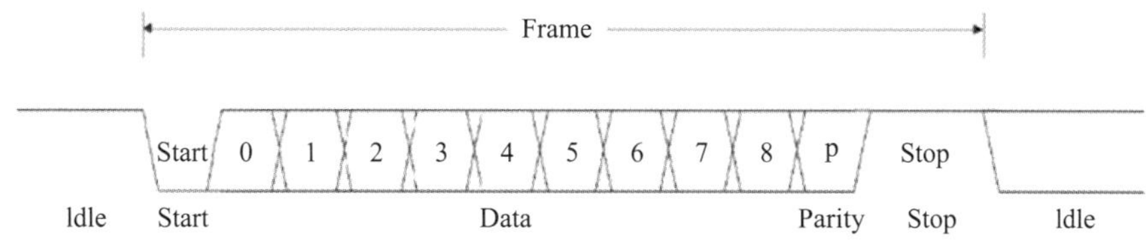

图 6.3 UART 数据包结构

接收方应知道以下参数：

· 可编程波特率。

· 每个帧的比特数。

· 奇偶校验。

· 停止位的数量。

· 从逻辑 1 到逻辑 0 的转换指示帧的开始，状态机控制器需要检测到这一点，然后在下一个状态的中间边缘，必须检测到数据位、奇偶校验位和停止位。

· 帧错误：在停止位中检测到 0。

· 奇偶校验错误：如果接收方计算出的奇偶校验值与发送数据不匹配，则会产生奇偶校验错误。

3. I2C

I2C 是集成电路间总线，由飞利浦半导体公司于 1980 年开发。I2C 主要用于偶尔需要通信的设备之间，其主要优点是地址分配方案。地址分配方案允许在不使用额外导线的情况下将多个设备相互连接。但因采用半双工模式，不适合用于更多设备的场合。I2C 主要用于控制接口。以下是其一些特性：

（1）I2C 长度不足 1m。

（2）I2C 可用于有效串行通信，最大通信距离为几米。

（3）I2C 的速度为 100 kbps ~ 3.4 Mbps。

（4）I2C 设备可以拥有独立的数据接口，例如音频解码器、视频解码器等，如图 6.4 所示。

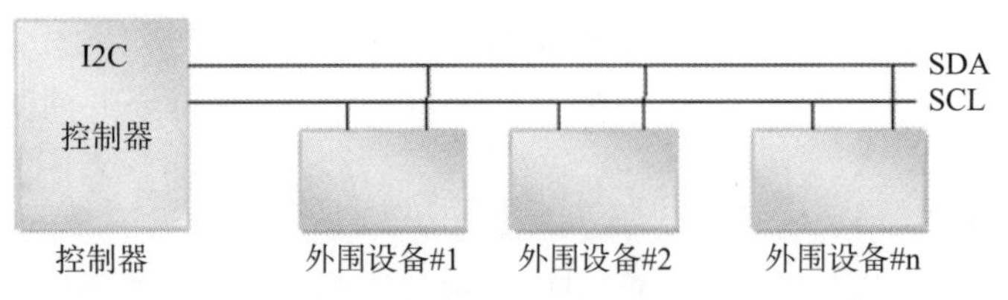

图 6.4 I2C 控制器

I2C 有两根线，即 SDA（串行数据线）和 SCL（串行时钟线）。SDA 用于传输串行数据，SCL 用于传输串行时钟。它可以被看作一种半双工的串行主设备，无需仲裁或芯片选择。其结构相当于线与逻辑。将逻辑 1 连接到这些线表示上拉电阻，逻辑 0 表示开漏配置。

I2C 通信的时序信息如图 6.5 所示：

（1）开始（S）：SCL 为逻辑 1 时的下降沿。

（2）ACK：接收器将 SDA 的电平拉低到逻辑 0，而发送器保持 SDA 为逻辑 1。

（3）停止（P）：SCL 为逻辑 1 时 SDA 的上升沿。SDA 上的数据在 SCL 为逻辑 0 时有效，并且在有效传输时 SCL 等于逻辑 1。

（4）主设备发送开始信号（S），并在 SCL 线上生成时钟信号。

（5）主设备发送 7 位从设备地址。

（6）主设备发送数据位读写（R/W）信号。R/W 等于逻辑 0 表示从设备将接收数据，等于逻辑值 1 表示从设备将传输数据。

（7）在发送之后，无论是从设备还是主设备都会发送确认（ACK）位。

（8）发送器发送 8 位数据。

（9）接收到字节后，接收器发送确认（ACK）位。

（10）对于数据字节的突发传输，控制器需要重复步骤（5）和步骤（6）。

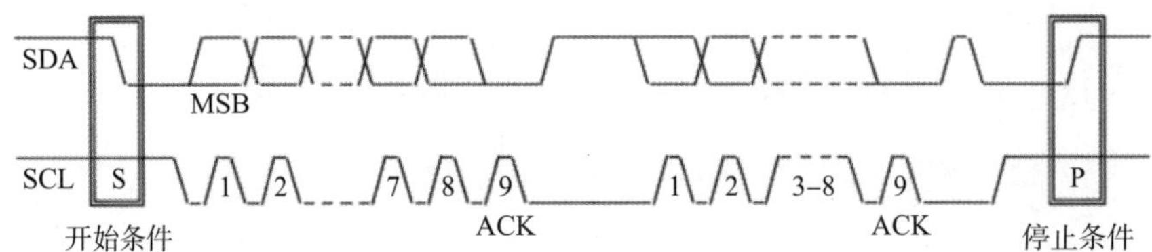

图 6.5 I2C 相关时序信息

（11）对于写操作：如果主设备是发送器，则在最后一字节数据之后发送停止（P）信号。

（12）对于读操作：如果主设备是接收器，则不发送ACK信号，仅发送停止（P）信号以确认传输的结束。

4. SPI

SPI是一种串行外围接口总线，具有同步特性，用于主从设备之间建立通信。SPI有4条线：2条数据线——MOSI（主数据输出）和MISO（从数据输入），2条控制线——时钟SCLK和从设备选择SS，如图6.6和图6.7所示。

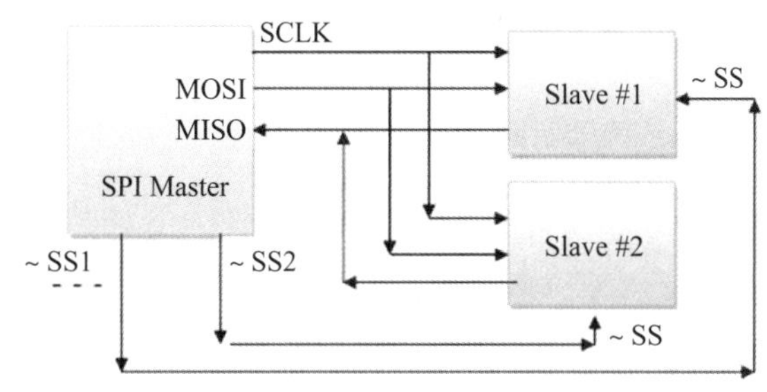

图6.6 SPI主从接口

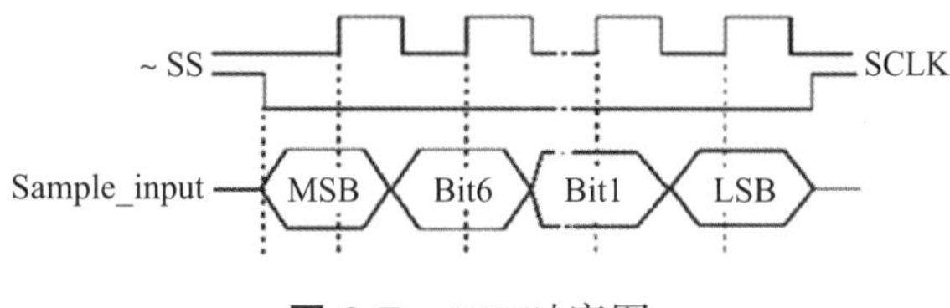

图6.7 SPI时序图

时钟的有效边沿由两个参数决定——时钟极性（CPOL）和时钟相位（CPHA）。如果两者都是逻辑0或都是逻辑1，则表示上升边沿。如果两者不相等，则表示下降边沿。应注意，主设备和从设备应配置相同的参数集，否则它们将无法通信。

6.4 总线仲裁

共享总线可以在设计环境中由多个功能模块（组件）共享使用。根据其中一个模块生成的请求，如果总线未被占用，则可以为其分配资源。

总线仲裁用于从共享总线的不同SoC组件中获取请求，并向其中一个SoC组件授予资源。

如图 6.8 所示，多个组件（模块 1 ~ 模块 n）向总线仲裁器发送请求并等待仲裁器的授权信号。在收到总线仲裁器的授权信号后，其中一个组件将控制共享总线。

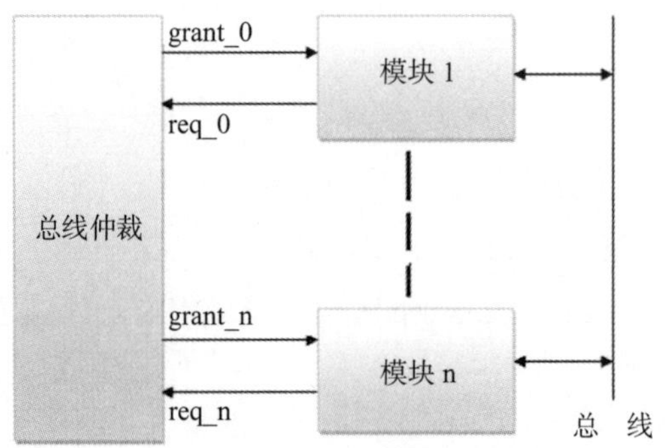

图 6.8 总线仲裁

在实际环境中，有许多设计总线仲裁的方案，例如级联、循环轮询和静态仲裁等。根据设计需求，这些方案可以在 SoC 设计中使用。

6.5 设计场景

本节将讨论并行数据传输和串行数据传输过程中遇到的设计场景。

6.5.1 场景1：静态仲裁

使用 Verilog 描述的静态仲裁如例 6.2 所示。

```
module static_arbitration(clk, reset_n, request_0, request_1,
                          request_2, grant_0, grant_1, grant_2);
  input clk;
  input reset_n;
  input request_0, request_1, request_2;
  outiput reg grant_0, grant_1, grant_2;
  always@(posedge clk or negedge reset_n)
  begin
    if(~reset_n)
      {grant_2, grant_1, grant_0}<=3'b000;
    else
    begin
      grant_0<=request_0;
      grant_1<=(request_1 && (!request_0));
      grant_2<=(request_2 && (!(request_1||request_0)));
    end
  end
endmodule
```

· 在这里，request_0具有最高优先级，request_2具有最低优先级。

例 6.2 可综合的静态仲裁器 Verilog 代码

HDL 综合结果如图 6.9 所示。

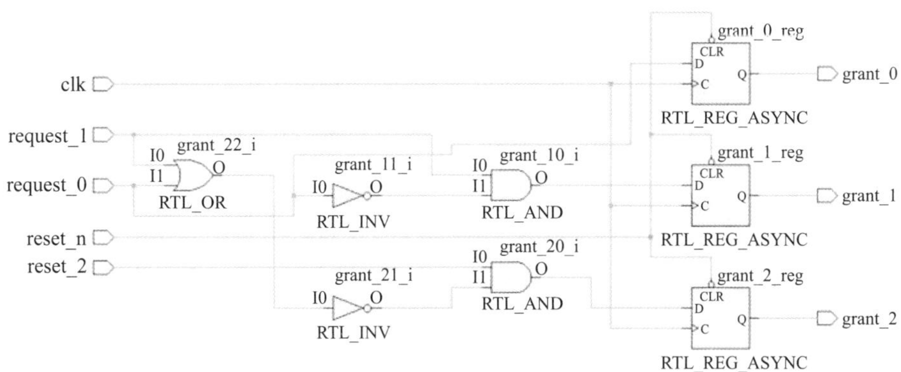

图 6.9 静态仲裁器的综合结果

6.5.2 场景2：双向数据传输和寄存器输入输出

双向总线用于在处理器和存储器之间传输数据。例 6.3 给出了 Verilog 代码，图 6.10 给出了对应的综合结果。

```
module bidirectional_bus(data_to_bus, send_data, receive_data,
                         data_from_bus,qout);
  parameter N=16;
  input send_data;
  input receive_data;
  input [N-1:0] data_to_bus;
  output [N-1:0] data_from_bus;
  inout [N-1:0] qout;
  wire [N-1:0] qout, data_from_bus;
  assign data_from_bus=receive_data ? qout:{N{1'bz}};
  assign qout=send_data ? data_to_bus:{N{1'bz}};
endmodule
```

- 推断出双向16位总线。
- receive_data和send_data用于控制数据传输方向。

例 6.3 双向总线的可综合 Verilog 代码

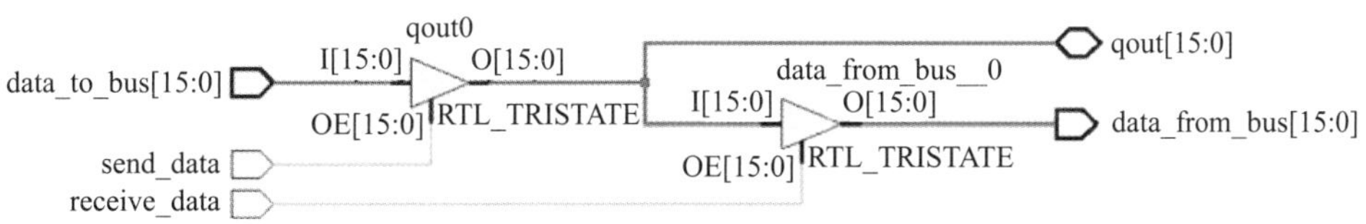

图 6.10 双向 IO 的综合结果

6.5.3 场景3：UART发射器和接收器设计

本节主要描述 UART 发射器和接收器的设计。波特率发生器、接收器、发射器以及相关逻辑的设计如例 6.4 ~ 例 6.7 所示。

```
//波特率发生器
module baud_gen(clk, reset_n, max_tick_size, q_out);
  parameter N=4;
  parameter Y:=10;

  input clk, reset_n;
  output max_tick_size;
  output [N-1:0] q_out;
  wire [N-1:0] q_out;

  reg [N-1:0] tmp_reg;
  reg [N-1:0] tmp_next;

  always@(posedge clk or negedge reset_n)
  begin
    if(reset_n)
    tmp_reg<=0;
    else
    tmp_reg<=tmp_next;
  end

//描述下一个状态逻辑
  always@(tmp_reg)
  begin
    if(tmp_reg/=(Y-1)) begin
      tmp_next<=0;
      max_tick_size<=1'b0;
    end else begin
      tmp_next<=tmp_reg+1;
      max_tick_size<=1'b1;
    end
  end
endmodule
```

· 根据设计的工作频率，可以选择频率。
· 刻度大小等于每秒采样的最大频率/数量。

例 6.4 波特率发生器的可综合 Verilog 代码

```
//UART接收器
module uart_receiver(clk, reset_in, receiver_in, baud_tick, receiver_done_tick,
                      receiver_data_out);
  parameter data_width=8;
  parameter baud_rate_tick=16;

  input clk, reset_n;
  input receiver_in;
  input bassd_tick;
  output reg receiver_done_tick;
  output [data_width-1:0] receiver_data_out;

  wire [data_width-1:0] receiver_data_out;

  parameter idle=2'b00;
  parameter start=2'b01;
  parameter data=2'b10;
  parameter stop=2'b11;
  reg [1:0] state_reg, state_next; //state_type;
  reg [3:0] s_reg, s_next;
  reg [2:0] n_reg, n_next;
  reg [7:0] b_reg, b_next;
```

· 接收器逻辑使用波特率发生器的输出，并使用UART协议对串行输入进行采样。
· 接收器数据输出为8位并行输出

例 6.5 UART 接收器的可综合 Verilog 代码

```
  always@(posedge clk or negedge reset_n)
  begin
    if(~reset_n) begin
      state_reg<-idle;
      s_reg<=0;
      n_reg<=0;
      b_reg<=0;
    end else begin
      state_reg<=state_next;
      s_reg<=s_nent;
      n_reg<=n_next;
      b_reg<=b_next;
    end
  end
  //描述下一状态逻辑
  always@(state_reg, s_reg, n_reg, b_reg, baud_tick, receiver_data)
  begin
    state_nert<=state_reg;
    s_next<=s_reg;
    n_next<=n_reg;
    b_next<=b_reg;
    receiver_done_tick<=0;
    case (state_reg)
    idle:
    if(~receiver_in) begin
      state_next<=start;
      s_next<=0;
      b_reg<=b_next;
    end
    endcase;
  end
  //接收器部分的下一状态逻辑继续
  always@(state_reg, s_reg, n_reg, b_reg, baud_tick, receiver_in)
  begin
    state_next<=state_reg;
    s_next<=s_reg;
    n_next<=n_reg;
    b_next<=b_reg;
    receiver_done_tick<=0;
    case (state_reg)
    idle:
    if(~rx)
      state_next<=start;
      s_next<=0;
      n_next<=n_reg+1;
    else
      s_next<=s_reg+1;
    stop:
    if(s_tick)
      if(s_reg=(Baud_rate_tick-1))
        state_next<=idle;
        receiver_done_tick<=1;
      else
        s_next<=s_reg+1;
    endcase;
  end
  assign receiver_data_out=b_reg;
endmodule
```

· 根据波特率分配接收器数据输出。

续例 6.5

```
//外部逻辑接口Verilog描述
module interface_logic (clk, reset_n, clr_flag, set_flag, data_in,
                        data_out, status_out);

  parameter N=8;
  input clk, reset_n;
  input clr_flag, set_flag;
  input [N-1:0] data_in;
  output [N-1:0] data_out;
  output status_flag;

  reg [N-1:0] buf_reg, buf_next;
  reg flag_reg, flag_next;

  always@(posedge clk or negedge reset_n)
  begin
    if(~reset_n) begin
    buf_reg<=0;
    flag_reg<=0;
    end else begin
    buf_reg<=buf_next;
    flag_reg<=flag_next;
    end
  end

  //接口逻辑的下一状态逻辑
  always@(buf_reg, flag_reg, set_flag, clr_flag, data_in)
  begin
    buf_next<=buf_reg;
    flag_next<=flag _reg;
    if(set_flag) begin
    buf_next<=data_in;
    flag_next<=0;
    end else if(clr_flag) begin
    fag_next<=0;
    end
  end

  //输出分配
  assign data_out<=buf_reg;
  assign status_flag<=flag_reg;
endmodule
```

· 该逻辑用于与外部接口交互。

例 6.6　外部逻辑接口的可综合 Verilog 代码

```
//发射器代码
module uart_tnasmitter (clk, reset_n, transmitter_start, baud_tick, data_in,
                        tansmit_done_tick, transmit_out);
  parameter data_width=8;
  parameter baud_rate_tick=16;
  input clk, reset_n;
  input transmitter_start;
  input baud_tick;
  input [data_width-1:0] data_in;
  output transmit_done_tick;
  output transmit_out;
  parameter idle=2'b00;
  parameter start=2'b01;
  parameter data=2'b10;
```

· 该逻辑用于根据波特率生成串行数据。

例 6.7　UART 发射器的可综合 Verilog 代码

```
parameter stop=2'b11;
reg state_reg, state_next:state_type;
reg [3:0] s_reg, s_next;
reg [2:0] n_reg, n_next;
reg [7:0] b_reg, b_next;
reg tx_reg, tx_next;

always@(posedge clk or negedge reset_n)
begin
  if(~reset_n)
    state_reg<=idle;
    s_reg<=0;
    n_reg<= 0;
    b_reg<= 0;
    tx_reg<=1;
  else
    state_reg<=state_next;
    s_reg<=s_next;
    n_reg<=n_next;
    b_reg<=b_next;
    tx_reg<=tx_next;
end

//下面给出下一个状态逻辑描述
always@(state_reg, s_reg, n_reg, b_reg, s_tick, tx_reg,
        transmitter_start, data_in)
begin
  state_next<=state_reg;
  s_next<=s_reg;
  n_next<=n_reg;
  b_next<=b_reg;
  tx_next<=tx_reg;
  transmit_done_tick<=1'b1;
  case state_reg is
  idle:
  tx_next<=1'b1;
  if(trasmiter_start)
    state_next<=start;
    s_next<=0;
    b_next<=data_in;
  start:
  tx_next<=1'b0;
  if(s_tick)
    if(s_reg==15)
      state_next<=data;
      s_next<=0;
      n_next<=0;
  else
    s_next<=s_reg+1;

  data:
  tx_next<=b_reg[0];
  if(s_tick)
    if(s_reg==15)
      s_next<=0;
      b_next<={0,b_reg [7:1]};
        if(n_reg==(data_width-1))
          state_next<=stop;
```

· 根据波特率分配发送输出。

续例 6.7

```
      else
        n_next<=n_reg+1;
    else
      s_next<=s_reg+1;
    stop:
    tx_next<=1'b1;
    if(s_tick=1)
      if(s_reg==(baud_rate_tick-1))
        state_next<=idle;
        transmit_done_tick<=1'b1;
    else
      s_next<=s_reg+1;
    endcase
  end
  assign transmit_out=t_reg;
endmodule
```

续例 6.7

6.6 高密度FPGA结构和总线

大多数高密度 FPGA，如 Xilinx 和 Intel 系列，均提供收发器和其他高速总线传输接口，可以在 SoC 设计中使用。

6.6.1 Xilinx-7系列收发器

该架构具有低功耗千兆收发器。由于采用了低功耗架构，且优化了芯片接口，使这款 FPGA 具有强大的功能。高性能发射器能够支持 6.6 ~ 28.05 Gb/s 的数据速率，具体取决于 Virtex-7 FPGA 的器件型号。

Artix-7 FPGA 系列的收发器数量为 16，Kintex-7 FPGA 系列的收发器数量多达 32，而 Virtex-7 FPGA 系列的收发器数量多达 96。

为了提高 IP 的可移植性，串行收发器的架构采用了环形振荡器和 LC 电路。接收器和发射器电路不同，它们使用 PLL 将参考时钟乘以可编程的数值（最大可达 100），从而生成位串行时钟。

1. 发射器

千兆发射器的主要特点如下：

（1）发射器是支持 16、20、32、40、64 或 80 转换率的并行至串行转换器。

（2）GTZ 发射器支持高达 160 位的数据宽度。

（3）使用 TXOUTCLK 信号来对并行数据进行寄存。

（4）输入的并行数据会经过一个可选的 FIFO 缓冲器，以提供足够的转换。此外，还支持 8B/10B 和 64B/66B 编码方案。

（5）输出信号驱动带有单通道差分输出信号的 PC 板。

（6）为了补偿 PC 板的损耗，输出信号对具有可编程信号摆幅的能力。

（7）为了降低功耗，对于较短的信道可以减小摆幅。

2. 接收器

千兆接收器的主要特点如下：

（1）接收器是一个将串行信号转换为并行信号的转换器，转换比率为 16、20、32、40、64 或 80。

（2）GTZ 接收器支持高达 160 位的数据宽度。

（3）为了保证足够的数据传输，使用非归零（NRZ）编码。

（4）使用 RXUSRCLK 将并行数据传输到 FPGA 中。

（5）对于短距离通信，该收发器提供了特殊的低功耗（LPM）模式，可将功耗降低近 30%。

6.6.2 Intel FPGA收发器

Intel FPGA 收发器结构如图 6.11 所示。

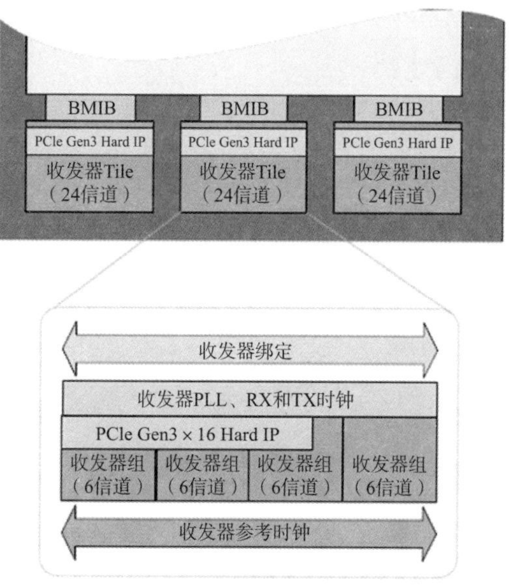

图 6.11　Intel FPGA 收发器

Stratix 10 Intel FPGA 的特点和功能如表 6.1 所示。

表 6.1 Intel Stratix 10 FPGA 收发器特性

特 点	性能及指标
芯片间数据传输速率	1Gbps 到 28.3Gbps（Intel Stratix 10 GX/SX 系列）
背板支持	驱动背板在高达 28.3Gbps 的数据速率下工作，符合 10GBASE-KR 标准
光模块支持	SFP+/SFP，XFP，CXP，QSFP/QSFP28，QSFPDD，CFP/CFP2/CFP4
电缆驱动支持	SFP+Direct Attach，PCI Express over cable，eSATA
传输器预加重	5-tap 传输前加重和后减轻以补偿系统信道损耗
连续线性均衡器（CTLE）	双模、高增益、高数据速率线性接收均衡，补偿系统信道损耗
决策反馈均衡器（DFE）	15 固定式 TAP DFE 用于均衡背板通道损耗，以应对交叉干扰和嘈杂环境
先进的数字自适应参数调整（ADAPT）	完全数字化的自适应引擎可自动调整包括 CTLE、DFE 和 VGA 块在内的所有链路均衡参数，无需用户干预即可提供最佳链路裕量
精确信号完整性校准引擎（PreSICE）	固化的校准控制器可以在设备启动时快速校准所有收发器控制参数，从而提供最佳的信号完整性和抖动性能
ATX 传输 PLL	低抖动 ATX（电感 - 电容）传输 PLL，具有连续可调范围，可覆盖广泛的标准和专有协议，并可选配分数频率合成功能
分数锁相环（Fractional PLL）	片上分数频率合成器用于取代机载晶体振荡器，降低系统成本
数字辅助模拟 CDR	具有出色的抖动容忍度和快速锁定时间
片上观察器和控制抖动余量工具	使用非侵入式、高分辨率的眼图监测（Eye Viewer）技术简化板级启动、调试和诊断过程。还可以在发送端注入抖动来测试链路裕量
动态重构	允许对每个收发器通道进行独立控制，提供用于收发器的最灵活的 Avalon 内存映射接口
多种 PCS-PMA 和 PCS-core 到 FPGA 布线接口宽度	8 位、10 位、16 位、20 位、32 位、40 位或 64 位接口宽度，以实现解串行化宽度、编码和降低时延的灵活性

如今，大多数高密度 FPGA 都具有高速接口，并支持标准协议。

6.7 单主控AHB

图 6.12 显示了单主控 AHB-lite 总线架构。主控器可以生成地址并由解码器进行解码。解码器生成选择信号以选择从属设备。

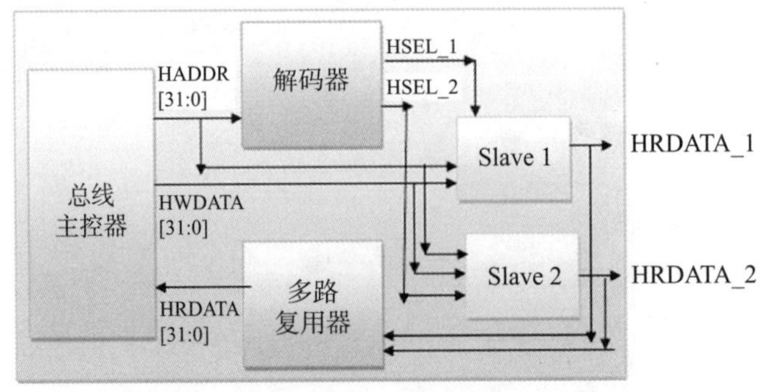

图 6.12 AHB-lite 单主多从系统

可以使用这种类型的架构来启动读写操作。更多信息，请参阅 AHB/APB 架构和 ARM 处理器系统。

6.8 本讨论对SoC原型设计有何帮助?

如果我们在大多数原型系统中看到了这种需求，那么我们可以考虑以下几点：

（1）处理器总线和外围总线的需求。

（2）在这种情况下，最好使用 AHB 和 APB 总线。

（3）多主多从接口的总线仲裁器。

（4）使用 APB 总线来连接 IO 设备。

（5）可以使用 APB 桥建立与 AHB 总线的通信。

大多数高密度 FPGA 都具有此类总线接口，可用于与其他 SoC 组件之间通信（图 6.13），以与多个 IO 设备进行通信。

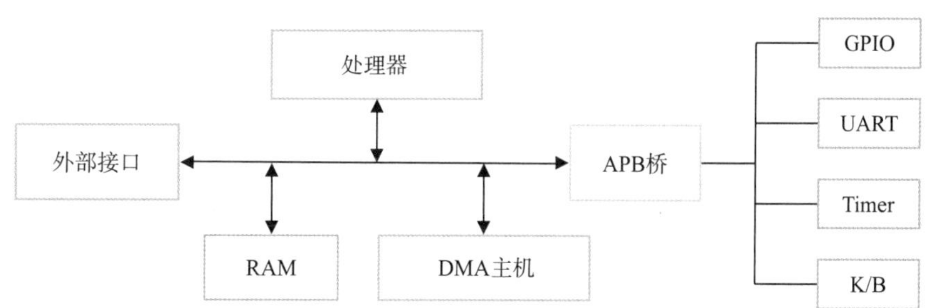

图 6.13　AHB-APB 总线在设计中的应用

6.9 总　结

以下是对本章要点的总结：

（1）设计中的总线用于在处理模块之间交换数据。

（2）总线宽度和数据交换速度决定了整体设计性能。

（3）在SoC原型设计中，可以使用预先定义的经过功能和时序验证的总线架构，以提高设计性能。

（4）I2C、SPI和USB可以用来在SoC和其他系统之间传输数据。

（5）架构中可以使用高速AHB和APB总线。

（6）为了避免总线冲突，在SoC设计中应使用仲裁方案。

下一章将讨论设计中的存储和存储控制器。

第 7 章　存储器和存储控制器

双倍速率同步动态随机存储器（DDR）和接口边界的限制决定了整体数据传输速度。

在SoC设计中，从外部存储器传输数据需要专用的存储控制器。SDRAM或DDR存储控制器在SoC设计中得到了广泛应用。此类控制器的IP可以与其他SoC组件集成。在原型设计中，拥有此类IP的FPGA等效逻辑是至关重要的。考虑到以上因素，本章讨论存储控制器及其与外部存储器的接口。此类控制器的时序约束是整体设计的决定性因素，本章对此进行重点讨论。

7.1 存储器

在SoC设计中，需要存储数据。存储的数据可以被处理单元用于执行操作。存储器可以分为以下几类：

1. 内部存储器

（1）分布式RAM。

（2）单端口RAM。

（3）双端口RAM。

2. 外部存储器

（1）静态随机存取存储器（SRAM）。

（2）同步动态随机存储器（SDRAM）。

（3）双倍速率同步动态随机存储器（DDR）。

本节将介绍分布式RAM、单端口RAM和双端口RAM的RTL设计。

7.1.1 分布式RAM

Verilog RTL中经常使用的分布式RAM在例7.1中进行了描述，综合结果如图7.1所示。

```
module distributed_ram(clk, write_en, address_in_1, address_in_2, data_in,
                       data_out_1, data_out_2);
  input clk;
  input write_en;
  input [7:0] address_in_1;
  input [7:0] address_in_2;
  input [7:0] data_in;
  output [7:0] data_out_1;
  output [7:0] data_out_2;
```

例7.1 分布式RAM的Verilog RTL代码

```
  reg [7:0] ram_mem [255:0];
  always@(posedge clk)
  begin
    if(write_en)
      ram_mem [address_in_1]<=data_in;
  end
  assign data_out1=ram_mem [address_in_1];
  assign data_out2=ram_mem [address_in_2];
endmodule
```

续例 7.1

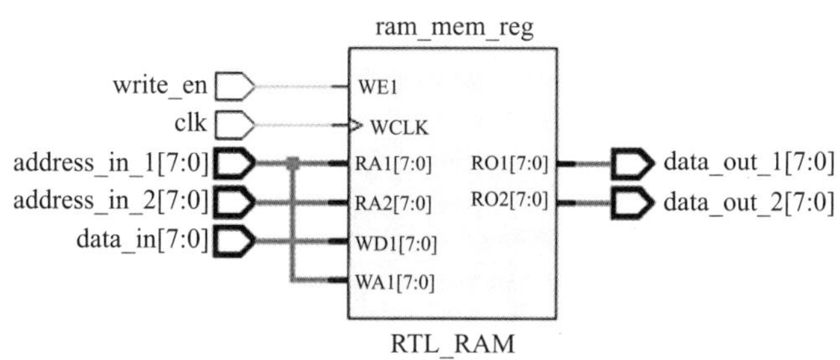

图 7.1 分布式 RAM 的综合结果

Xilinx XC7V585T FFG1157-3 器件的资源利用率如图 7.2 所示。

资 源	预 估	可 用	利用率 /%
LUT	74	364200	0.02
Memory LUT	64	111000	0.06
IO	42	600	7.00
BUFG	1	32	3.12

图 7.2 资源利用率图

7.1.2 单端口RAM

本节将介绍单端口存储器的读取优先模式、写入优先模式和无变化模式。

1. 单端口存储器（无变化模式）

例 7.2 使用 Verilog RTL 描述了一种单端口 RAM，图 7.3 和图 7.4 对此进行了说明。

```
module single_port_RAM(clk, address_in, write_en, enable_in, data_in, data_out);
  input clk;
  input [7:0] address_in;
  input write_en;
  input enable_in;
  input [7:0] data_in;
  output [7:0] data_out;
```

例 7.2 单端口 RAM 的 Verilog RTL 代码

```
  reg [7:0] data_out;
  reg [7:0] RAM_MEM[255:0];
  always@(posedge clk)
  begin
    if(enable_in) begin
      if(write_en) begin
        RAM_MEM[address_in]<=data_in;
      end else begin
        data_out<=RAM_MEM[address_in];
      end
    end
  end
endmodule
```

续例 7.2

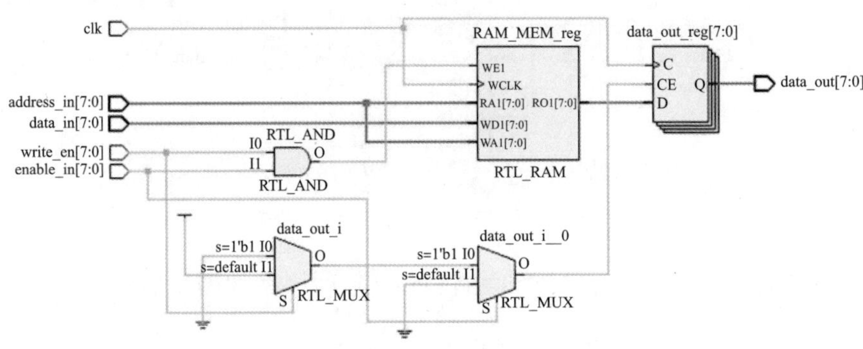

图 7.3 单端口 RAM 的综合结果

资 源	预 估	可 用	利用率 /%
IO	27	600	4.50
BRAM	0.5	795	0.06
BUFG	1	32	3.12

图 7.4 资源利用率图

2. 单端口 RAM（读取优先模式）

例 7.3 描述了使用 Verilog RTL 实现的单端口 RAM。

```
module single_port_RAM (clk, address_in, enable_in, write_en, data_in, data_out);
  input clk;
  input [7:0] address_in;
  input write_en;
  input enable_in;
  input [7:0] data_in;
  output [7:0] data_out;
  reg [7:0] RAM_MEM[255:0];
  reg [15:0] data_out;
  always@(posedge clk)
```

例 7.3 读取优先模式的单端口 RAM 的 Verilog RTL 描述

```
  begin
    if(enable_in)
    begin
      if(writc cn)
        RAM_MEM[address_in]<=data_in;
        data_out<=RAM_MEM[address_in];
    end
  end
endmodule
```

续例 7.3

3. 单端口 RAM（写入优先模式）

例 7.4 描述了写入优先的单端口存储器。

```
module single_port_RAM(clk, address_in, write_en, enable_in, data_in, data_out);
  input clk;
  input [7:0] address_in;
  input write_en;
  input enable_in;
  input [7:0] data_in;
  output [7:0] data_out;
  reg [7:0] data_out;
  reg [7:0] RAM_MEM [255:0];
  always@(posedge clk)
  begin
    if(enable_in)
    begin
      if(write_en)
      begin
        RAM_MEM[address_in]<=data_in;
        data_out<=data_in;
      end
      else
        data_out<=RAM_MEM[address_in];
    end
  end
endmodule
```

例 7.4　写入优先模式的单端口 RAM 的 Verilog RTL 描述

7.1.3　双端口RAM

例 7.5 使用 Verilog RTL 描述了具有读取优先模式的双端口存储器，综合结果如图 7.5 所示，资源利用率如图 7.6 所示。

```
module dual_port_1(clk_1, clk_2, enable_in_1, enable_in_2, write_en_1,
                   write_en_2, address_in_1, address_in_2, data_in_1,
                   data_in_2, data_out_1, data_out_2);
  input clk_1, clk_2;
  input enable_in_1, enable_in_2;
  input wnite_en_1, write_en_2;
  input [7:0] address_in_1, address_in_2;
```

例 7.5　双端口 RAM 的 Verilog RTL 描述

```
input [7:0] data_in_1, data_in_2;
output [7:0] data_out_1, data_out_2;
reg [7:0] data_out_1, data_out_2;
reg [7:0] ram_mem [255:0];
always@(posedge clk_1)
begin
  if(enable_in_1)
  begin
    if(write_en_1)
      ram_mem [address_in_1]<=data_in_1;
      data_out_1<=ram_mem [address_in_1];
  end
end
always@(posedge_clk_2)
begin
  if(enable_in_2)
  begin
    if(write_en_2)
    ram_mem [address_in_2]<=data_in_2;
    data_out2<=ram_mem [address_in_2];
  end
end
endmodule
```

续例 7.5

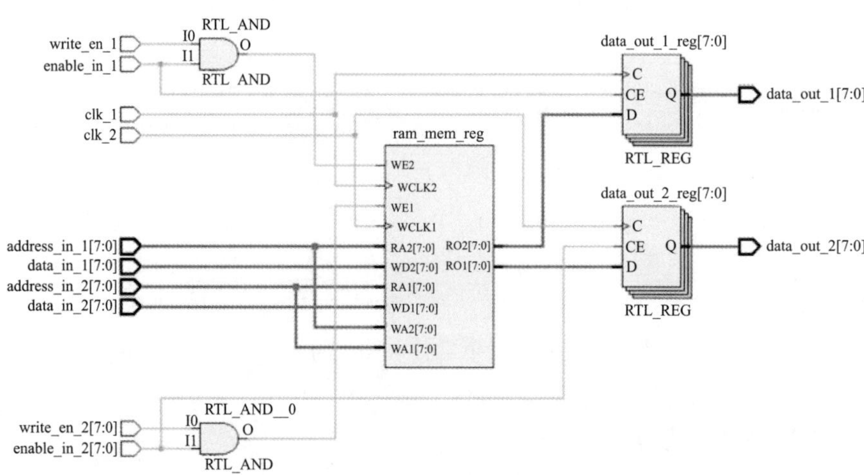

图 7.5 双端口 RAM 的综合结果

资 源	预 估	可 用	利用率 /%
IO	54	600	9.00
BRAM	0.5	795	0.06
BUFG	2	32	6.25

图 7.6 Virtex-7 系列的资源利用率

7.2 DDR

在大多数 SoC 设计中，我们需要有高速数据传输的存储控制器。下面考虑 16 位数据的传输，如果控制器使用 8 位数据传输机制并以单个时钟周期工作，则需要两个时钟周期来传输 16 位数据。为了加快数据传输速度，我们可以考虑设计一种控制器，在时钟的上升沿传输低位字节并在时钟的下降沿传输高位字节。实际上，这是一种半周期数据传输。这种类型的设计中的真正挑战是同时传输数据时，时钟的相位如何对齐。这种类型的设计中的约束和时钟机制在设计中起着关键作用，如图 7.7 所示。

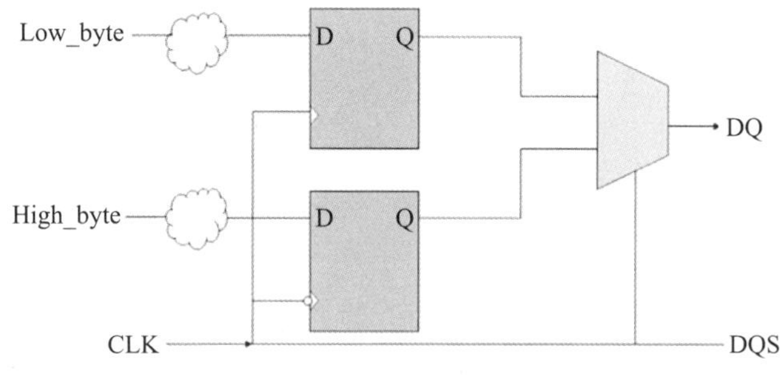

图 7.7　DQ 和 DQS 的电路

数据的低位字节和高位字节可以在时钟的上升沿和下降沿分别进行采样。在时钟的有效边沿采样 DQ 的机制如图 7.8 所示。

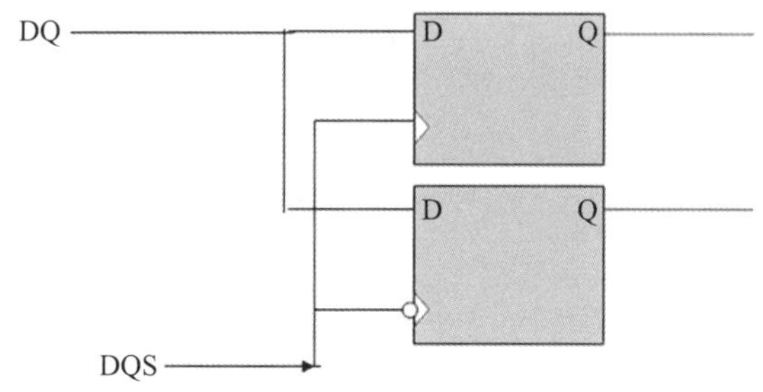

图 7.8　在 DQS 的正负边沿上捕获数据的低位和高位字节

DQS 和 DQ 之间的时序关系如图 7.9 所示，设计师应该确保数据可以在活跃边沿的中间被采样。

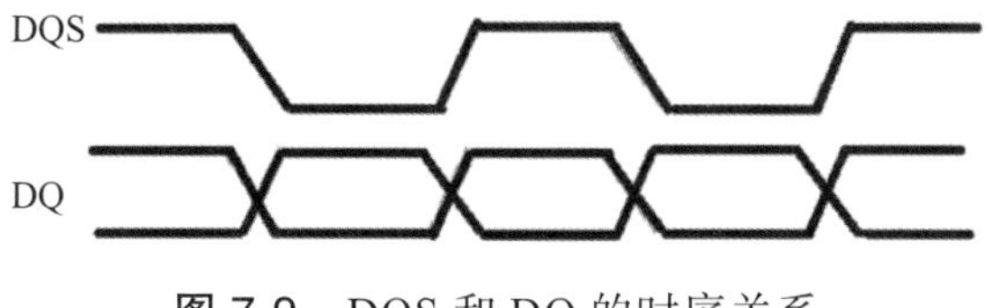

图 7.9　DQS 和 DQ 的时序关系

7.3 SRAM控制器和时序约束

对于 SRAM 控制器的设计，我们可以将重要的功能块定义为：

（1）命令生成器。

（2）数据访问接口。

（3）地址和控制逻辑。

图 7.10 描述了生成接口信号所需的这些功能块。

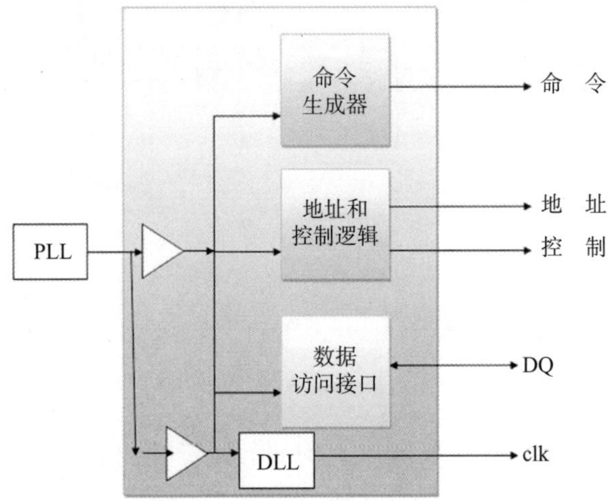

图 7.10 重要 SRAM 接口信号

图 7.11 显示了与 SRAM 接口的 SRAM 控制器。

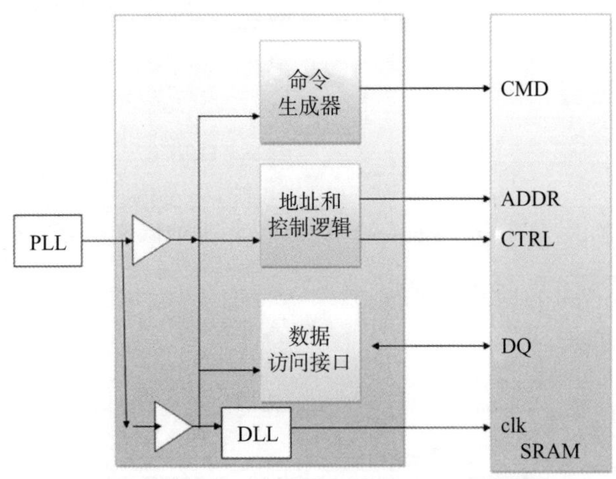

图 7.11 SRAM 控制器与 SRAM 的接口

表 7.11 给出了接口信号的描述。

请按照以下步骤指定约束条件：

（1）定义主时钟。

（2）定义由 PLL 产生的生成时钟。

（3）定义地址和控制逻辑的约束条件。

（4）定义数据输出的约束条件。

（5）定义数据输入的约束条件。

表 7.1 SRAM 接口信号描述

接口信号	描 述
CMD	命令信息
ADDR	地址信息
CNTRL	控制信号
DQ	双向数据总线
CLK	时 钟

以下是满足 Synopsys 约束的示例脚本：

```
#1
create_clock -name PLL_CLK -period 10 [get_pins UPPL/CLK_OUT]
#2
create_generated_clock -name clk -source [get_pins UPPL/CLK_OUT]
  -divide_by 1 [get_ports/clk]
#3
set_output_delay -max 2.5 -clock clk [get_ports ADDR]
set_output_delay -min 1.0 -clock clk [get_ports ADDR]
#4
set_output_delay -max 3.0 -clock clk [get_ports DQ]
set_output_delay -min 1.2 -clock clk [get_ports DQ]
#5
set_input_delay -max 4.0 -clock clk [get_ports DQ]
set_input_delay -min 1.5 -clock clk [get_ports DQ]
```

7.4 SDRAM控制器和时序约束

图 7.12 中显示了 CAC、DQ、DQS 和 CLK 等重要接口信号。

表 7.2 中列出了接口信号的描述。

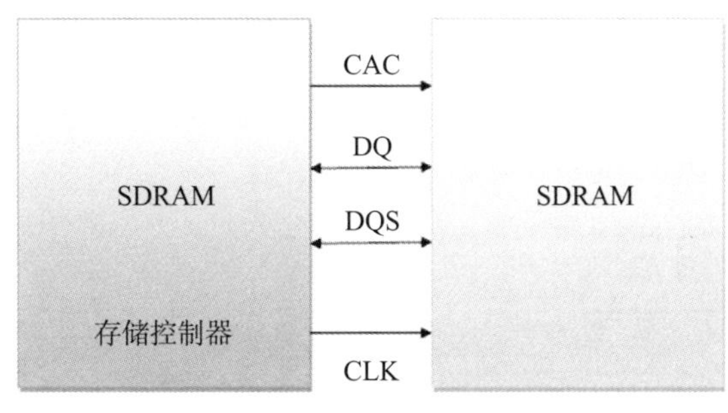

图 7.12 SDRAM 接口信息

表 7.2 SDRAM 接口信号描述

接口信号	描 述
CAC	命令地址和控制总线
DQ	双向数据总线
DQS	双向数据应答
CLK	时 钟

请按照以下步骤指定约束条件：

（1）定义主时钟。

（2）定义由 PLL 产生的生成时钟。

（3）为 CAC 设置输出约束。

（4）定义上升沿时钟边沿的输入约束。

（5）定义下降沿时钟输入的约束。

（6）启动数据采集，在边沿处获取数据。

以下为满足 Synopsys 约束脚本：

```
#1
create_clock -name PLL_CLK -period 5 [get_pins UPPL/CLK_OUT]
#2
create_generated_clock -name clk_DDR -source [get_pins UPPL/CLK_OUT]
  -divide_by 1 [get_ports/clk_DDR]
#3
set_output_delay -max 1 -clock clk_DDR [get_ports CAC]
set_output_delay -min -1 -clock clk_DDR [get_ports CAC]
#4
set_input_delay -max -1.0 -clock DQS [get_ports DQ]
set_input_delay -min -0.5 -clock DQS [get_ports DQ]
#5
set_input_delay -max 0.4 -clock DQS -clock_fall [get_ports DQ]
set_input_delay -min -0.4 -clock DQS -clock_fall [get_ports DQ]
```

在为写操作指定约束时，可以使用降速的时钟：

```
#1
create_clock -name CLKX1 -period 7 [get_ports CLKX1]
#2
create_generated_clock -name DQS -source CLKX1 -edges {1 2 3}
  -edge_shift {1.7 1.7 1.7} [get_ports DQS]
#3
set_output_delay -max 0.25 -clock DQS [get_ports DQ]
set_output_delay -max 0.3 -clock DQS -clock_fall [get_ports DQ]
#4
set_output_delay -min 0.2 -clock DQS [get_ports DQ]
set_output_delay -max -0.3 -clock DQS -clock_fall [get_ports DQ]
```

7.5 FPGA设计与存储器

BRAM 是嵌入式存储器，FPGA 中的 BRAM 可以配置为单端口和双端口类型。根据 FPGA 器件的架构，每个 BRAM 由一定数量的静态 RAM 单元组成。

有些单元用于存储器的配置，其余的用于数据存储。BRAM 用于存储内部数据，可以用于设计 FIFO、缓冲器、堆栈，还可以用于存储 FSM 的数据。

每个 BRAM 都有时钟和时钟使能、读、写信号，并且每个 BRAM 都可以配置为同步 RAM。如果我们考虑双端口 BRAM，那么两个端口可以互换使用，并且可以控制进行同步读写操作。如果我们考虑 Spartan 3 系列，那么它具有工作在 200 MHz 工作频率的 BRAM。BRAM 单端口和双端口结构如图 7.13 所示。

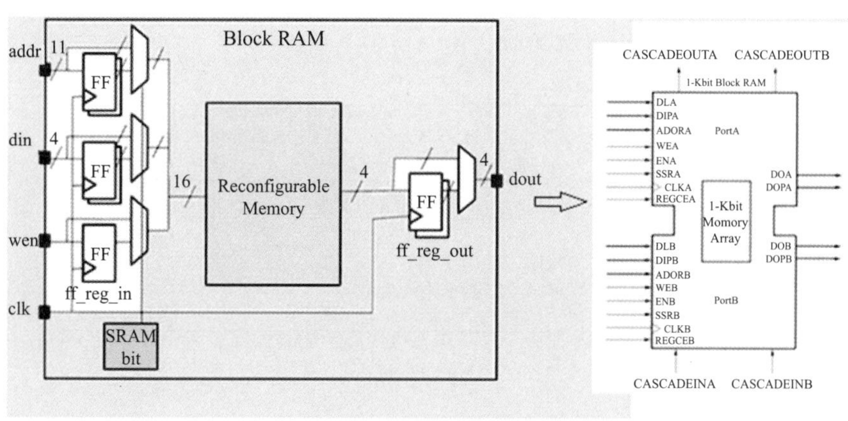

图 7.13　BRAM 结构

由图 7.13 可知，BRAM 由可重构存储器、地址线、写使能和 clk、数据输入和数据输出线组成。BRAM 的 Verilog RTL 示例在例 7.6 中进行了描述。

```
module BRAM_16to2 (clk, write_en, enable, addr_in, data_in, q_out);
  input clk;
  input write_en;
  input enable;
  input [3:0] addr_in;
  input [1:0] data_in;
  output wire [1:0] q_out;
  reg [1:0] BRAM_mem [0:15];
  reg [3:0] read_address;
  always@(posedge clk)
  begin
    if(enable)
      if(write_en)
      begin
        BRAM_mem [addr_in]<=data_in;
        read_address<=addr_in;
      end
  end
  assign q_out=BRAM_mem[read_address];
endmodule
```

- 尺寸为16×2的单端口BRAM使用BRAM 16×1的组件进行描述。
- BRAM Verilog用于写入优先模式。

例 7.6　使用 BRAM 组件实现可综合

16 × 2 BRAM 的综合结果如图 7.14 所示，资源占用率如图 7.15 所示。

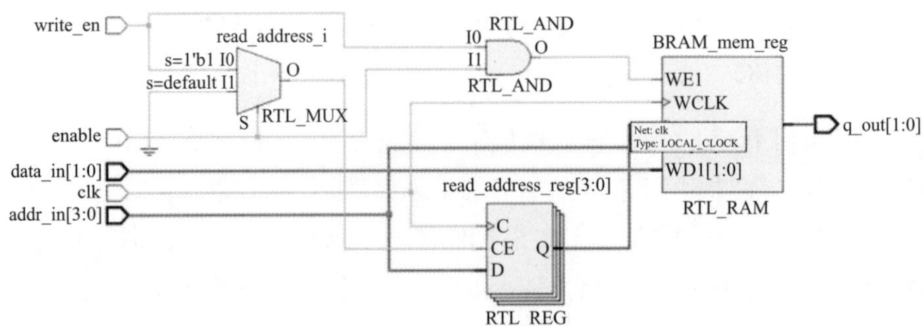

图 7.14　BRAM 综合结果

资　源	预　估	可　用	利用率 /%
FF	4	728400	0.01
LUT	5	364200	0.01
Memory LUT	4	111000	0.01
IO	11	600	1.83
BUFG	1	32	3.12

图 7.15　Virtex-7 的资源占用率

7.6　存储器控制器

如前一节所讨论的，要从外部存储器中读取数据，我们需要有存储器控制器。在过去的十年里，大多数现代 FPGA 都包含软硬件存储控制器。原型设计团队需要做的是理解这些控制器的工作原理，以便能够有效地使用它们。

（1）存储控制器的外部接口。

（2）时序和延迟（对约束有用）。

（3）接口信号与原型环境的兼容性。

（4）设计的整体速度。

（5）这些软核是否与 FPGA 逻辑兼容（或者需要调整接口）？

（6）是否有针对 PVT 变化的校准机制？

（7）该接口是否支持 LVDS 标准？

图 7.16 展示了由内存控制器和接口逻辑产生的外部接口信号。可以通过 AHB 和 APB 总线建立通信。

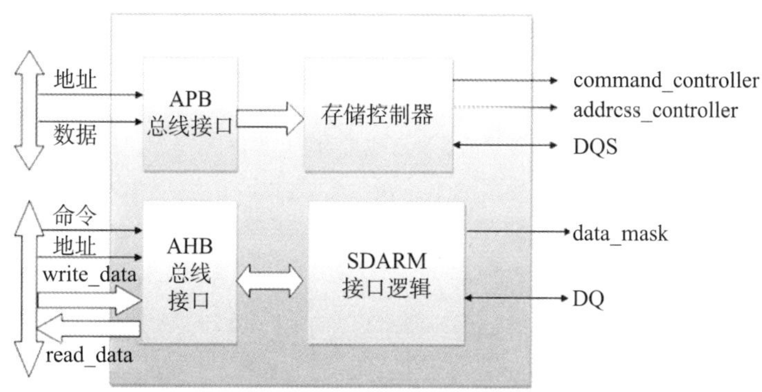

图 7.16 DDR 存储控制器和 AHB-APB 接口

命令控制器可用于生成以下命令：刷新数据、读操作、写操作、预充电、激活、模式寄存器设置、扩展模式寄存器设置。

7.7 本讨论对SoC原型设计有何帮助?

在原型设计阶段，我们可以使用现有的软硬核处理器核来实现存储控制器。如果需要内部存储器，则使用 BRAM。如果需要大容量存储器，则使用存储器控制器核。本节将介绍 Intel Stratix 10 存储控制器核。

7.7.1 Xilinx 7系列的BRAM

BRAM 被广泛应用于各种场合，其架构由供应商决定。可以通过供应商特定的 EDA 工具来配置所需的容量。Xilinx 7 系列架构具有 36KB BRAM，可以视作 2 × 18 KB 的 BRAM。BRAM 是同步 RAM，可以级联以获得 64K × 1 的容量。BRAM 可以作为单端口或双端口使用。在双端口模式下，18KB BRAM 可以作为 18K × 1、9K × 2、8K × 4、4K × 9 等使用，而 36KB BRAM 可以作为 1K × 36、2K × 9、4K × 9 等使用。BRAM 架构内置了错误校正（64 位 ECC）功能，也可以用于 FIFO 模式，如图 7.17 所示。

各种类型的 SoC 设计都使用了 RAM、ROM 和可寻址类型的存储器。那么，让我们思考一下如何实现这些类型的存储器。

这些存储器可以从存储单元库中例化或采用存储器生成器生成。

要实现小容量的存储体，可以使用查找表（LUT）。重要的是，这些存储体必须能够有效地加载、存储和传递数据。但是，为了获得更好和高效的架构，而不是在FPGA布线层上分布存储器，最好使用BRAM。BRAM的主要特点如下：

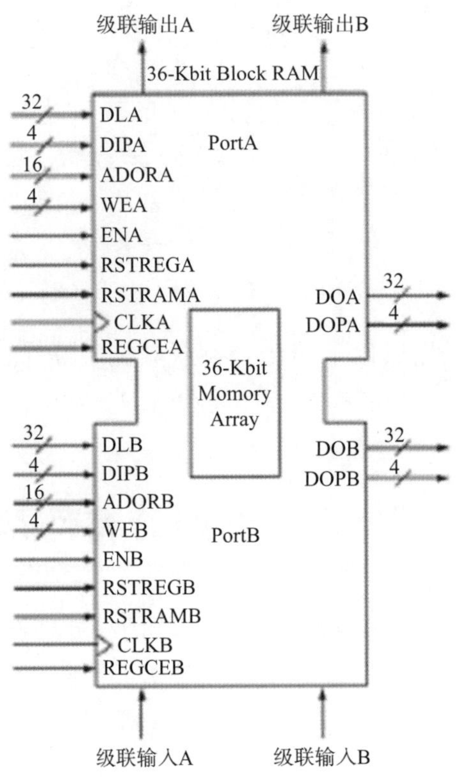

图7.17 Xilinx 7系列的BRAM

（1）同步存储器：BRAM可以实现同步单端口或双端口RAM。这种存储器的一大优点是，当配置为双端口RAM时，每个端口可以在不同的时钟频率下工作。

（2）可配置：BRAM块是一个专用的双端口同步RAM块，可以按照上述方式进行配置。每个端口可以独立配置。

（3）BRAM及其在FIFO设计中的应用：BRAM可以专门用于存储数据，并且可以根据需要进行配置。通过添加逻辑电路，可以使用BRAM实现FIFO。FIFO的深度可以根据约束进行配置，即读取和写入两侧的宽度应相同。

（4）纠错：假设BRAM被配置为64位RAM，然后每个BRAM可以存储额外的汉明码位。这些位在读取过程中用于执行单位和双位错误校正。对于64位BRAM，每个BRAM可以存储8位汉明码。纠错逻辑也可以在向外部存储器写入或读取时使用。

所以，让我们思考一下 BRAM 是如何推断出来的吧？

综合工具将较大的存储器分割成小块，每个小块都可以用 BRAM 实现。简单地说，BRAM 是一种非常有效的构建块，它在综合过程中自动推断出来，可以用来模拟 SoC 中使用的各种类型的存储器。

7.7.2 Stratix 10系列的存储控制器

Intel Stratix 10 系列最多可提供 10 个 72 位宽的 DDR4 存储器接口，运行速度高达 2666 Mbps。

存储控制器的低功耗和资源利用率与经过优化的高性能固化内存相当。

当使用硬核或软核存储控制器时，外部存储器接口的最大宽度可以达到 144 位，如图 7.18 所示。

存储控制器的重要特性如下：

（1）IO 块中的存储控制器：每个 IO 块包含 48 个通用输入 / 输出端口和一个高效的硬核存储控制器。该控制器能够支持多种不同的存储器类型和性能。

（2）硬核与软核存储控制器：硬核存储控制器也可以被用户逻辑中实现的软核控制器替换。IO 具有硬核的 DDR 物理接口（PHY），能够执行关键的内存接口功能。

· 读写均衡。

· FIFO 降低延迟并提高设计裕量。

· 时序校准。

·输入端/输出端的内置片上端接电阻。

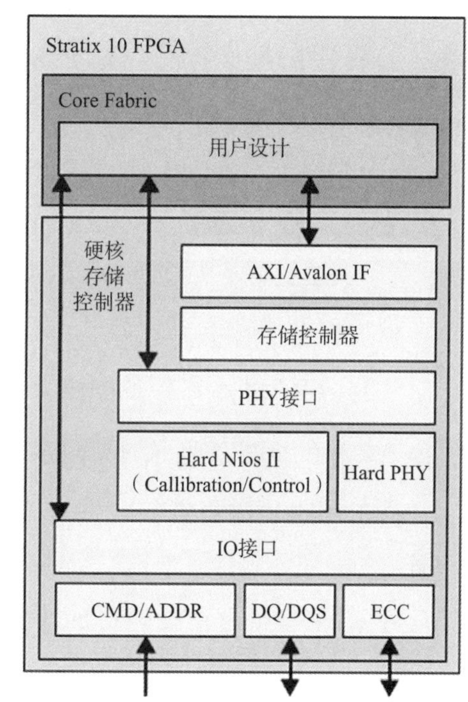

图 7.18　Stratix 10 存储控制器

（3）多重存储接口校准：包括使用基于 Intel Nios® II 技术的硬核微控制器进行的时序校准，专门用于控制多个存储接口的校准。这种校准允许 Intel Stratix 10 系列补偿由于工艺、电压或温度变化而引起的变化，这些变化既可能发生在 Intel Stratix 10 系列本身，也可能发生在外部存储设备中。

（4）高级校准：高级校准算法确保在所有操作条件下（见表 7.3）实现最大带宽和最稳健的时序裕量。

（5）并行和串行存储器接口：除了并行存储接口外，Intel Stratix 10 系列还支持诸如 Hybrid Memory Cube（HMC）等串行存储技术。Intel Stratix 10 高速串行收发器支持 HMC，可连接多达四个 HMC 链路，每个链路的数据传输速率为 15Gbps（HMC 短距离规格）。

表 7.3 Stratix 10 硬核和软核存储控制器性能

接 口	控制器类型	性能（Mbps）
DDR4	硬 核	2666
DDR3	硬 核	2133
QDR II/II+Xtreme	软 核	550
RLDRAM II	软 核	533
RLDRAM II	软 核	2400

（6）LVDS IO 接口：Intel Stratix 10 器件还具有通用 IO 接口，能够支持多种单端和差分 IO 接口。支持高达 1.6Gbps 的 LVDS 速率，每对引脚都具有差分驱动器和差分输入缓冲器。这使得每个 LVDS 对的方向都可以进行配置。

7.8 总 结

以下是对本章要点的总结：

（1）SRAM 不需要刷新电路，而 DRAM 需要刷新电路。

（2）在 DDR 中，数据可以在时钟的正负边沿传输。

（3）DDR 需要进行数据对齐逻辑处理。数据可以在每个时钟边沿的中心对齐。

（4）地址选择信号和数据选择信号的延迟和时序决定了数据传输的速度。

（5）在 FPGA 中，可以使用查找表（LUT）或 ALM 块来实现存储器。

（6）对于大容量存储块，BRAM 可能是更好的选择。

（7）Xilinx Virtex-7 和 Stratix 10 系列内置了硬核存储器控制器。

第 8 章　DSP算法与视频处理

数字信号处理器（DSP）处理环境应使用实时时钟、DSP 处理器核和直接内存访问（DMA）。

21 世纪，我们设想了许多使用数字信号处理的应用，其复杂性和所需的速度促使我们设计高性能的 DSP 处理器。这些应用在多媒体、音频或视频处理等领域，要求具有最小的面积、低功耗和更高的速度。甚至数据速率、设计效率和多任务也是在实施此类应用程序之前需要考虑的关键参数。本章讨论 DSP 算法及设计工程师在实现 DSP 设计所需性能方面所扮演的角色，关注视频应用的架构和微架构及其实现，介绍视频编码器和解码器的架构和微架构设计，并提供实际应用场景。本章对于了解 DSP 处理器趋势、架构，以及适用于此类复杂应用程序的 Xilinx 和 Intel FPGA 非常有用。

8.1 DSP处理器

DSP 的主要应用领域如下：

（1）控制与仪器应用：DSP 处理器和算法在导航与制导、电力系统监控、信号瞬态分析、雷达、声呐等领域得到广泛应用。

（2）语音处理应用：大多数情况下，我们需要高效的 DSP 算法或架构来进行加密、解密和语音识别等操作。对于此类设计，可以使用 FPGA 实现 DSP 算法。

（3）通用 DSP 应用：通常情况下，我们使用 C/C++ 或 HDL 等 DSP 算法来设计 FIR、IIR 滤波器和卷积运算。

（4）音频处理应用：音频均衡、音频混音、声音合成是其中一些重要的应用，在这些应用中，高效的 DSP 架构和实现可以获得更好的效果。

（5）图像处理：DSP 算法和处理器在图像压缩和解压缩、图像识别、人脸识别和图像增强等领域得到广泛应用。

在这种背景下，需要使用 FPGA 进行原型设计。在当前的背景下，如果我们考虑 Xilinx 或 Intel FPGA 的现代 FPGA 架构，那么我们可以得出结论，这些架构对于实现复杂的 DSP 任务所需的性能足够高效。如果我们考虑基本的 DSP 框架，那么我们可以考虑图 8.1 所示模块来实现 DSP 算法。

由图 8.1 可知，对于任何 DSP 实现来说，我们可以考虑使用以下几个模块：

（1）模数转换器（ADC）。

（2）DSP 处理器。

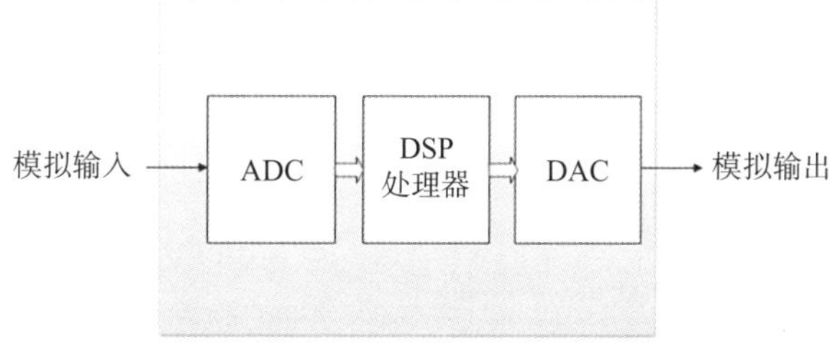

图 8.1 基于 DSP 的处理模块结构

（3）数模转换器（DAC）。

该系统的输入是模拟输入，通过 ADC 转换为数字数据。模拟输入根据 ADC 的采样频率和分辨率由采样保持电路进行采样。采样信号经过量化后得到数字输出，并传送给 DSP 处理器进行所需的处理。系统的输出可以是数字或模拟，这取决于设计要求。在实际环境中，该系统可能需要输入滤波器来进行此类处理。

作为实现这些应用设计的原型设计工程师，我们需要考虑以下几点：

（1）输入信号的速度有多快？我们可以选择合适的 ADC 来采样正确的信号。

（2）在实际应用中，设计师可以使用带有 ADC 子卡的 FPGA 板。

（3）DSP 算法的复杂度、速度、功耗和带宽要求决定了如何选择 FPGA。

（4）设计是否需要使用硬核处理器、DSP 核，或者 DSP 算法是否需要使用硬件描述语言（HDL）实现？

（5）执行单条或多条指令所需的时钟频率是多少？

（6）设计架构是否足够高效，能够让数据块在 FPGA 平台内存储？

（7）设计是否可用较低的频率进行多任务处理？设计是否需要在不使用并行的情况下以较高的频率运行？

（8）是否支持实时处理数据？

这些问题的答案可以为更好的 DSP 架构和算法实现提供指导。

8.2 DSP算法与实现

我们需要思考以下内容：

（1）需要哪些计算单元？

（2）数字信号处理算法的复杂性。

（3）功能实现需求：

· 加法器、乘法器、移位器、乘加单元。

· 流水线需求。

· 设计的速度、面积和低功耗要求。

· 设计被划分为多个功能块。

例如，考虑需要在乘法后进行数据累加的 DSP 算法，图 8.2 展示了高效的 MAC 单元。

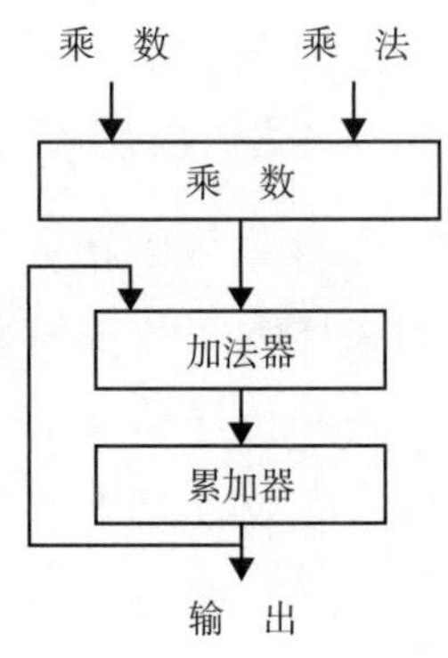

图 8.2 乘和累加

本节讨论线性反馈移位寄存器（LFSR）的 RTL 设计与实现。设计人员可以使用 HDL 等工具来实现其他算法，如 FIR、IIR 等。

在大多数应用中，我们需要实现多项式以实现 LFSR。关于多项式的 RTL 代码描述如例 8.1 所示，综合结果如图 8.3 所示。

```
//LFSR的verilog代码
module lfsr(clk, y_out);

  input clk;
  output [5:0] y_out;
  reg [5:0] tmp_reg;
  integer k;
  always@(posedge clk)
  begin
    tmp_reg [0]<=tmp_reg[4]~^tmp _reg[5];
    for(k=5; k>=1; k-k-1)
    tmp_reg [k]<=tmp_reg [k-1];
  end
  assign y_out=tmp_reg;
endmodule
```

· LFSR在时钟的正沿触发，并具有输出y_out。

例 8.1 LFSR 的 Verilog 代码

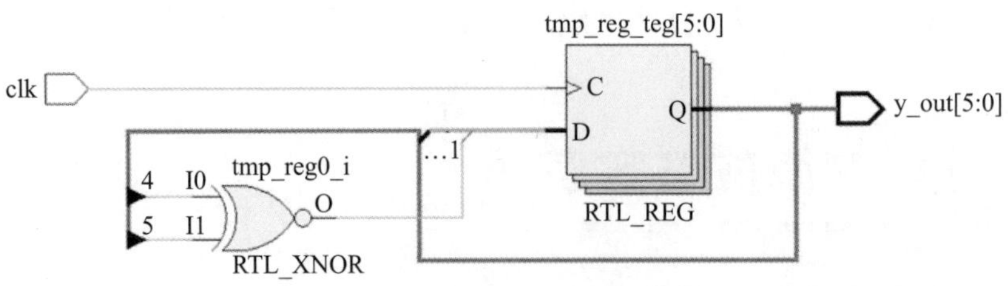

图 8.3 LFSR 的综合结果

8.3 DSP处理环境

在为 DSP 应用设计算法时，请考虑以下几个重要的方面（图 8.4）。

（1）处理速度、吞吐量和 IO 数据传输率。

（2）处理器架构是否支持指令流水线操作。

（3）处理器是否支持浮点运算？

（4）该架构应具有独立的程序存储和数据存储总线。

（5）为了快速访问数据，DMA 接口是比较好的选择。

（6）内部存储采用先进先出（FIFO）或循环缓冲区形式。

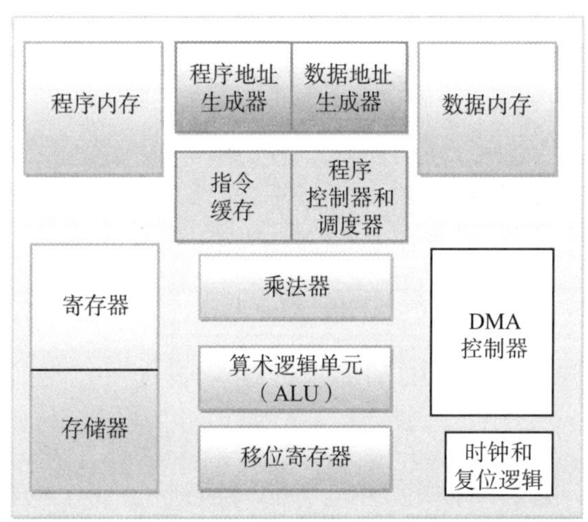

图 8.4　DSP 处理器架构

8.4 数字信号处理算法的架构

在为 DSP 设计 SoC 时，我们需要考虑如下方面：

（1）DSP 处理器核：处理器核应当具备执行复杂运算的能力。处理器核应该具有：

- 内部存储器和存储寄存器。
- 循环缓冲器和 FIFO 机制以支持数据的排队。
- 乘法器和大容量的累加器。

· 移位寄存器。

· 支持浮点运算的逻辑电路。

· 分别用于程序和数据存储器访问的独立逻辑。

· 流水线和多任务功能。

（2）DMA 控制器：直接内存访问（DMA）的最重要特性应该是与处理器集成在同一芯片上，这将使 DSP 处理器能够与 DMA 并行执行操作。DMA 可以用于在内存之间或从内存到 IO 设备之间传输数据块。

（3）串行接口：使用 I2C 或 SPI 等串行数据传输功能可能是一个额外的优势。串行接口可以用于将外部串行设备与 SoC 进行通信。

（4）片上 PLL：用于生成具有均匀时钟偏差的时钟。

（5）实时数据处理：为了处理实时数据，DSP SoC 中应包含定时器和实时时钟。

（6）USB 控制器：主机系统与 DSP 处理器核之间的数据传输可以使用 USB 接口。

（7）模拟模块：如 ADC 和 DAC 等，可以使 SoC 与模拟接口兼容。

（8）总线接口逻辑：带有附加逻辑的 SoC 组件可以通过高速总线接口与主机进行通信。

考虑上述因素，满足所需的 DSP 功能而演进的 SoC 架构如图 8.5 所示。

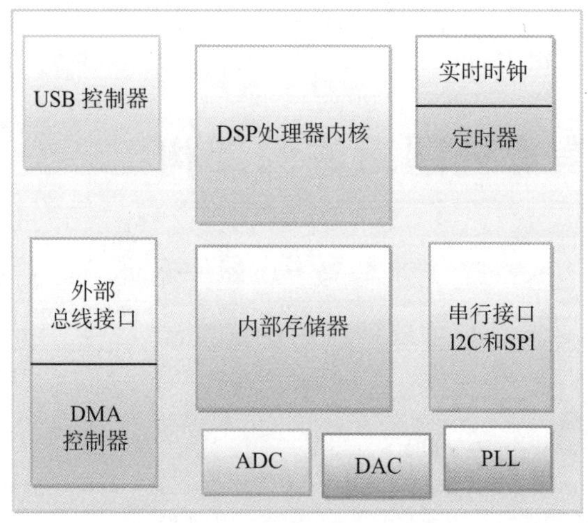

图 8.5 DSP 处理系统架构

8.5 视频编码器和解码器

高密度视频处理系统需要有视频编码器和解码器。由于并行性和存储需求，此类系统的架构相当复杂。视频编码器需要集成以下功能：

（1）乒乓缓冲区或循环缓冲区：用于数据排队。

（2）帧预测逻辑：可以用来预测帧的类型。例如，如果我们使用 H.264 编码标准，那么帧可以是内插帧或预测帧，可以通过帧预测逻辑来预测。

（3）帧处理逻辑：可以使用量化和熵编码逻辑。由于此类系统使用复杂的矩阵乘法运算，因此该逻辑的密度较高。

（4）内部存储缓冲区：为了存储预测所需的数据，需要大容量的内存缓冲区。

（5）控制器：使用多个状态机的控制器可以用于从这种编码器中提取时序和控制信号。

视频编码系统如图 8.6 所示，假设视频输入和输出为数字数据。

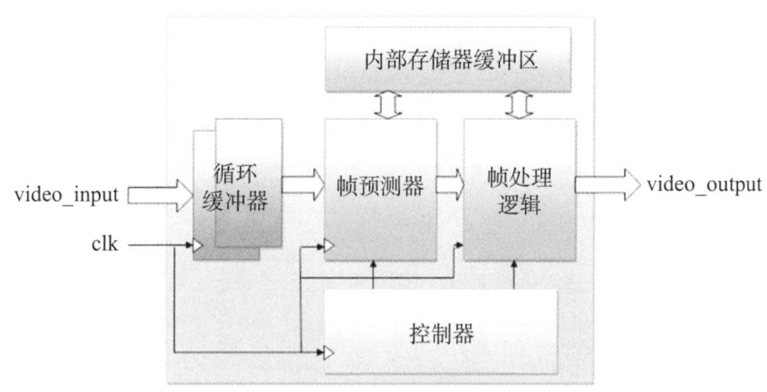

图 8.6 图像编码

视频编码器压缩后的视频数据可作为视频解码系统的输入，如图 8.7 所示，此类系统的组件如下：

（1）熵编码。

（2）帧内或帧间预测逻辑。

（3）逆量化和变换。

（4）解块逻辑。

（5）帧缓冲器（帧存储器）。

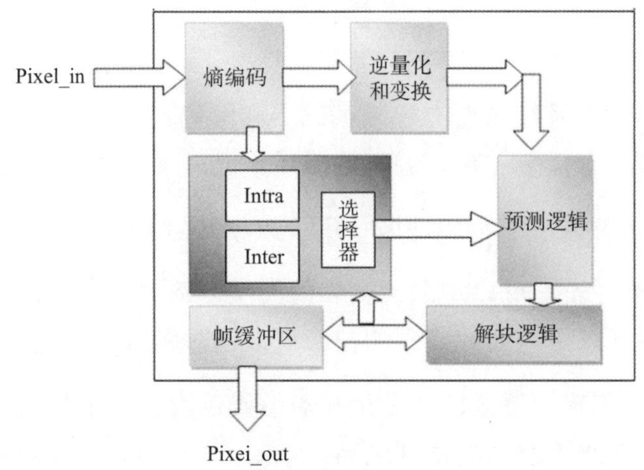

图 8.7 图像解码（H.264）

8.6 本讨论对SoC原型设计有何帮助？

FPGA 具有 DSP 功能，因此可以使用它们来实现 DSP 算法。在 SoC 原型设计期间，可以对 RTL 进行微调，使其具有 FPGA 等效功能。使用 FPGA 内部的专用 DSP 块来实现基于 FPGA 的算法。

Xilinx 或 Intel 的高密度 FPGA 适用于数字信号处理应用，因为它们可以实现定制的、完全并行的算法。如前所述，在执行 DSP 算法时，DSP 系统使用乘法器和累加器。

Xilinx 7 系列 FPGA 的特性如下：

（1）全定制、低功耗 DSP 块。

（2）高速、小型化架构。

（3）使用 DSP 块来提升设计性能。

DSP48E1 块上的基本功能如图 8.8 所示，DSP 功能的亮点包括：

（1）25 × 18 的补码乘法器。

（2）动态旁路 48 位累加器。

（3）单指令多数据（SIMD）算术单元。

（4）双 24 位或四个 12 位加、减、累加。

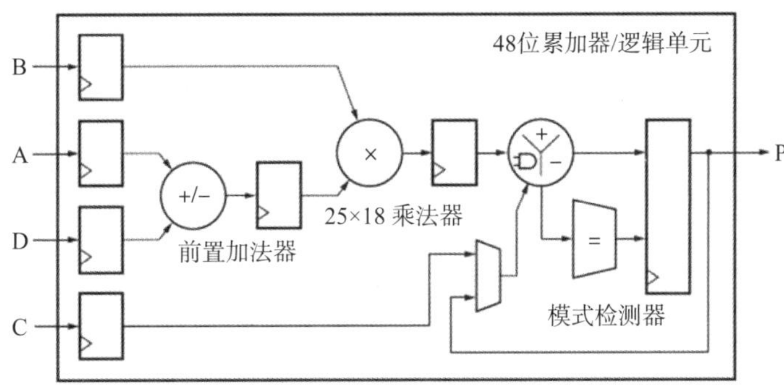

图 8.8 Xilinx DSP 块结构

（5）当与逻辑单元一起使用时，具有 96 位宽的逻辑函数。

（6）可选流水线和用于级联的专用总线。

Intel Stratix 10 器件具有强大的浮点运算功能。DSP 块具有定点运算的硬核功能。DSP 架构基于可变精度架构。

DSP 块的重要特性如下：

（1）硬核的 18 位和 25 位预加器。

（2）硬核的浮点加法器和乘法器。

（3）对于 I、Q 分量分别进行累加时，需要提供 64 位累加器。

（4）用于 18 位和 27 位系数的嵌入式系数寄存器。

（5）用于 18 位和 27 位 FIR 滤波器的级联输出加法链。

（6）完全独立的乘法器输出。

（7）在所有模式下都可以轻松地采用 HDL 推断。

具有标准精度定点模式的 DSP 块如图 8.9 所示。

高精度的定点模式 DSP 块如图 8.10 所示。

带有单精度浮点数的 DSP 块如图 8.11 所示。

由图 8.11 可知，每个 DSP 模块可以独立配置为双 18 × 19 或单 27 × 27 乘累加器。这种类型的 DSP 的主要应用是使用 64 位级联总线实现高精度 DSP 功能。DSP 块的架构非常灵活，通过使用 64 位总线，可以将多个高精度块级联起来。即使在浮点模式下，每个 DSP 块也提供单精度浮点加法器和乘法器。

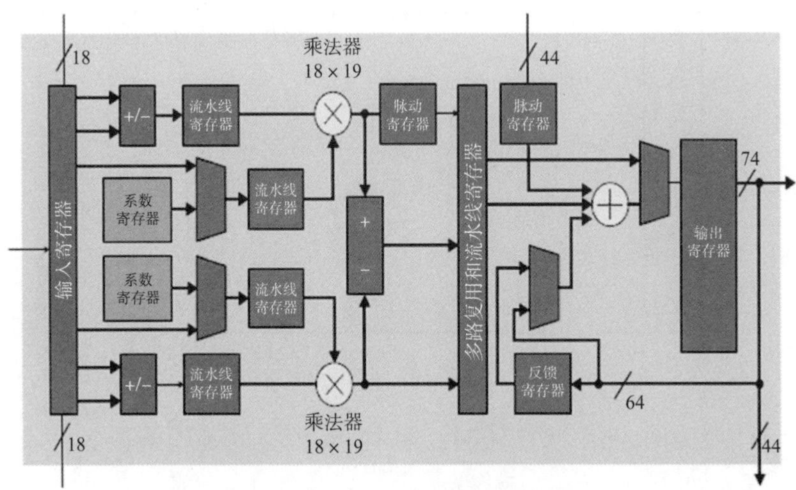

图 8.9　标准精度定点模式

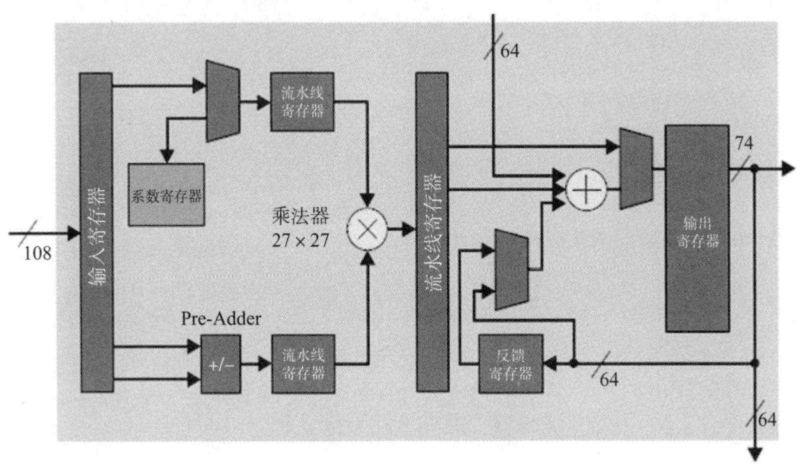

图 8.10　高精度定点模式

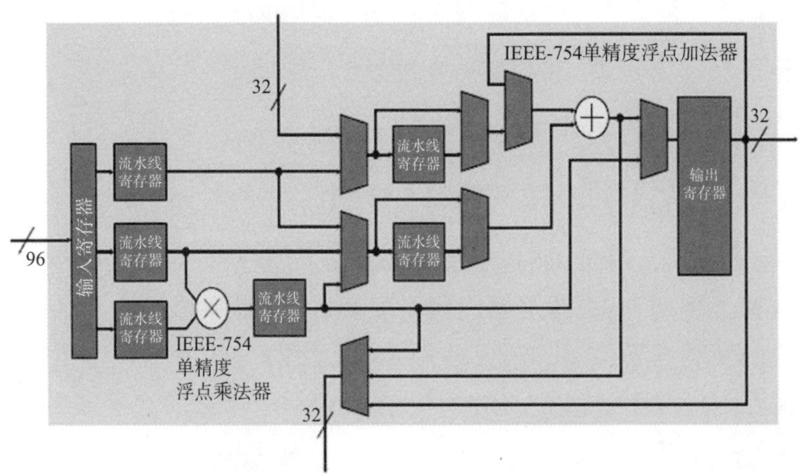

图 8.11　单精度浮点

表 8.1 显示了可变精度 DSP 块的配置。

表 8.1 可变精度 DSP 块的配置

乘法器尺寸	DSP 模块资源	用 途
18 × 19bit	浮点精度可变的 DSP 模块	中等精度的定点操作
27 × 27bit	一种单精度浮点 DSP 模块	高精度的定点操作
19 × 36bit	一种具有外部加法器的单精度浮点 DSP 模块	定点 FFT 操作
36 × 36bit	带有外部加法器的双变量精度 DSP 模块	非常高精度的定点操作
54 × 54bit	四个可变精度 DSP 模块，带有外部加法器	双精度浮点数操作
单精度浮点	一个单精度浮点加法器，一个单精度浮点乘法器	浮点数操作

可变精度 DSP 块的复杂乘法支持 FFT 算法。DSP 块支持 18 位 DSP 应用，如高清视频处理，还支持浮点乘法运算。使用这种 DSP 块的主要优点是减少了系统设计的开销，提高了系统性能和低功耗。

原型团队可以根据 DSP 能力和复杂度的需求选择 FPGA。

8.7 设计场景

在实现 DSP 算法时，大多数情况下需要使用乘法器、桶式移位器和滤波器。

8.7.1 IIR滤波器的设计

例 8.2 描述了无限输入响应滤波器（IIR）的实现方法。

```
//IIR滤波器的Verilog代码
module iir_design(clk, reset_n, data_in, data_out);
  parameter N=15;
  input clk;
  input reset_n;
  input [N-1:0] data_in;
  output [N-1:0] data_out;
  reg [N-1:0] imp1_data_out, tmp2_data_out;
  always@(posedge clk or negedge reset_n)
  begin
    if(~reset_n) begin
      tmp1_data_out<=0;
      tmp2_data_out<=0;
    end else begin
      tmp1_data_out<=data_in;
      tmp2_data_out<=tmp1_data_out+{tmp2_data_out [N-1],tmp2_data_out [N-2:0]}+
                                    2{tmp2_data_out [N-1], tmp2_data_out [N-1:1]}
    end
  end
  assign data_out<=tmp2_data_out;
endmodule
```

· IIR滤波器对时钟的上升沿敏感。

例 8.2 IIR 滤波器的可综合 Verilog 代码

8.7.2 FIR滤波器

例 8.3 描述了直接 FIR 滤波器的 Verilog 描述。该滤波器设计使用了更多的乘法器。在实现滤波器时，设计人员可以使用 DSP 块上的逻辑，综合结构如图 8.12 和 8.13 所示。

```
//四阶FIR滤波器的可综合Verilog代码
module fir_design(clk, reset_n, data_in, data_out);
  parameter N=8;
  input clk;
  input reset_n;
  input [N-1:0] data_in;
  output [N-1:0] data_out;
  reg[N-1:0] tmp_0, tmp_1, tmp_2, tmp_3;
  reg[N-1:0] data_out, tap_0, tap_1, tap_2, tap_3;
  always@(posedge clk or negedge reset_n)
  begin
    if(~reset_n)
      begin
        data_out<=0;
        {tmp_0, tmp_1, tmp_2, tmp_3}<={0, 0, 0, 0};
        tap_3<=0;
        tap_2<=0;
        tap_1<=0;
        tap_0<=0;
      end
    else
    begin
      tmp_1<=tap_1<<1+tap_1+{tap_1[7], tap_1[7:1]}+{tap_1[7], tap_1[7], tap_1[7:2]};
      tmp_2<=tap_2<<1+tap_2+{tap_2[7], tap_2[7:1]}+{tap_2[7], tap_2[7], tap_2[7:2]};
      tmp_3<=tap_3;
      tmp_0<=tap_0;
      data_out<=tmp_1+tmp_2-(tmp_3+tmp_0);
      tap_3<=tap_2;
      tap_2<=tap_1;
      tap_1<=tap_0;
      tap_0<=data_in;
    end
  end
endmodule
```

· 利用非阻塞赋值实现四阶直接FIR滤波器。

· 使用Verilog的四阶FIR滤波器对时钟的正沿敏感，并具有输出data_out。

例 8.3 四阶 FIR 滤波器的可综合 Verilog 代码

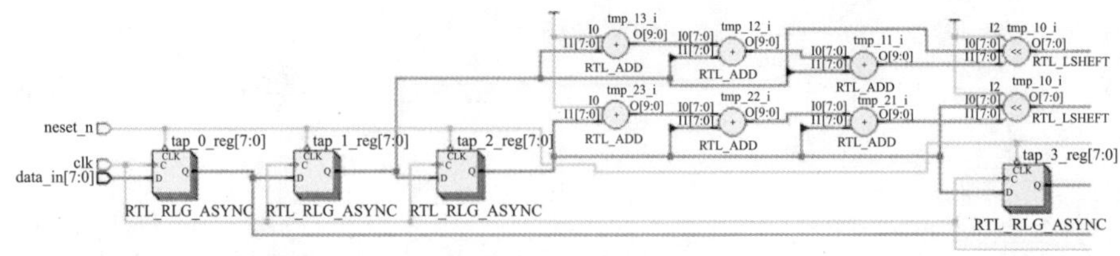

图 8.12 FIR 滤波器的综合结果（一）

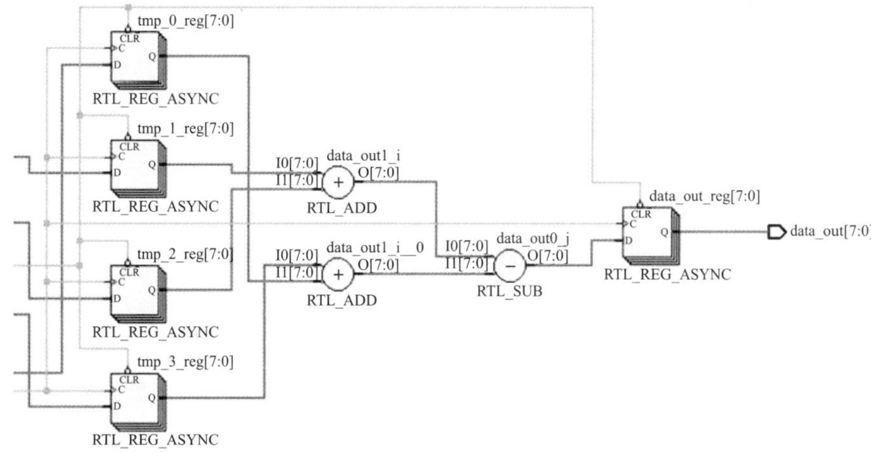

图 8.13 FIR 滤波器的综合结果（二）

8.7.3 桶式移位器

桶式移位器用于在 DSP 算法中移位数据。Verilog 代码如例 8.4 所示，综合结果如图 8.14 所示。

```
// 桶式移位器的可综合Verilog代码
module barrel_shifier(clk, reset_n, load_en, data_in, data_out);
  input clk;
  input reset_n;
  input load_en;
  input [7:0] data_in;
  output wire [7:0] data_out;
  reg [7:0] tmp_data_out;
  always@(posedge clk or negedge reset_n)
  begin
    if(~reset_n)
      tmp_data_out<=0;
    else if(load_en)
      tmp_data_out<=data_in;
    else
      tmp_data_out<={tmp_data_out[6:0], tmp_data_out[7]};
  end
  assign data_out=tmp_data_out;
endmodule
```

· 数据在时钟的上升沿移动。

例 8.4 桶式移位器的可综合 Verilog 代码

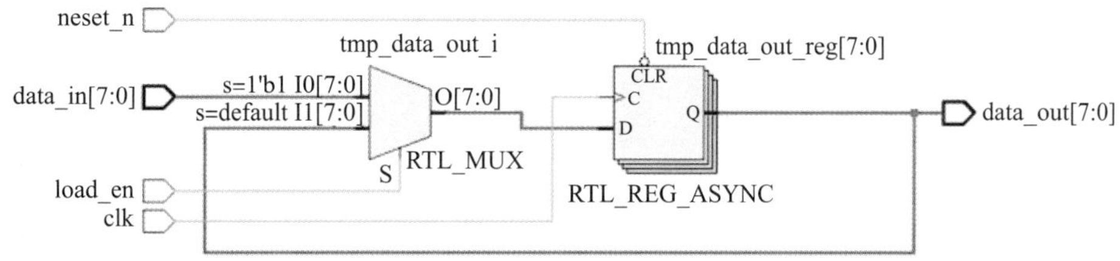

图 8.14 桶式移位器的综合结果

8.8 总 结

以下是对本章要点的总结:

(1)像 IIR、FIR 这样的 DSP 应用需要使用专用的 FPGA 块来实现。

(2)若有 DSP IP 可用，则在原型设计阶段就使用供应商提供的电路板。

(3)若使用了多个 FPGA，请注意复杂 IIR 和 FIR 滤波器的设计分区。

(4)了解设计所需的速度要求后，选择合适的 DSP 处理器。

(5)使用流水线算法和流水线控制来实现数字信号处理算法。

(6)对于浮点运算，重要的参数是面积、速度和功耗。如果使用 FPGA，请检查特定 DSP 块上的 RTL 代码的情况。

下一章将讨论 ASIC 和 FPGA 综合，了解综合和约束是非常有用的，此外，还将讨论 FPGA 实现所需的 RTL 微调。

第 9 章　ASIC和FPGA综合

ASIC 和 FPGA 的综合在很多方面都有所不同。在 SoC 原型设计时，需要对 RTL 进行调整，以生成与 FPGA 逻辑等效的推断。

本章主要讨论 ASIC 和 FPGA 的综合方法。首先介绍 RTL 设计概念中的设计分区、模块级和芯片级综合，然后讨论综合过程中使用的设计约束以及实际应用场景，接着介绍 Synopsys DC 命令在综合过程中的使用，最后讨论 ASIC 和 FPGA 的门控时钟和实现方法及其应用场景。

9.1 设计分区

顶层设计分区对于任何 ASIC/SoC 设计来说都可以起到优化和整理时序路径的重要作用。架构师应该考虑如何实现更好的硬件和软件分区。

考虑一个十亿门级 SoC 的设计场景，其中包含处理器、模拟 IP 块或其他数字逻辑，并且其配置由软件控制。在这种情况下，在进行设计分区时，最好做到以下几点：

（1）将模拟和数字块分开，并将电源域隔离分开。

（2）将数字逻辑设计分区，以适应多个电源域，这是实现低功耗所必需的。请始终根据电压域划分设计，以便根据需要关闭或开启功能块。

（3）大密度数字功能块可以被分割成多个中等门数的模块，在模块的接口级别上应特别注意寄存器输入和寄存器输出。

（4）依据时钟域对设计进行分区。对不同时钟边沿敏感的各个功能块分别设计 RTL 代码。在 RTL 集成的顶层阶段，使用同步器在多个时钟域之间传递数据。

（5）如果设计需要通过 FPGA 实现，那么将设计分为数字和模拟部分。使用单个或多个 FPGA 实现数字设计。使用具有所需接口的外部板实现模拟模块，例如 ADC、DAC、时钟结构和电源及温度监控 / 冷却模块。

· 在多 FPGA 设计中，划分设计时要检查 IO 可用性和接口时序，这部分内容将在第 13 ~ 15 章中进行更详细的讨论。

· 使用高速 IO 在 FPGA 之间传输数据。

· 使用所需的总线拓扑结构，如菊花链、星形或混合互联。

（6）较大的 FSM 控制器应该被分割以实现更好的面积、速度和时序。使用格雷码或独热码来实现逻辑编码。

（7）对设计进行分区时，需提供延迟、数据速率和所需接口时序信息。

（8）对于硬件和软件的分区，考虑性能需求并使用 FIFO 或缓冲区对数据进行排队。

（9）算法的实现可以使用高速总线、处理器、DSP 块、视频解码器等技术，并在初始化阶段或存储大量数据时使用软件来配置逻辑。

9.2 RTL综合

对于复杂的 SoC 设计，逻辑和物理综合步骤对于实现设计所需的性能至关重要。在综合过程中，目标是使面积和功耗最小，同时应具有高速性能。使用性能改进技术实现面积、速度和功耗的优化是至关重要的。综合工具使用以下方法进行综合：

（1）RTL 设计。

（2）ASIC 库。

（3）设计约束。

综合的结果是门级网表。对于 FPGA 综合，综合工具会利用目标 FPGA 的资源，如 CLB（复杂逻辑块）、IOB（输入输出块）、DSP 块、BRAM、硬核处理器等，在顶层进行 RTL 设计集成，如图 9.1 所示。

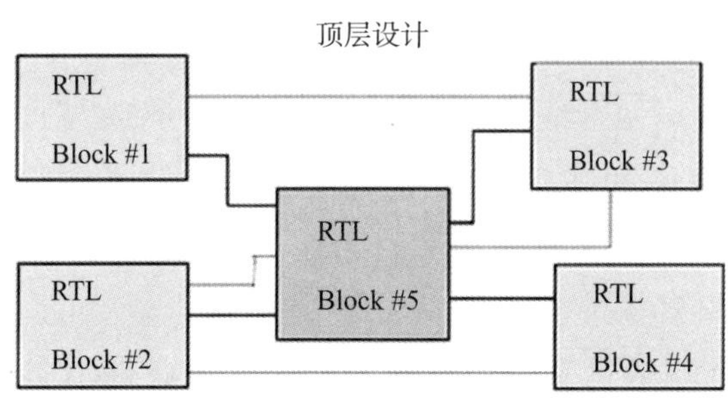

图 9.1 RTL 顶层设计集成

Synopsys 公司的 DC 工具，读取标准单元库和 RTL，生成与工艺相关的门级网表。综合是将设计从较高抽象层次转换到较低抽象层次的过程。

综合工具应该足够高效，能够针对给定的约束对设计进行优化。综合工具的输入包括库文件、使用 VHDL 或 Verilog 语言编写的 RTL 以及约束条件。综合工具的输出是门级网表，如图 9.2 所示。

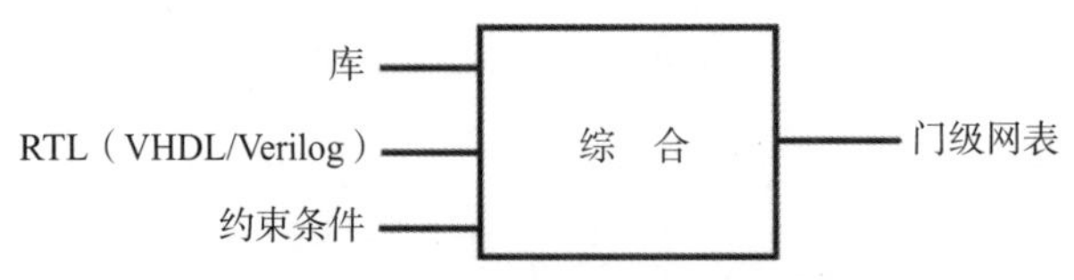

图 9.2 综合工具的输入和输出

综合工具执行多个步骤来生成所需的门级网表，这些步骤如图 9.3 所示。

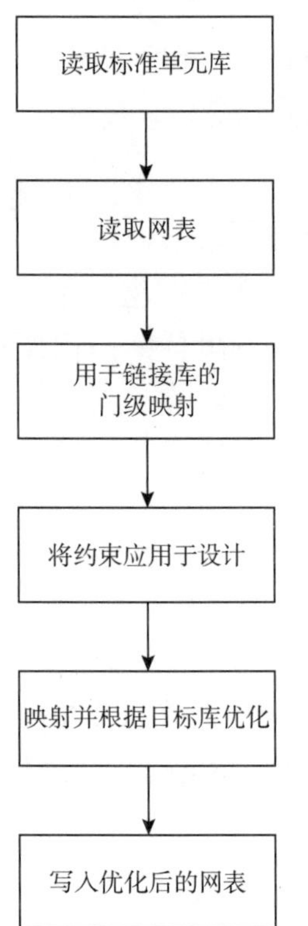

图 9.3 Synopsys DC 工具综合的步骤

如综合流程所示，Design Compiler 会读取 DesignWare、技术和符号库来执行综合操作。综合工具足够智能，可以从 DesignWare 和工艺库中识别出组件。技术库包含逻辑门、触发器和锁存器等组件。比较器、加法器、乘法器等复杂组件是 DesignWare 库的一部分。通过高效地使用 DesignWare 或技术库中的组件，DC 可以进行综合，生成门级网表。

在下一步中，DC 读取用 VHDL 或 Verilog 编写的 RTL，然后进入下一步，如果 RTL 以门级形式编写，则可以将其映射到链接库。综合工具在将单元映射到技术库或目标库之前，会对 RTL 进行优化。

综合工具在进行综合时会考虑各种约束条件，包括面积、速度、功耗，甚至是环境约束。这些约束条件是针对特定设计要求或目标而设定的。

最重要的是 RTL 设计人员和综合团队应充分了解目准单元库，从而实现所需的功能和效果。

在实际环境中使用 Synopsys DC 时，始终要关注面积、速度和功耗的约束。有许多设计受到整体面积利用率的限制。对于拥有百万门级的设计，这是一个迭代过程，因为它需要智能的设计分区，甚至更严格的约束才能获得所需的性能。对于复杂的 ASIC 设计，RTL 设计、综合和时序团队需要紧密协作，在给定的约束条件下实现预期的设计功能。

9.3 设计约束

设计中需要满足面积、速度和功耗等约束条件，本节将讨论在约束 ASIC 设计时使用的 Synopsys DC 工具中的一些命令。综合工具通常采用以下步骤：

（1）读取 DesignWare 库、工艺库和符号库。

（2）读取 Verilog 描述的 RTL（寄存器传输级）。

（3）使用技术库（也称为目标库）对逻辑进行映射和优化。

（4）使用设计约束（如面积、速度和功耗）进行优化。

（5）将设计映射到目标库，并对其进行优化。

（6）最后以“.v”或“.ddc”格式写出优化后的网表。

例 9.1 给出了设计约束脚本。

```
/*设置时钟*/
set clock clk

/*设置时钟周期*/
set clock_period 1

/*设置延迟*/
set latency 0.025

/*设置时钟偏差*/
set early_clock_skew [expr $clock_period/10.0]
set late_clock_skew [expr $clock_period/20.0]

/*设置时钟Tr转换时间*/
set clok_transition [expr $clock_period/100.0]

/*设置外部延迟*/
set external_delay [expr $clock_period*0.2]

/*定义时钟裕量*/
set clock_uncertainty -setup $early_clock_skew
set clock_uncertainty -hold $late_clock_skew
```

例 9.1 针对 1 GHz 的设计，基本的约束脚本文件 clk.src

可以将上述脚本作为 clk.src，并使用以下命令（常用命令 9.1）来生成报告。

```
dc_shell>report_timing
dc_shell>report_clock
dc_shell>report_constraints -all_violators
```

常用命令 9.1 各种报告生成命令

9.4 综合和约束

下面考虑顶层 RTL 设计，即不同功能模块的集成。假设设计以更好的方式进行分区，以实现面积、速度和功耗方面的优化。如果我们采用自底向上的设计方法，那么对于每个功能模块，必须满足模块级的约束条件。

使用 Tcl 命令可以设置满足模块设计所需面积、速度和功耗的模块级约束。

为什么必须明确模块级约束？下面列出了几点重要原因：

（1）复杂的 SoC 或 ASIC 设计可能包含多个功能块和多个时钟域、电源域以及复杂的功能。

（2）为了更好地优化设计功能，将设计划分为多个域。为了实现速度、面积和功耗要求，需要定义设计和优化约束。

（3）考虑设计中包含处理器、存储控制器、总线接口逻辑、DSP 和视频模块。处理器的运行频率为 500 MHz，DDR 控制器的运行频率为 333.33 MHz，视频解码器的运行频率为 200 MHz，DSP 处理器的运行频率为 250 MHz。其他粘合逻辑和总线的运行频率为 150 MHz，设计被划分为五个时钟域。在这种情况下，在块级约束文件 constraints.sdc 中指定了实现所需速度、功耗和面积的设计约束。

（4）综合工具的具体功能是，使用 RTL 设计、所需的库以及约束条件来生成这些功能模块的门级网表。综合工具非常智能，可以在各个优化阶段中满足这些约束条件。

（5）在模块级电路设计中，如果约束条件无法满足，就必须修改 RTL 或调整架构，这对后续设计阶段会产生非常好的影响。

（6）这个阶段有助于理解并锁定设计中的风险（脚本 9.1）。

```
set active_design proceesor_functionality
analyze -format verilog $active_design.v
elaborate $active_design
current_design $active_design
link
uniquify
set_wire_load_model -name SMALL
set_wire_load_mode top
set_operating_conditions WORST
create_clock -period 10 -waveform [list 0 5] matser_clk
set_clock_latency 1.0 [get_clocks master_clk]
set_clock_uncertainty -setup 2.0 [get_clocks master_clk]
set_clock_transition 0.1 [get_clocks tck]
set_dont_touch_network [list tck master_reset]
set_driving_cell -cell BUFF1X -pin Z [all_inputs]
set_drive 0 [list master_clk master_reset]
set_input_delay 2.0 -clock master_clk -max [all_inputs]
set_output_delay 2.0 -clock master_clk -max [all_outputs]
set_max_area 0
set_fix_multiple_port_nets -buffer_constants -all
```

脚本 9.1　模块级综合脚本

```
compile -scan
check_test
remove_unconnected_ports [find -hierarchy cell {"*"}]
change_names -h -rules BORG
set_dont_touch current_design
write -hierarchy -output $active_design.db
write -format Verilog -hierarchy -output $active_design.v
```

续脚本 9.1

顶层设计是将不同的功能块、IP 和处理器进行集成。需要根据速度、功耗和面积的要求来确定顶层约束。在设计周期的早期（架构级设计阶段），会收集和记录这些信息。

例如，SoC 设计在 1GHz 的时钟频率下工作，并且具有多个时钟域。那么每个功能块都需要在 1GHz 下运行吗？答案是否定的！因为整个时钟速率在单个时钟周期内完成单个操作为 1GHz，由于设计中有多个功能块，它们可以根据分区独立地以高速或低速运行。

架构和设计团队会负责处理此类设计的同步工作。对于经过功能和时序验证的 IP，可以在综合和优化的迭代阶段（脚本 9.2）设置“set_dont_touch”属性。

```
set active_design processor
set sub_modules {processor_logic decoding bus interface memory
  interrupt_control}
foreach module $sub_modules {
  set syn_db $module.db
  read_db syn_db
}
analyze -format verilog $active_design.v
elaborate $active_design
current_design $active_design
link
uniquify
set_wire_load_model -name LARGE
set_wire_load_mode enclosed
set_operating_conditions WORST
create_clock - period 10 -waveform [list 0 5] master_clk
set_clock_latency 1.0 [get_clocks master_clk]
set_clock_uncertainty -setup 2.0 [get_clocks master_clk]
set_clock_transition 0.1 [get_clocks master_clk]
set_dont_touch_network [list master_clk master_reset]
set_driving_cell -cell BUFF1X -pinZ [all_inputs]
set_drive 0 [list master_clk master-reset]
set_input_delay 2.0 -clock master_clk -max [all_inputs]
set_output_delay 2.0 -clock master_clk -max [all_outputs]
set_max_area 0
```

脚本 9.2 芯片级顶层综合脚本

```
set_fix_multiple_port_nets -all -buffer_constants
compile -scan
remove_attribute [find -hierarchy design {"*"}] dont_touch
current_design $active_design
uniquify
check_test
create_test_patterns -sample 5
preview_scan
insert_scan
check_test
compile -only_design_rule
remove_unconnected_ports [find -hierarchy cell {"*"}]
set_dont_touch current_design
write -hierarchy -output $active_design.db
write -format Verilog -hierarchy -output $active_design.v
```

续脚本 9.2

9.5 基于FPGA的SoC原型设计的综合

在原型设计周期中，综合可以在设计分区之前或之后进行。综合是将 RTL 转换为等效门级网表的过程。如果我们考虑 ASIC 的设计，那么综合就是使用基于工艺节点的标准单元库来生成网表的过程。对于 FPGA 来说，综合的结果是使用可用的 FPGA 资源生成的网表。有关 FPGA 架构的更多内容将在第 11 章中讨论。

综合工具会根据目标 FPGA 生成 FPGA 网表。在原型设计阶段，我们需要了解设计预期的速度或性能，这可以通过一些综合工具来实现。在设计周期的早期阶段，通过调整架构和约束来实现所需的性能是非常有用的。

对于 FPGA 设计，从 RTL 到器件编程的设计流程如图 9.4 所示。

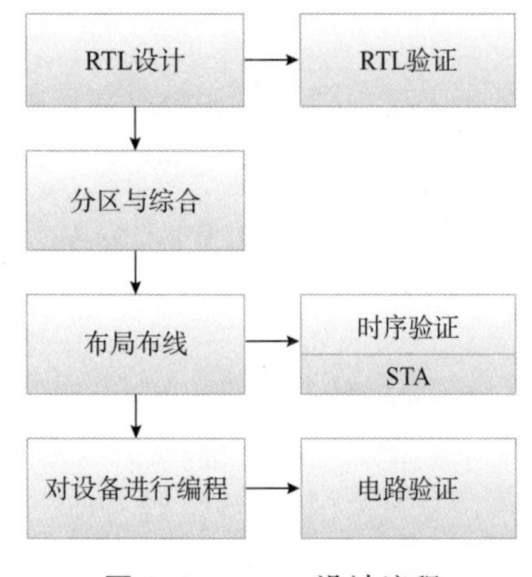

图 9.4 FPGA 设计流程

对 SoC 原型的 RTL 设计是一个主要里程碑，在这个里程碑中，RTL 需要进行调整以适应目标 FPGA。这可能涉及对 IP、时钟资源和存储块进行更改和调整。

如果设计规格复杂且设计无法在单个 FPGA 中实现，则需要进行设计分区。如果需要多个 FPGA 来进行原型化设计和测试，则可以手动或使用分区工具进行分区。关于设计分区的详细讨论将在接下来的几章中进行。

对于实施阶段，我们需要生成约束条件，这些约束条件用于定义所需的速度和引脚布局。这些约束条件可以由后端工具用于优化设计。虽然在综合层面上，依赖于供应商的指令和算法可以优化设计以实现所需的性能，但给出实施约束仍然是至关重要的。

FPGA 的布局布线工具使用 FPGA 的网表和设计约束来为目标 FPGA 放置和映射设计。将 FPGA 的 bitstream 文件加载到 FPGA 中以实现所需的功能。虽然看起来很简单，但这个过程涉及多个步骤，如映射、放置、布线和时序分析。

在设计 SoC 原型时，可以使用以下后端工具：

（1）布局工具：如果我需要放置数百个 IO 来实现性能，那么我应该考虑什么？我会使用布局工具来实现 IO 的放置，对于一些关键路径，甚至可以手动放置，从而满足性能需求。

（2）IP 核生成器：这种工具用于为特定的 RTL（寄存器传输级）生成 IP 核。IP 核生成器的目标和用途是理解 RTL 结构，并用现有的 FPGA 可用的 IP 核替换它们。用通俗的话来说，它就像用 FPGA 等效逻辑替换 RTL。

（3）FPGA 编辑器：可以在布局和布线完成后修改 FPGA 设计。可以在低级层面上作为调试工具使用，允许设计师修改 FPGA 块的布局、布线等。

（4）电路调试工具：允许设计师捕获并查看内部设计节点信息，更多信息请参阅第 16 章。

现在让我们来关注 FPGA 中逻辑是如何映射的这一重要实际问题（第 11 章将提供更多细节）。

9.5.1 CLB是如何映射逻辑的?

该逻辑是通过使用 CLB（复杂可编程逻辑门阵列）实现的，因为每个 CLB 由多个输入 LUT（查找表）和寄存器组成。如果我们考虑 Virtex-7 系列，那么使用六输入逻辑函数时，逻辑将被映射到六个输入 LUT 上。对于更多的输入变量，可以将 LUT 级联，对于较少的输入变量，可以将 LUT 拆分以实现功能。

考虑一个实际场景，逻辑函数使用了 4 或 5 个输入，那么它可以在一个 CLB 内部实现逻辑映射功能。

使用 SLICEM 可以推断出移位寄存器或分布式 RAM。

如果我们使用高效的 FPGA 综合工具，就可以检测出设计内部异步 / 同步的置位 / 复位的可能性，从而避免 FPGA 内部出现功能故障。

9.5.2 DSP块是如何映射的?

Virtex-7 拥有专用的 DSP 块，为了提高 FPGA 性能，并避免使用其他功能块，综合工具可以使用专用的 DSP 块来实现 DSP 功能。

考虑一下乘和累加功能（MAC），它可以通过使用 DSP 块来实现更高效的映射。如果 DSP 算法更为复杂，那么可以使用多个 DSP 块来实现更广泛的算术算法。如果我们希望在 DSP 算法中实现流水线操作，那么可以使用 DSP 块来实现流水线逻辑的映射。

9.5.3 FPGA内部的存储块是如何映射的?

我们需要采用分布式 RAM 或 BRAM 的形式来实现 FPGA 内部存储。整体设计的性能取决于综合工具对这些块的高效映射。我们需要考虑综合工具是否能够推断出这些块?

单端口 RAM 和双端口 RAM 由综合工具自动推导出来，为了提高设计性能，综合工具能够自动在输入和输出处选择相邻的流水线寄存器。为了提高速度和面积，综合工具必须能够将大的存储块分割成多个 BRAM，并且它们能够根据功能需求提供地址和数据。

如果我们考虑综合工具的特性，那么对于 SoC 设计来说，由于使用了算法来进行分区和设计实现，因此综合工具已经足够智能和先进。在原型设计阶段，设计师应该充分利用供应商提供的特性和资源，以实现所需的结果。通常，综合过程在工业中使用综合脚本来实现自动化。

但实际上，设计团队应该注意哪些方面呢? 让我分享一下我在过去十年参与 SoC 项目时的经验吧!

（1）我认为第一个重要的问题是，对架构进行观察，当发现设计过于复杂时，需要进行分区。

（2）如果 SoC 功能和容量比 FPGA 大，那么我需要使用多个 FPGA。

（3）不可能通过 FPGA 实现所需的 SoC 速度，因为与 FPGA 相比，SoC 的速度更快。

（4）我的 RTL 不能直接映射到 FPGA，需要对 RTL 进行微调，并进行更改，使其符合 FPGA 的要求。例如，ASIC 和 FPGA 中的门控时钟实现方式是不同的。

9.6 FPGA和ASIC综合过程中的实际场景

本节将介绍 ASIC 和 FPGA 综合过程中的几个实际场景。

9.6.1 门控时钟和时钟的转换

门控时钟转换可以在 RTL 级完成，也可以使用 EDA 工具的功能。在时钟树综合期间使用后端流程，可以添加时钟缓冲器来平衡时钟偏差。具有平衡时钟偏差的时钟树可以进行布线以获得更好的时序和性能。但是对于 FPGA 设计流程来说并不可行。本节将描述 ASIC/FPGA 设计的门控时钟技术。

当某项功能模块不需要工作时，可以通过使用门控时钟机制来停止时钟。这可以用来节省动态功耗。在 RTL 级别上，可以通过使用时钟和时钟使能输入（图 9.5）来实现这一功能。

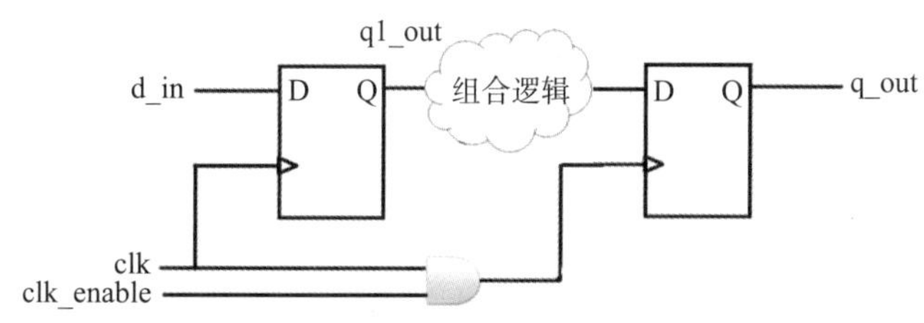

图 9.5 门控时钟设计

9.6.2 用于ASIC的门控时钟实现

对于 ASIC 设计来说，门控时钟可以节省大量的动态功耗。门控时钟单元可以在库中找到。如果根据设计需求启用门控时钟选项，那么这些单元可以通过综合工具进行推导。

门控时钟单元如图 9.6 所示。

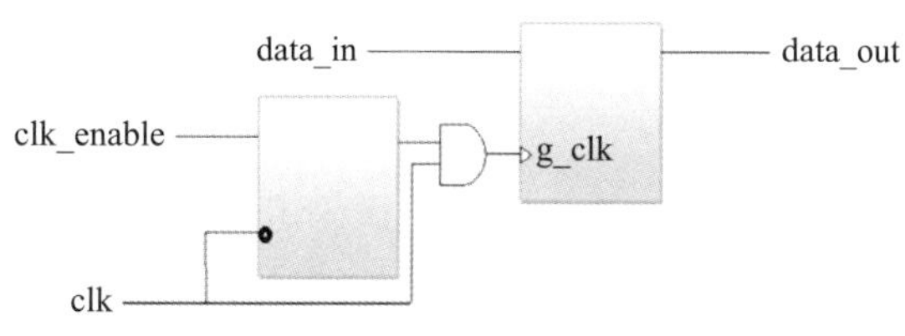

图 9.6 门控时钟单元

9.6.3 FPGA中的门控时钟实现

对于 FPGA 设计，ASIC 中使用的门控时钟单元需要在 FPGA 的布线层实现。如图 9.7 所示，可以使用 LUT 实现 clk 和 clk_enable 的与操作。但是，问题在于时钟路径中的 AND 逻辑开关会产生时钟边沿毛刺。因此，可以通过使用特定供应商的 EDA 工具选项来解决该问题。

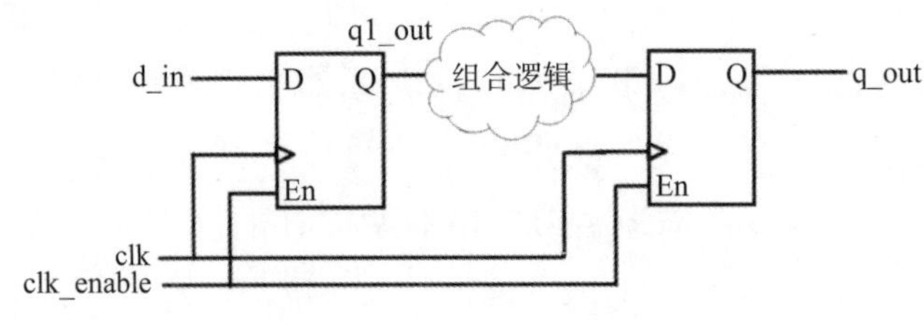

图 9.7 FPGA 门控时钟

9.7 总 结

以下是对本章要点的总结：

（1）ASIC 综合使用 ASIC 标准单元库来进行门级网表的生成。

（2）FPGA 综合使用 FPGA 功能块（如 CLB、IOB、DSP、时钟网络和 BRAM）来生成门级网表。

（3）综合工具使用库、RTL 设计和设计约束来执行综合操作。

（4）优化的约束条件是速度、功耗和面积。

（5）综合过程可以在模块级和芯片级进行。

（6）这些约束可以作为综合工具的输入文件之一，使用（.sdc）文件。

（7）设计规则约束可以是最大转换时间、最大或最小电容负载。

（8）对于较大的 SoC 设计，设计分区可以带来更好的性能。

（9）用于 ASIC 和 FPGA 的门控时钟逻辑是不同的。因此，在 SoC 原型设计中，门控时钟转换是必不可少的。

下一章将重点介绍静态时序分析（STA），以及它在 FPGA 和 ASIC 设计中的不同之处。该章节对于 SoC 原型设计来说非常有用，可以帮助理解在不同 FPGA 边界和接口处的时序和时序预算。

第10章　静态时序分析

在热平衡状态下，自由电子浓度与空穴浓度的乘积为一个常数，等于内在载流子浓度的平方。

质量守恒定律

本章结合实际场景讨论时序路径、最大频率计算、输入延时和输出延时、Synopsys PT 命令、FPGA 的时序分析，以及如何实现满足时序约束的时序性能。本章对 ASIC 和 SoC 设计人员理解 STA 概念和技术以克服设计中的时序违例非常有用。

10.1 同步电路与时序

同步电路的时序收敛是一项重要的任务，在 STA 期间，所有时序路径都由时序分析器进行分析。图 10.1 所示是一个同步时序电路。

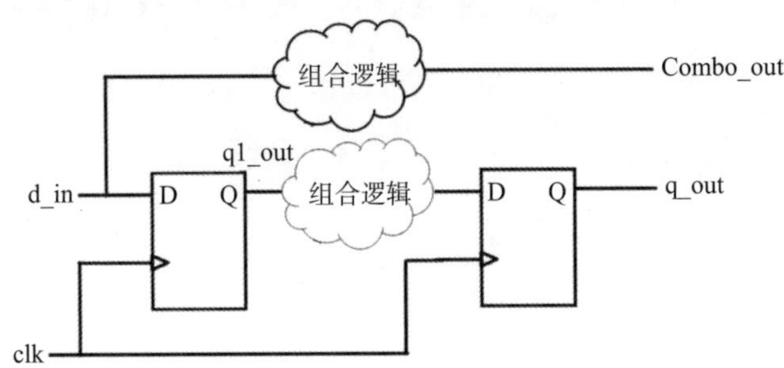

图 10.1 同步时序电路

由图 10.1 可知，同步时序电路由公共时钟源驱动，并命名为“clk”。输出为 Combo_out 和 q_out。时序电路的输入为 d_in。

触发器的时序参数如图 10.2 所示：

· 建立时间（t_{su}）：在时钟边沿（时钟转换）到达之前，数据输入（Din）必须稳定所需的最小时间。

· 保持时间（t_h）：在时钟边沿（时钟转换）到达之后，数据输入（Din）必须稳定所需的最小时间。

· 触发器的传播延迟（时钟到输出的延迟）（t_{pdff}）：时钟边沿（时钟转换）到达之后，触发器的传播延迟。

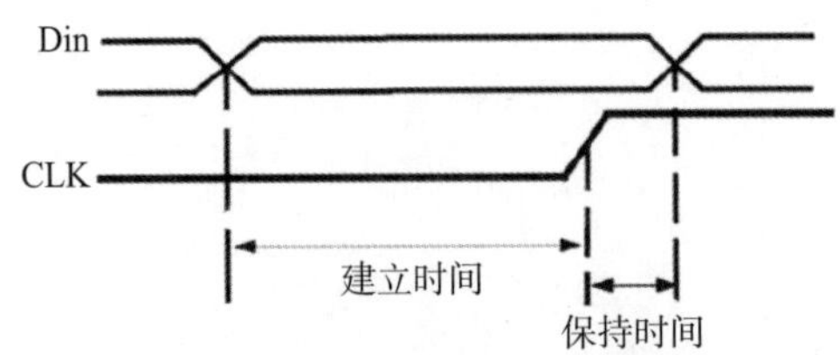

图 10.2 触发器的建立时间和保持时间检查

如果建立时间或保持时间违例，则时序逻辑进入亚稳态。在时序分析过程中，时序分析器会检查所有的时序路径，以确保满足时序约束。

10.2 亚稳态

正如前面所述，如果任何时序参数被违反，那么触发器就会进入亚稳态。如图 10.3 所示，寄存器 0 对时钟源 clk_1 的上升沿敏感，而寄存器 1 对时钟源 clk_2 的上升沿敏感。由于 clk_1 和 clk_2 之间的相位差，寄存器 1 的输出进入亚稳态，时序如图 10.4 所示。

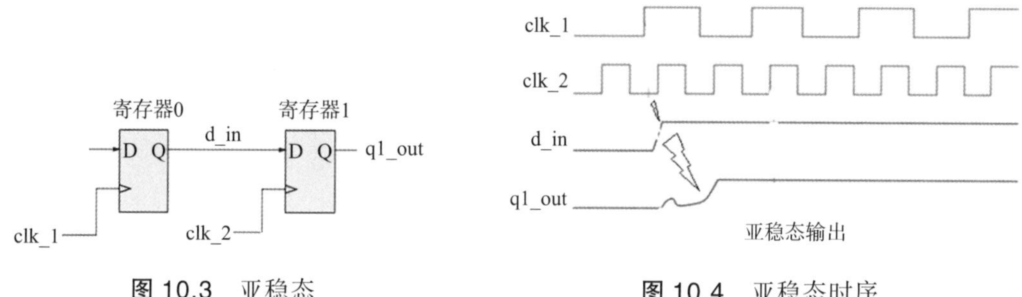

图 10.3 亚稳态

图 10.4 亚稳态时序

由图 10.4 可知，在时钟信号 clk_2 的上升沿期间，寄存器 1 的 d_in 输入发生了变化，因此出现了建立时间违例。在这种情况下，寄存器 1 进入亚稳态。

为了避免出现亚稳态，可以使用多级级联式同步器。图 10.5 描述了在设计中使用两级级联式同步器来解决亚稳态的方法。

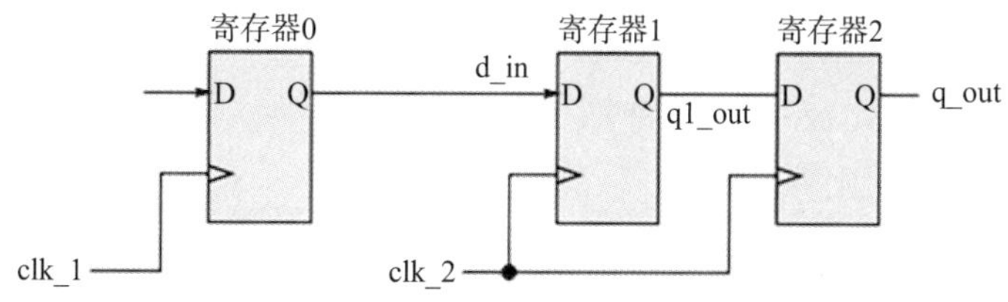

图 10.5 两级同步器对 d_in 的采样

由图 10.5 可知，虽然寄存器 1 进入亚稳态，但在时钟 clk_2 的下一个上升沿，输出 q_out 被迫进入有效状态。通过在输出路径中添加一个寄存器，就可以消除亚稳态。

总是出现寄存器 1 的建立时间和保持时间违例的情况，因此在综合过程中，必须禁用从 clk_1 到寄存器 1 输出的 q1_out 的时序。

使用两级时钟同步器对 d_in 进行采样的时序如图 10.6 所示。

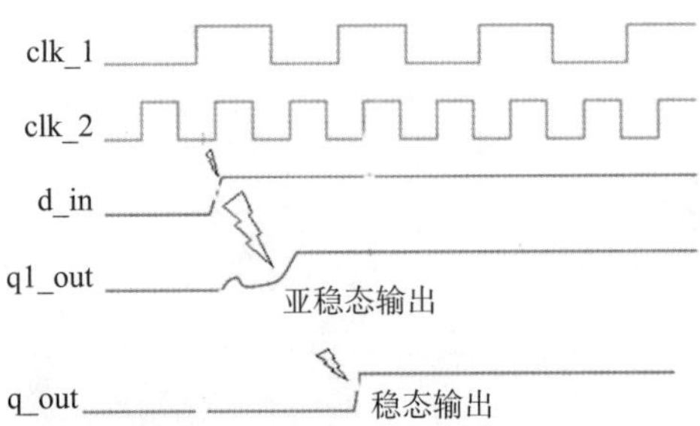

图 10.6 使用两级时钟同步器对 d_in 进行采样的时序

10.3 亚稳态和多时钟域设计

图 10.7 展示了多时钟域设计，两个不同的时钟域分别对时钟源 clk_1 和 clk_2 边沿敏感。由于 clk_1 和 clk_2 之间的相位差，两个时钟域逻辑不会同时触发。

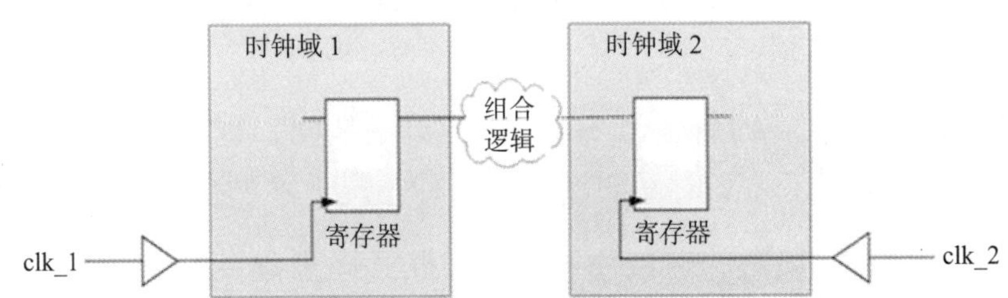

图 10.7 多时钟域的设计

在多个时钟域之间传输数据时，就会出现数据完整性问题，因此建议在时钟域 1 和时钟域 2 之间传输数据时使用同步器。

图 10.8 展示了使用两个具有相位差或时钟偏差的时钟源生成时钟的方法。由于时钟之间存在偏差，在多时钟域中，顺序逻辑触发的时间点不同，因此这种类型的设计存在数据完整性问题。

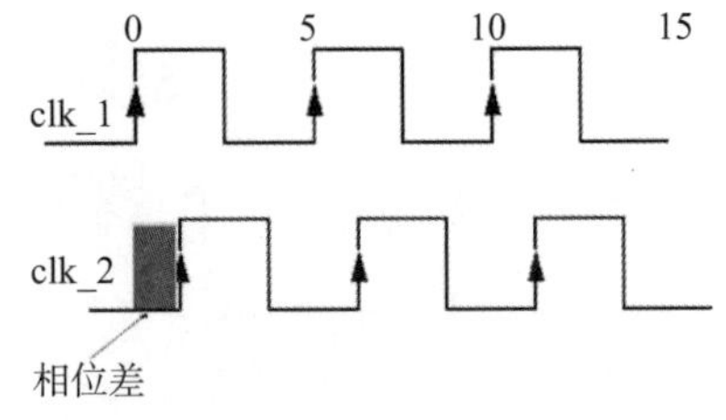

图 10.8 时钟的相位差

10.4 时序分析

拥有数十亿门的设计时代见证了工艺节点的显著变化。目前使用的工艺节点为 10nm，甚至在未来十年内将降至 7nm 和 5nm。但这受到物理条件和参数的限制。对于任何芯片来说，满足时序要求都是实现所需性能的最高优先级任务，设计师们正在投入更多的精力来解决设计性能问题。时序分析可以分为静态时序分析和动态时序分析。

10.4.1 动态时序分析（DTA）

正如其名称所示，动态仿真器用于动态时序分析。如果该设计包含各种功能模块，则通过动态仿真器可以验证其时序和功能。下面，让我们考虑一下 DTA 的需求吧！

执行 DTA 时需要使用向量逻辑模拟器，并需要提供时序信息。对于模块级或芯片级时序，该方法使用输入向量来根据动态时序行为来执行功能路径。这种方法的主要挑战是创建高覆盖率向量所需的时间。因此，更好的和更有效的方法是静态时序分析，这是一种非向量方法。

10.4.2 静态时序分析（STA）

传统的仿真器在速度和容量方面存在限制，而且由于上市时间有限，芯片的复杂度也很高，因此最好使用 STA。这是一种全面的调试、分析和验证设计时序性能的方法。在这种方法中，首先对设计进行分析，然后对所有可能的路径进行时序分析和检查。

STA 环境可以容纳具有数十亿门级的电路设计，由于它不基于功能向量，因此运行速度非常快。它也非常全面，因为设计中的每一条时序路径都会被检查以确定是否存在时序违例。因此，从广义上讲，STA 不是用于验证设计功能，而是用于检查时序。

正如前面所述，STA 主要用于同步设计，如果设计中有异步模块，则需要进行动态仿真。即使对于混合信号设计，动态仿真也可以发挥关键作用。

10.5 时序收敛

时序收敛是指时序分析工具能够尽早地发现并修复设计中的时序问题，可以使用 STA（时序分析器）和 SDF（标准延迟格式文件）的反标，通过动态仿真来实现。

如果时序约束未能满足，意味着时序目标未能实现。那么就需要重新综合、性能改进、微架构调整、时序约束修改，在最坏的情况下甚至需要重新设计，这是一个迭代的过程。

图10.9给出了时序分析器使用的流程信息。

STA 重要步骤如下所示：

（1）将设计分解为不同的时序路径：

· 输入到寄存器时序路径。

· 寄存器到寄存器时序路径。

· 寄存器到输出时序路径。

· 输入到输出时序路径。

（2）计算每个时序路径的延迟。

（3）检查每个时序路径的延迟是否符合时序约束。如果满足，则没有时序违例。

门级设计
读取所需文件并
验证输入
错误/警告?
是
修复错误
否
分析报告
设计流程的下一步

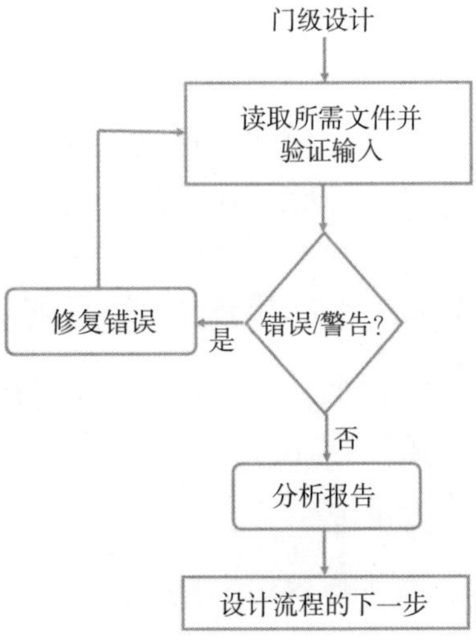

图 10.9　时序分析流程

正如前面所讨论的，STA 是一种流行且高效的时序分析方法，因为它比动态仿真更快。使用 STA 可以检查模块级和全芯片的时序，因为它具有全面的时序路径覆盖。另一个重要的一点是，在进行时序分析时不需要使用向量。

图 10.10 给出了时序分析器使用的各种输入信息。从较高层次上说，要进行 STA，需要以下内容：

SDF
综合
工艺库
Tcl中的
设计约束
时序
模型库
门级
网表
读取所需文件并
验证输入
修复错误
错误/警告?

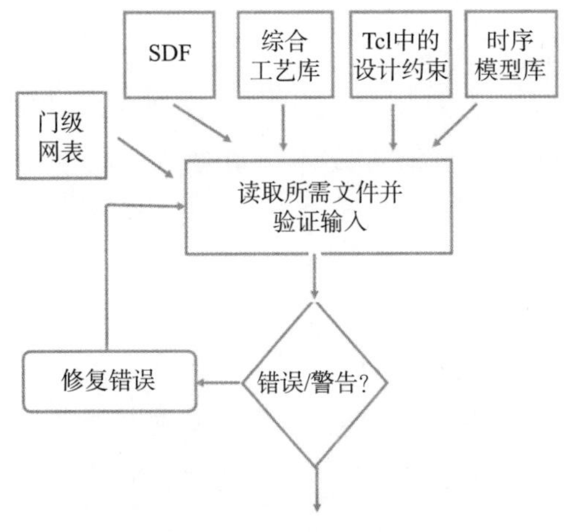

图 10.10　STA 检查的输入条件

（1）门级网表。

（2）时序约束文件（.SDC）。

（3）寄生参数抽取（SPEF）。

（4）库文件（.lib）。

10.6 同步设计中的时序路径

如上一节所讨论的，同步电路有四种时序路径，参考图 10.11，本节将对其进行详细说明。

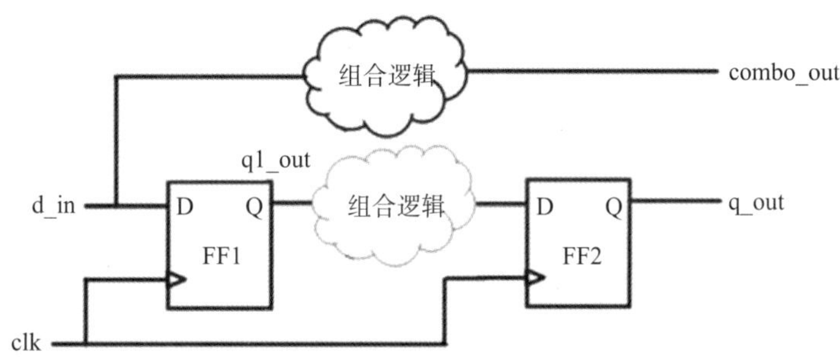

图 10.11 同步电路和时序路径

要识别时序路径，必须考虑时序起点和时序终点。时序起点是输入端口或时钟端口，而时序终点是时序单元（比如触发器）的数据输入端口或输出端口。

（1）输入到寄存器路径：从主输入端口到触发器 1（FF1）的数据输入端口的路径，例如图 10.11 中 FF1 的起点 d_in 和终点 D。

（2）寄存器到寄存器路径：从 FF1 时钟端口（clk）到 FF2 数据输入端（D）的路径，该路径是确定设计最大工作频率的关键因素。

（3）寄存器到输出路径：从 FF2 的时钟端口到同步时序电路的输出端口的路径。如图所示 10.11，将起点设为 FF2 的时钟端口，将终点设为 q_out 的输出端口。因此，寄存器到输出的时序路径为 FF2 的 clk 到 FF2 的 q_out。

（4）输入到输出路径：也称为组合逻辑路径，是从输入端口到输出端口的路径。以输入端口 d_in 为起点，输出端口 combo_out 为终点，则输入到输出路径为 d_in 到 combo_out。

表 10.1 提供了同步时序电路的时序目标。

表 10.1 Synopsys PT 定义时钟和延时的命令

时序目标	命令
定义时钟周期	create_clock
定义输入延迟	set_input_delay
定义输出延迟	set_output_delay
定义是时钟偏差	set_clock_skew

10.6.1 输入到寄存器路径

正如前面所讨论的，输入到寄存器路径是从 d_in 到寄存器的 D 端。因此，时序分析器检查该路径的时序是否满足。对于期望的操作，组合逻辑的输出必须稳定并且不能违反建立时间。也就是说，D 输入必须在 $t_{clk}-t_{su}$ 或之前稳定下来，如图 10.12 所示。

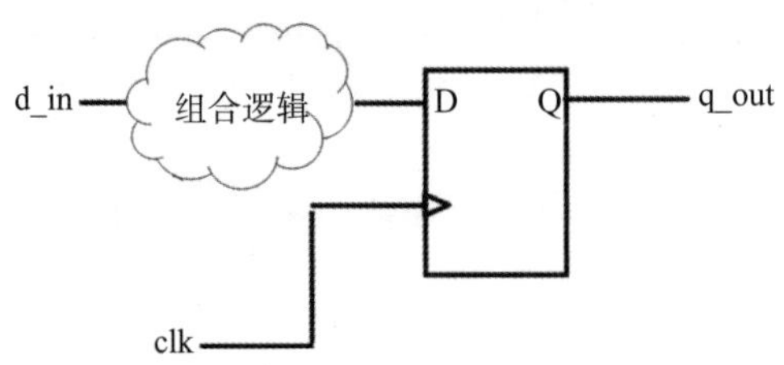

图 10.12 输入到寄存器路径

要定义输入延迟，可以使用表 10.2 所示命令：

表 10.2 定义输入延迟的命令

命令	描述
set_input_delay –clock <clock_name>	通常用于根据时钟来定义输入端口的延迟
<input_delay> <input_port>	要定义 1ns 的输入延迟，请使用以下命令：set_input_delay -clock clk 1 d_in

10.6.2 寄存器到寄存器路径

正如前面所讨论的，从起点 FF1 的 clk 到 FF2 的 D 的时序路径被称为寄存器到寄存器路径，参考图 10.13。

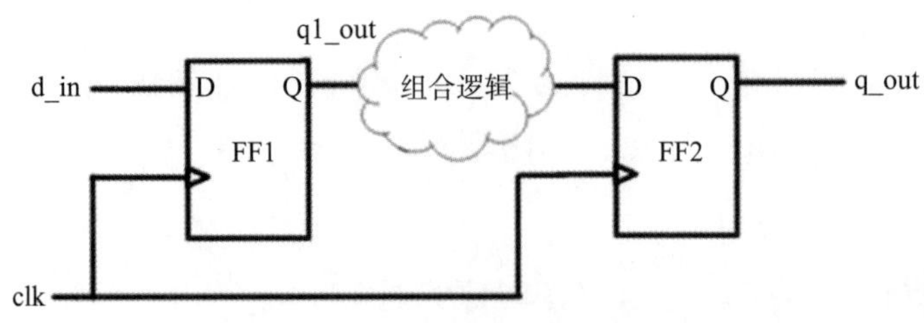

图 10.13 寄存器到寄存器路径

让我们思考一下在这条路径上需要满足哪些时序要求？余量（slack）是指数据要求时间与数据到达时间之间的差值，应该为正数。这意味着 FF2 的输入 D 在时钟的有效边沿到达之前应该稳定。

余量 = 数据要求时间（RT）– 数据到达时间（AT）

$RT = t_{clk} - t_{su}$

$AT = t_{pdff1} + t_{combo}$

因此，RT 应大于或等于 AT，建立时间余量是正数。

可以使用下述公式来计算时钟的时间周期：

$$t_{clk} - t_{su} = t_{pdff1} + t_{combo}$$

$$t_{clk} = t_{pdff1} + t_{combo} + t_{su}$$

因此，最大工作频率应为

$$f_{max} = 1/(t_{pdff1} + t_{combo} + t_{su})$$

如果设 $t_{pdff1} = 2ns$，$t_{combo} = 2ns$，$t_{su} = 1ns$，则最大工作频率为 200MHz。

对于保持时间检查，余量被定义为数据到达时间与数据要求时间之间的差值，并且必须为正数。也就是说，数据不应该很快到达，并且不应该违反保持时间。

接下来的几节将讨论建立时间和保持时间的计算及时序报告。

10.6.3 寄存器到输出路径

正如前面所讨论的，寄存器到输出路径是从寄存器的时钟端口到输出端口 q_out。因此，时序分析器确保该路径的时序是否满足要求。对于所需的时序，组合逻辑的输出应稳定，并且不应违反建立时间。也就是说，D 输入应在 $t_{clk} - t_{su}$（图 10.14）或之前稳定下来。

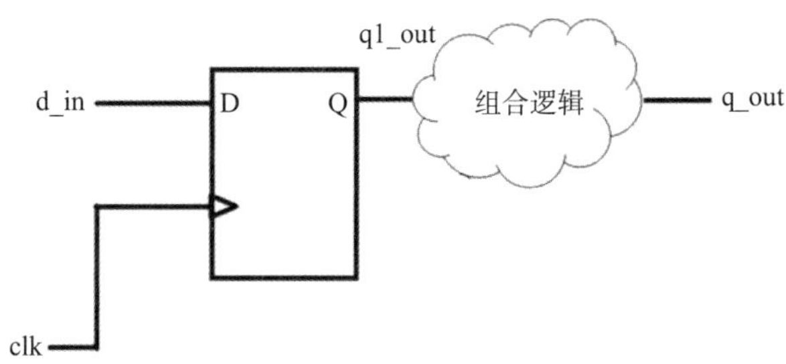

图 10.14 寄存器到输出端口路径

为了定义输出延迟，可以使用表 10.3 所示命令。

表 10.3 定义输出延迟的命令

命 令	描 述
set_output_delay –clock <clock_name>	通常根据时钟来定义输出端口的延迟
<input_delay> <input_port>	要定义 1ns 的输出延迟，可以使用以下命令： set_output_delay -clock clk 1 d_in

10.6.4 输入到输出路径

正如前面所讨论的，组合逻辑电路的输入到输出路径是从组合逻辑元件的输入端口到输出端口。该路径是无约束路径，因为输出仅是当前输入的函数，如图 10.15 所示。

图 10.15 输入到输出路径

10.7 时序分析工具应具备的功能

在执行时序检查时，时序分析工具应为每个工艺角和工作模式执行以下主要任务（图 10.16）：

（1）读取所有所需的输入文件。

（2）使用约束文件来检查时序信息。

（3）验证必要的输入文件。

（4）生成必要的时序报告，以指出设计中的时序违例。

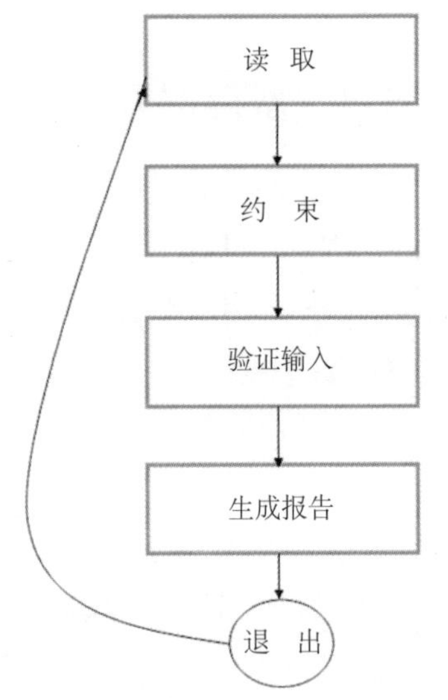

图 10.16 时序分析工具执行的任务

10.8 建立时间分析

本节讨论建立时间分析。在进行建立时间分析时，时序分析工具会做些什么？请参考图 10.17。

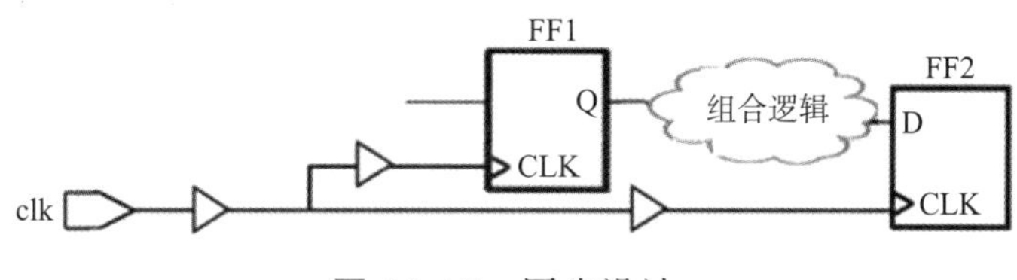

图 10.17 同步设计

在建立时间分析期间，根据操作条件，时序分析工具对时序路径进行分析。计算出 RT 和 AT 之间的差值（即余量），正余量表示该路径不存在建立时间违例，如图 10.18 所示。

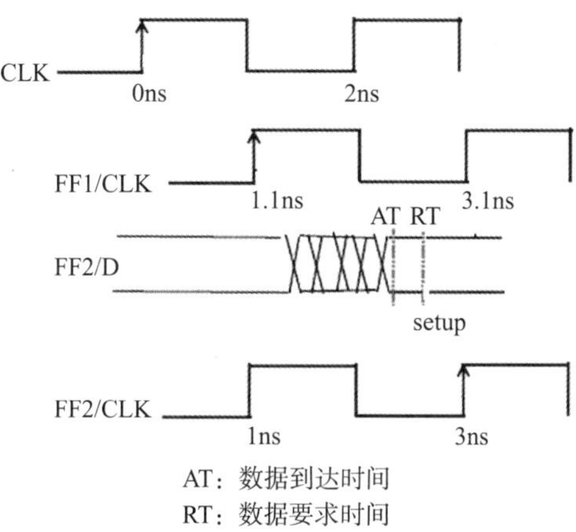

图 10.18 指示 AT 和 RT（正余量）的时序

时序分析工具使用不同的模式，例如：

（1）单一工作条件。

（2）最佳工作条件和最差工作条件（bc_wc）。

（3）片上偏差。

请参考表 10.4 以了解在建立时间检查期间的不同分析模式。

表 10.4 建立时间分析

分析模式	数据路径	发射路径	捕获路径
单一工作条件	没有降额的最大延迟	时钟信号最慢且没有降额。在时钟路径延迟达到最大值	时钟信号最快且没有降额。时钟路径中的延迟达到最小
bc_wc	考虑最大延迟、最差运行条件和延迟降额	时钟信号的延迟和降额应在时钟路径中达到最大值，并在最坏的工作条件下进行	时钟信号的延迟和降额延迟应该在时钟路径中达到最小值，并在最坏的工作条件下
片上偏差	考虑最大延迟、最差运行条件和延迟降额	时钟信号的延迟和降额应在时钟路径中达到最大值，并在最坏的工作条件下进行	时钟延迟和时钟降额应在时钟路径中达到最大值，并在最佳工作条件下实现

使用 Synopsys PT 命令进行建立时间检查的脚本示例参见脚本 10.1。

```
set active_design processor
read_db -netlist_only $active_design.db
current_design $active_design
set_wire_load_model -name large
set_wire_load_mode top
set_operating_conditions WORST
set_load 4.0 [all_outputs]
set_driving_cell -cell BUFF1X -pinZ [all_inputs]
create_clock -period 10 -waveform [0  5] master_clk
set_clock_latency 1.0 [get_clocks master_clk]
set_clock_transition 0.1 [get_clocks master_clk]
set_clock_uncertainty 2.0 -setup [get_clocks master_clk]
set_input_delay 2.0 -clock master_clk [all_inputs]
set_output_delay 2.0 -clock master_clk  [all_outputs]
report_constraint -all_violators
report_timing -to [all_registers -data_pins]
report_timing -to [all_outputs]
write_sdf -context verilog -output $active_design.sdf
```

脚本 10.1 建立时间检查

时序报告如图 10.19 所示，数据要求时间与数据到达时间之间的差值为正数，这表明由于正余量的存在，不存在时序违例的问题。

```
Startpoint: FF1 (rising edge-triggered flip-flop clocked by Clk)
Rndpoint: FF2 (rising edge-triggered flip-flop clocked by Clk)
Path Group: Clk
Path Type: max

Point                                   Incr          Path
-----------------------------------------------------------
clock Clk (rise edge)                   0.00          0.00
clock network delay (propagated)        1.10 *        1.10
FF1/CLK (fdefla15)                      0.00          1.10 r
FF1/Q (fdefla15)                        0.50 *        1.60 r
U2/Y (bufla27)                          0.11 *        1.71 r
U3/Y (bufla27)                          0.11 *        1.82 r
FF2/D (fdefla15)                        0.50 *        1.87 r
data arrival time                                     1.87

clock Clk (rise edge)                   4.00          4.00
clock network delay (propagated)        1.00 *        5.00
FF2/CLK (fdefla15)                                    5.00 r
library setup time                     -0.21 *        4.79
data required time                                    4.79
-----------------------------------------------------------
data required time                                    4.79
data arrival time                                    -1.87
-----------------------------------------------------------
slack (MET)                                           2.92
```

图 10.19 针对建立时间的时序分析报告

如果没有达到预期目标，则需要采取如下措施：

（1）考虑数据路径中的最晚到达的信号。

（2）调整 RTL。

（3）微调架构和微架构。

10.9 保持时间分析

本节讨论保持时间分析。在进行保持时间分析时，时序分析工具会做些什么？请参考图 10.20。

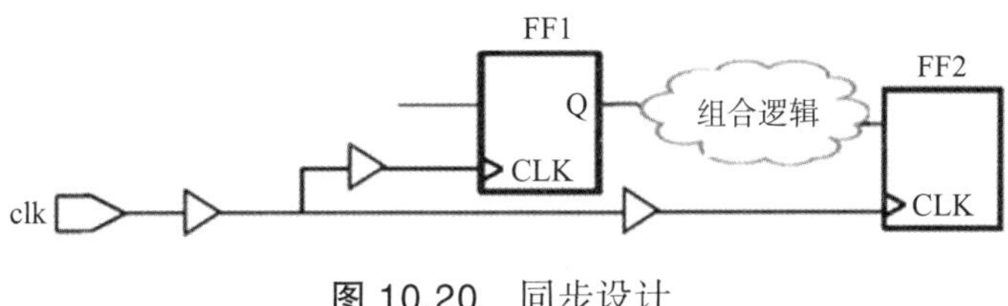

图 10.20 同步设计

在保持时间分析中，根据操作条件，时序分析工具对时序路径进行分析。计算出 AT 和 RT 之间的差值（即余量），正余量表示该路径不存在保持时间违例，如图 10.21 所示。

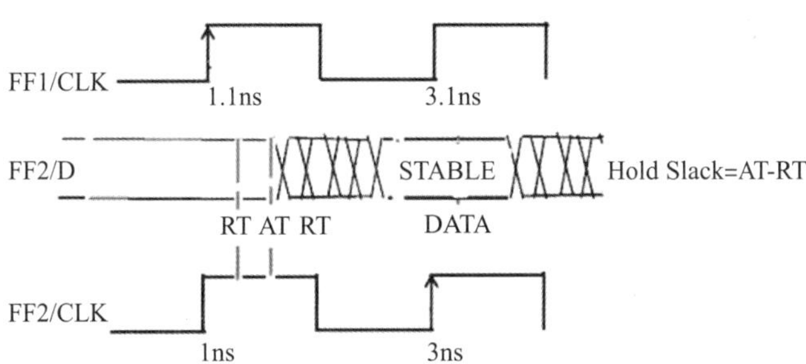

图 10.21 用于指示 AT 和 RT（正余量）的时序

请参考表 10.5 以了解检查保持时间期间的不同分析模式。

表 10.5 保持时间分析

分析模式	数据路径	发射路径	捕获路径
单一工作条件	没有降额的最小延迟	在时钟路径中应尽可能减少延迟并且没有降额，以使延迟最小	在时钟路径没有降额，且延迟最大
bc_wc	考虑最小延迟、最佳运行条件以及延迟的降额	时钟路径中的延迟最小，并在最佳运行条件下进行	时钟路径中的延迟应尽可能大，并且在最佳工作条件下应达到最大
片上偏差	考虑最小的延迟、最佳的运行条件以及延迟的降额	时钟路径中的延迟最小，并在最佳运行条件下进行	时钟路径中的延迟应尽可能小，并且应在最坏的工作条件下进行降额

使用 Synopsys PT 命令进行保持时间检查的脚本示例参见脚本 10.2。

```
set active_design processor
read_db -netlist_only $active_design.db
current_design $active_design
set_wire_load large
set_wire_load_mode top
set_operating_conditions BEST
set_load 5.0 [all_outputs]
set_driving_cell -cell BUFF1X -pin Z [all_inputs]
create_clock -period 10 -waveform [0 5] master_clk
set_clock_latency 1.0 [get_clocks master_clk]
set_clock_transition 0.1 [get_clocks master_clk]
set_clock_uncertainty 0.5 -hold [get_clocks master_clk]
set_input_delay 0.0 -clock master_clk  [all_inputs]
set_output_delay 0.0 -clock master_clk [all_outputs]
report_constraint -all_violators
report_timing -to [all_registers -data_pins] -delay_type min
report_timing -to [all_outputs] -delay_type min
write_sdf -context verilog -output $active_design.sdf
```

脚本 10.2 保持时间检查

时序报告如图 10.22 所示，数据到达时间与数据要求时间之间的差值为正，这意味着由于正余量，不存在时序违例。

```
Startpoint: FF1 (rising edge-triggered flip-flop clocked by Clk)
Rndpoint: FF2 (rising edge-triggered flip-flop clocked by Clk)
Path Group: Clk
Path Type: min

Point                                   Incr           Path
-------------------------------------------------------------
clock Clk (rise edge)                   0.00           0.00
clock network delay (propagated)        1.10 *         1.10
FF1/CLK (fdefla15)                      0.00           1.10 r
FF1/Q (fdefla15)                        0.40 *         1.50 r
U2/Y (bufla27)                          0.05 *         1.55 r
U3/Y (bufla27)                          0.05 *         1.60 r
FF2/D (fdefla15)                        0.01 *         1.61 r
data arrival time                                      1.61

clock Clk (rise edge)                   0.00           0.00
clock network delay (propagated)        1.00 *         1.00
FF2/CLK (fdefla15)                                     1.00 r
library setup time                      0.10 *         1.10
data required time                                     1.10
-------------------------------------------------------------
data required time                                     1.10
data arrival time                                     -1.61
-------------------------------------------------------------
slack (MET)                                            0.51
```

图 10.22 保持时间检查的时序分析报告

如果保持时间违例，则需要采取如下措施：

（1）考虑数据路径中的最早到达的信号。

（2）调整 RTL。

（3）调整架构和微架构。

10.10 时钟的网络延迟

如果我们考虑任何 SoC 芯片，那么时钟网络延迟和时钟分布决定了任何同步设计的性能。PLL 用作时钟源，在 STA 期间，必须定义时钟源和时钟网络延迟。图 10.23 显示了这两种延迟。

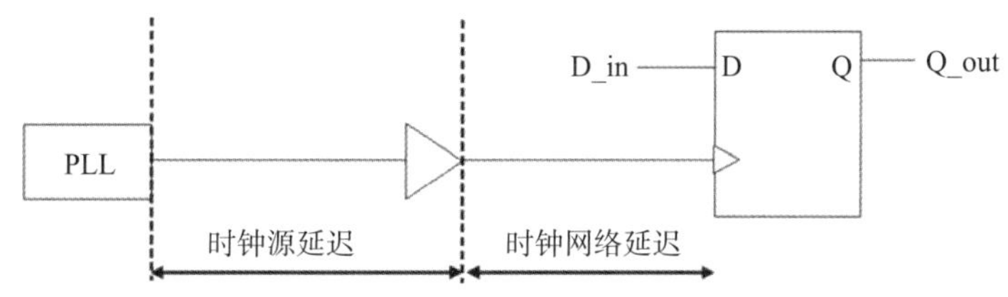

图 10.23 时钟的两种延迟

10.11 生成时钟

系统级芯片中产生的时钟可以作为模块的时钟源，这些时钟是通过使用时钟分频电路生成的。图 10.24 展示了使用时钟分频器生成的时钟。

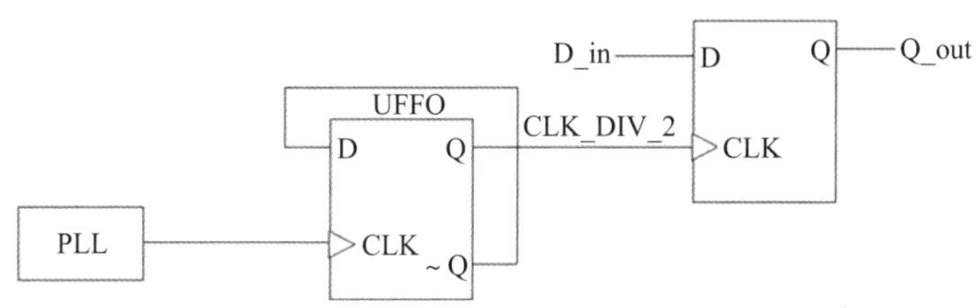

图 10.24 生成时钟

表 10.6 中列出了有用的 Synopsys PT 命令。

表 10.6 时钟和生成时钟相关命令

命 令	描 述
create_clock –period 10 waveform {0 5} [get_ports clk_PLL]	定义时钟周期 10ns，0ns 时刻对应时钟上升沿，5ns 时刻对应时钟下降沿
create_generated_clock –name CLK_DIV_2 –source UPLL0/clkout –divide_by 2 [get_pins UFF0/Q]	在 UFF0/Q 点生成时钟 CLK_DIV_2

10.12 时钟多路复用与假路径

大多数情况下我们需要进行时钟复用。根据设计功能要求，可以使用最小和最大频率的时钟。在ASIC测试期间，可以使用最小频率的时钟。这些时钟之间的假路径需要向时序分析工具报告。为了设置假路径，请使用表10.7所示的命令。图10.25为时钟多路复用与假路径示意图。

表10.7 设置假路径相关命令

命 令	描 述
set_false_path –from [get_clock TCLK_Max] –to [get_clocks TCLK_Min]	TCLK_Max和TCLK_Min两个时钟之间设置假路径
set_false_path –through [get_pins UMUX/CLK_Select]	对于时钟选择信号CLK_Select设置假路径

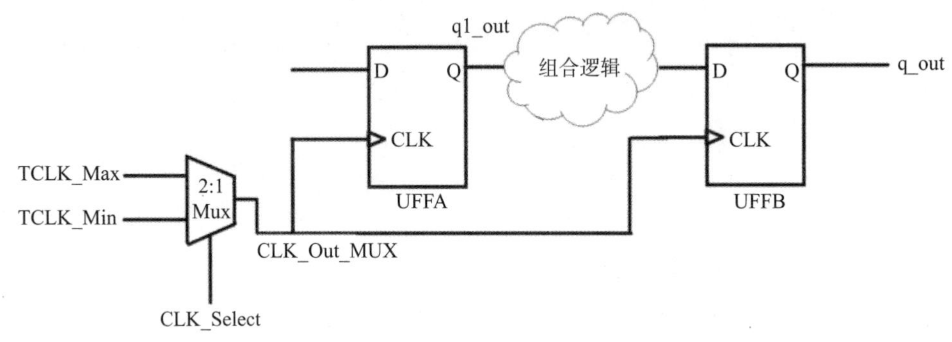

图10.25 时钟多路复用与假路径

10.13 门控时钟

门控时钟检查需要由时序分析工具执行，并按照表10.8所描述的命令进行，门控时钟示意图如图10.26所示。

表10.8 门控时钟检查的相关命令

命 令	描 述
create_clock –period 10 [get_ports System_CLK]	创建周期10 ns的System_CLK
create_generated_clock –name CLK_gate –divide_by 1 System_CLK [get pins UAND1/Z]	在UAND1/Z点生成相同频率的时钟

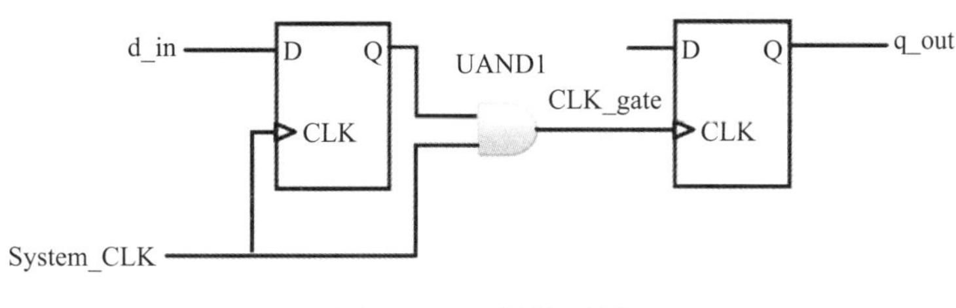

图 10.26 门控时钟

10.14 多周期路径

设计中的多周期路径需要报告，可以设置这些路径，以便时序分析工具可以执行建立时间和保持时间检查，如图 10.27 所示。

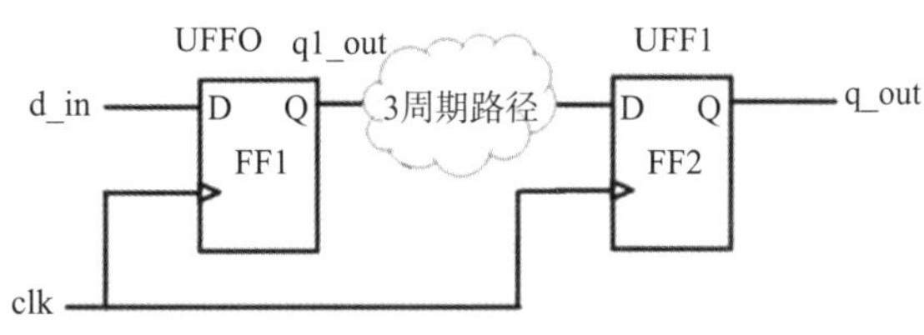

图 10.27 多周期路径

设置多周期路径所使用的命令如表 10.9 所示。

表 10.9 多周期路径相关命令

命 令	描 述
create_clock –name clk_master -period 10 [get_ports clk_master]	创建周期 5ns 的主时钟
set_multicycle_path –setup 3–from [get_pins UFFO/Q] –to [get_pins UFF1/D]	设置 3 周期的建立时间检查
set_multicycle_path –hold 2–from [get_pins UFFO/Q] –to [get_pins UFF1/D]	和 3 周期的建立时间检查对应的保持时间检查设置

10.15 FPGA设计中的时序

对于任何 FPGA 设计，都可以使用时序分析工具进行时序分析和检查，而时序报告对于找出是否满足建立时间和保持时间余量非常有用。

作为原型设计工程师，我们需要考虑的是在 FPGA 芯片上如何划分功能模块。更合理的分区设计可以带来更好的时序和性能。让我们考虑一下具有多个时钟域和多个电源域的 SoC 设计。对于这种设计，时序预算很重要，可以在模块级设计和芯片级进行。

大多数复杂的设计无法直接映射到单个 FPGA 设计中，在这种情况下，我们需要在多个 FPGA 之间进行分区，然后进行时序分析。

我们需要考虑如下方面：

（1）组合逻辑延迟（查找表延迟）、建立时间、保持时间和触发器传播延迟。

（2）建立时间余量 slack = RT−AT，且要求 RT > AT。

$AT = t_{pdff} + t_{combo}$

$RT = t_{clk} - t_{su}$

（3）保持时间余量 slack = AT−RT，且要求 RT < AT。

$AT = t_{pdff} + t_{combo}$

$RT = t_{clk} - t_{h}$

（4）对于多 FPGA 设计，我们需要考虑焊盘延迟和板级延迟。

10.16 FPGA设计中的时序分析

该设计使用单个 FPGA，逻辑功能通过 CLB 和其他 FPGA 功能块实现。此类设计的工作频率基于寄存器到寄存器的路径延迟，但由于从 FPGA 向其他相关设备传输数据时的 IO 延迟，其工作频率可能会受到限制。

如图 10.28 所示，逻辑是通过多个 CLB 实现的，并且寄存器之间的延迟为 LUT 延迟。

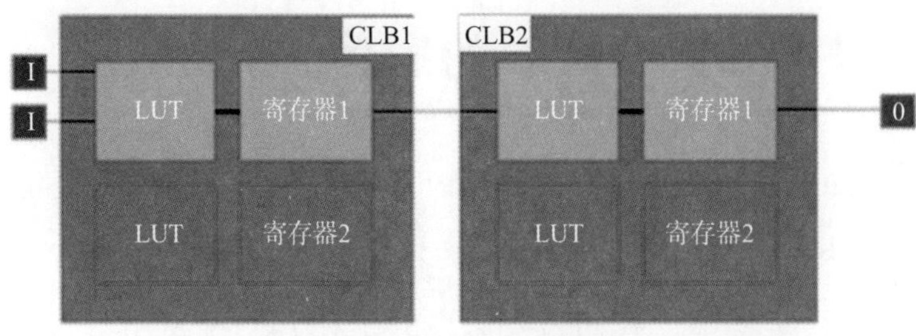

图 10.28 FPGA 内部寄存器到寄存器时序路径

因此，从 CLB1 到 CLB2 的数据到达时间是寄存器 1 延迟加上 CLB2 中的 LUT 延迟。所需数据要求时间是 $T_{clk}-t_{su}$，即

$$F_{max} = 1/(t_{pdff1}+t_{lut}+t_{setup})$$

时序分工具计算了寄存器到寄存器的路径时序，并根据时序约束计算出余量。

10.17 本讨论对SoC原型设计有何帮助?

上述讨论给出了以下两个重要的方面，对于 SoC 原型设计非常有用。如需了解更多细节，请参阅第 11 ~ 15 章。

（1）对于单个 FPGA 的设计，逻辑被映射到 FPGA 的布线结构上，设计操作频率基于设计中的关键路径。对于单时钟域设计，如图 10.29 所示，可以根据关键路径来确定设计操作频率：

$$F_{max} = 1/(t_{pdff1}+t_{lut}+t_{setup}-t_{buf})$$

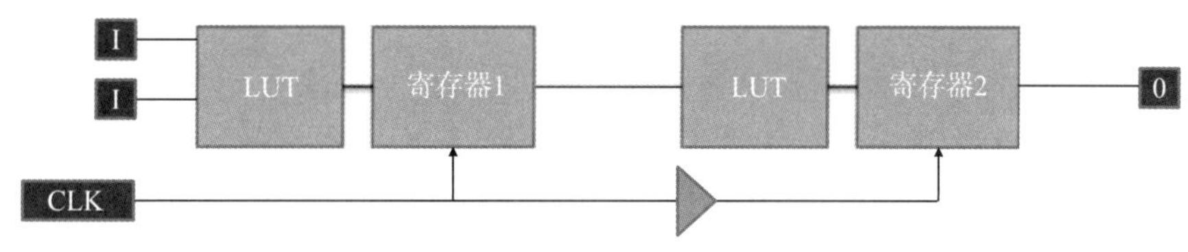

图 10.29 时钟缓冲器延迟

（2）对于采用多个 FPGA 的设计，必须考虑 FPGA 内部（片内延迟）和板级延迟。因此，这种设计的最大工作频率比单个 FPGA 设计要低，如图 10.30 所示，以根据关键路径来确定设计操作频率：

$$t_{clk} = t_{pffl}+t_{outbuf}+t_{on\_board}+t_{inbuf}-t_{su}$$

$$f_{max} = 1/(t_{pffl}+t_{outbuf}+t_{on\_board}+t_{inbuf}-t_{su})$$

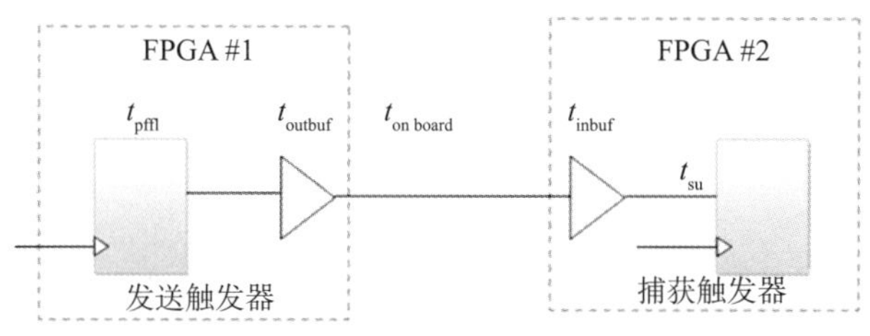

图 10.30 两个 FPGA 之间的直接连接

10.18 总 结

本章主要讨论 STA，这是一种非向量方法，用于确定所有时序路径是否满足时序约束。以下是对本章要点的总结：

（1）STA 不需要输入向量。

（2）STA 工具使用网表、约束、库文件和 SPEF。

（3）时序路径包括输入到寄存器、寄存器到寄存器、寄存器到输出，以及输入到输出。

（4）输入到输出路径也被称为组合逻辑路径。

（5）正的建立时间余量和保持时间余量表明设计达到了所需的时序要求。

（6）设计的最大工作频率基于寄存器到寄存器路径的时序路径。

（7）对于单个 FPGA 设计而言，其速度取决于 LUT 延时、触发器传输延时，以及触发器的建立时间。

（8）需要考虑时钟偏差来确定设计速度。

（9）对于多 FPGA 设计，设计速度取决于板级互联延迟。

下一章将讨论使用 FPGA 进行 SoC 原型设计，这对于理解 FPGA 在 SoC 原型设计中的作用很有帮助。

第 11 章　SoC原型设计

使用高密度FPGA进行SoC原型设计有助于及早发现并解决设计中的漏洞，从而降低设计风险。

本章主要讨论使用FPGA进行SoC原型设计，涉及FPGA的功能块及其用法、使用FPGA进行逻辑推理的实际场景，以及原型设计面临的挑战和如何克服这些挑战。本章有助于理解SoC原型设计的基本原理和使用FPGA进行逻辑推理的方法。

11.1 基于FPGA的SoC原型设计

观察这十年来FPGA架构的发展，可以得出以下几点结论：

（1）FPGA架构复杂，可用于SoC原型设计。

（2）高密度FPGA具有高性能处理器内核和其他高速接口。

（3）可以通过系统中的多个FPGA对百万门级SoC进行验证。

（4）较高的时钟频率使得原型机能够以更高的速度运行。

（5）FPGA IP核可以与其他组件集成，从而验证概念的正确性。

（6）产品上市时间大幅缩短。

（7）在应用层面的早期错误可以被检测并修复，以避免对ASIC/SoC进行重新设计。

随着工艺节点缩小到10nm，设计复杂度、设计风险和开发时间都显著增加。对于每个组织来说，开发在小硅片面积上具有复杂功能的低成本产品成为主要挑战。在这种情况下，设计师面临诸多开发和验证挑战。为了应对这些挑战，可以使用高密度FPGA来原型化ASIC/SoC，从而降低整体风险。

经过验证并实现的FPGA设计可以通过使用标准单元重新综合，使用相同的RTL（带有FPGA兼容的微调）、约束和脚本。有EDA工具可以将FPGA原型移植到结构化ASIC上。这降低了ASIC设计的整体风险，节省了资金，缩短了产品的上市时间。

使用FPGA进行ASIC/SoC原型设计具有以下关键优势：

（1）低投资：随着工艺节点的缩小和芯片几何尺寸的减小，设计初期的投资可能高达数百万美元，使用FPGA可以降低投资风险。

（2）适应设计变更：由于市场不可控，产品的设计和开发存在风险。FPGA原型可以降低这种风险，因为产品的规格和设计可以根据功能需求或变化进行验证。

（3）系统级错误检测：FPGA 原型设计效率较高，因为在仿真验证阶段未检测到的错误可以在原型设计阶段得到解决和覆盖。

（4）功能性错误和早期修复：使用 FPGA 原型对整个系统进行验证，可以在设计周期的早期发现功能性错误。

（5）EDA 工具及成本：FPGA 原型设计可节省数百万美元的 EDA 工具成本，甚至在 ASIC 投产前可节省数百万美元的工程投入。

（6）缩短产品上市时间：由于使用 FPGA 的设计可以通过 EDA 工具迁移到 ASIC 上，因此可以节省将具有预期功能的产品推向市场的时间。

（7）缩短设计周期：可以将多个 IP 集成到设计中，从而可以验证和测试设计功能，加快产品交付的时间。

（8）设计分区与验证：大多数情况下，硬件 – 软件的分配是在较高抽象层次上进行的。可以在硬件层面上评估硬件 – 软件代码，这是整个设计周期中的一个重要里程碑。ASIC 原型设计可以用于调整架构以提高设计性能。例如，如果硬件设计存在额外的设计开销，可以通过在软件中移动几个模块来改变设计架构，反之亦然，这将提供更高效的架构和设计。

表 11.1 列出了 FPGA 和 ASIC 的优缺点。

表 11.1　FPGA 与 ASIC 设计实现的比较

	FPGA	硬拷贝	结构化的 ASIC	基于标准单元的 ASIC
研发、光刻掩码及 EDA 工具	最高可达几千美元，总体成本较低	几万美元级别，用于 FPGA 转换和光刻掩模制作，总体成本适中	几十万美元级别，用于金属层连接和掩模制作，总体成本适中	根据设计的功能情况，百万美元级别，成本较高
单　价	高	中等偏低	中等偏低	低
量产时间	立　刻	差不多需要 8 ~ 10 周的时间 其他结构化 ASIC 产品可能需要额外的转换时间	差不多需要 8 ~ 10 周的时间 其他结构化 ASIC 产品可能需要额外的转换时间	至少 18 周的设计转换时间和 18 周的 ASIC 生产加工时间
工程资源和成本	最　小	开发者使用资源最小，但其他结构化产品可能需要额外的工程资源	开发者使用资源正常，但结构化 ASIC 产品需要额外的资源投入	开发者使用资源最大，大部分工作都需要从头开始开发，并且需要后端团队提供良好的支持
FPGA 原型相关性	同一设备	对于硬拷贝结构化 ASIC： 几乎完全相同的逻辑元件、工艺、模拟组件和封装	这取决于所使用的 IP 类型和功能。虽然是相同的 RTL，但不同的 IP 可能会有不同的性能和功耗。潜在地存在不同的库、制程、模拟电路和封装的差异	RTL 相同，潜在地存在不同的库、制程、模拟电路和封装的差异

ASIC 原型设计主要是对设计理念进行验证，以检查早期的功能和设计可行性。从 ASIC 到 FPGA 的设计迁移涉及从 RTL 设计到实现的流程，在设计中添加新功能时非常有用。

在使用高端 FPGA 进行 ASIC 原型设计和设计迁移时，需要考虑以下关键点：

（1）选择合适的电路板：使用通用原型板，可以将高速原型开发所需的时间缩短至 4 至 12 个月。

（2）对设计进行更好的原型化分区：根据设计功能和门数选择 FPGA 器件。即使使用 Intel FPGA 或 XILINX FPGA 等高端系列，也不可能将整个 ASIC 集成到单个 FPGA 中。因此，可行的解决方案是使用多个 FPGA。但真正的问题是设计分割和多个 FPGA 之间的通信与互联。如果设计定义明确且划分合理，那么手动将设计划分为多个 FPGA 可以获得高效的结果。如果设计具有高密度和复杂的功能，那么使用自动划分工具可以发挥更高效的作用，从而生成更高效的原型。

（3）获取 FPGA 与 ASIC 设计的等效版本：由于 ASIC 和 FPGA 的设计库完全不同，因此关键挑战在于映射基本单元。因此，在综合阶段必须映射直接实例化的基本单元，而在综合之后的实施阶段，需要将来自 ASIC 库的所有基本单元重新映射以获得 FPGA 等效设计。

（4）引脚复用：高端 FPGA 可能有 1000 ~ 1500 个引脚，如果单个 FPGA 足以实现设计原型，那么原型设计就没有太大的挑战。但如果需要的 IO 引脚数量超过了单个 FPGA 的引脚数量，那么真正的问题就来自于 FPGA 接口和连接性，这个问题可以通过信号复用和分区来解决，这将在第 14 章和第 15 章中进行更详细的讨论。

（5）使用全局时钟源：单时钟域设计使用 FPGA 原型很容易。但如果设计有多个时钟，即多个时钟域，那么在原型设计中使用门控时钟和其他时钟生成技术就非常困难。因此，将 ASIC 设计转换为 FPGA 需要更多的努力和复杂的解决方案。其中一种有效的解决方案是将较大的设计转换为由全局时钟源驱动的小型设计模块。

（6）存储器和存储器模型的使用：FPGA 中的存储器模型与 ASIC 不同。因此，在进行存储器映射时，必须采用适当的策略。大多数情况下，综合的存储器模型不可用。在这种情况下，最好的解决方案是使用带有特定存储设备的原型板。

（7）全面功能测试：ASIC 原型制作的主要挑战之一是全面功能测试和调试。在此阶段，使用能够提供性能和功能测试的调试平台至关重要。

ASIC 原型设计的基本流程如图 11.1 所示，在随后的章节中，我们将讨论如何通过多块 FPGA 来获得高效的原型设计。

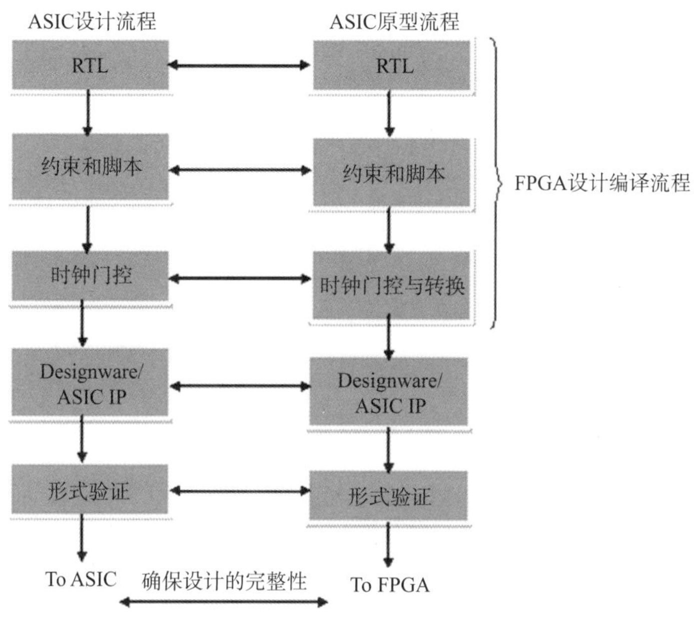

图 11.1　ASIC 原型设计流程

11.2　高密度FPGA和原型设计

Xilinx 和 Intel FPGA 是基于 SRAM 的 FPGA 市场的领导者。Xilinx 的市场份额为 50% ~ 53%，英特尔 FPGA 的市场份额为 33% ~ 35%，它们还提供一次性可编程（OTP）和非易失性设备。

表 11.2 提供了 Xilinx 和 Intel FPGA 的设备信息。

如今，FPGA 设备已经采用 14 ~ 16nm 技术，适用于复杂的 SoC 设计仿真和原型制作。Xilinx 的 Zynq、Kintex 和 Virtex 等系列可用于高性能原型设计。

Intel FPGA 也提供了 14nm 制程的高性能 FPGA，性能较高的 Intel FPGA 产品有 Arria 10 和 Stratix 10 系列。

表 11.2 Xilinx 和 Intel 提供的 FPGA

工艺 /nm	低 端	中 端	高 端
120/150			Virtex II
90	Spartan 3		Virtex-4
65			Virtex-5
40/45	Spartan 6		Virtex-6
28	Artix-7	Kintex-7	Virtex-7
20/16		Kintex UltraScale	Virtex UltraScale
130	Cyclone		Stratix
90	Cyclone II		Stratix II
65	Cyclone III	Arria I	Stratix III
40	Cyclone IV	Arria II	Stratix IV
28	Cyclone V	Arria V	Stratix V
20/14		Arria 10	Stratix 10

11.3 Xilinx 7系列FPGA

Xilinx 7 系列 FPGA 采用 28nm 工艺节点和内核电压 1V 架构，FPGA 架构由通用逻辑构建块（CLB）、IOB、收发器、DSP、PCIe、ADC 和时钟管理模块（CMT）等通用逻辑块组成。如果我们考虑高端 Virtex 系列，那么该架构具有 3D 多层堆叠硅互联（SSI）、1200 个用户引脚、8 兆字节 RAM、200 万逻辑单元和 240 万个触发器。

欲了解更多信息，请访问 www.xilinx.com 以获取这些 FPGA 的架构和封装信息。Xilinx 7 系列的资源如表 11.3 所示。

表 11.3 Xilinx 7 系列的资源

最大容量	Spartan-7	Artix-7	Kintex-7	Virtex-7
逻辑门	102K	215K	478K	1955K
BRAM①	4.2Mb	13Mb	34Mb	68Mb
DSP 切片	160	740	1920	3600
DSP 性能②	176GMAC/s	929GMAC/s	2845GMAC/s	5335GMAC/s
收发器	—	16	32	96
收发器速度	—	6.6Gb/s	12.5Gb/s	28.05Gb/s

① 以分布式 RAM 的形式提供的额外内存。

② 峰值 DSP 性能指标基于对称滤波器实现。

续表 11.3

最大容量	Spartan-7	Artix-7	Kintex-7	Virtex-7
串行带宽	—	211Gb/s	800Gb/s	2794Gb/s
PCIe 接口	—	x4Gen2	x8Gen2	x4 Gen3
存储器接口	800Mb/s	1066Mb/s	1866Mb/s	1866Mb/s
IO 管脚数量	400	500	500	1200
IO 电压	1.2 ~ 3.3V	1.2 ~ 3.3V	1.2 ~ 3.3V	1.2 ~ 3.3V
封　装	低成本，引线键合	低成本，引线键合，倒装焊	低成本，引线键合，倒装焊	更高性能的倒装焊

Xilinx 7 系列 FPGA 的架构如图 11.2 所示，包括 CLB、BRAM、DSP 块、时钟资源、IO 块、内置 IP、布线和互连资源，以及收发器和监视器。本节将对这些特性进行讨论，并提供一些在原型设计时可能有用的考虑因素。

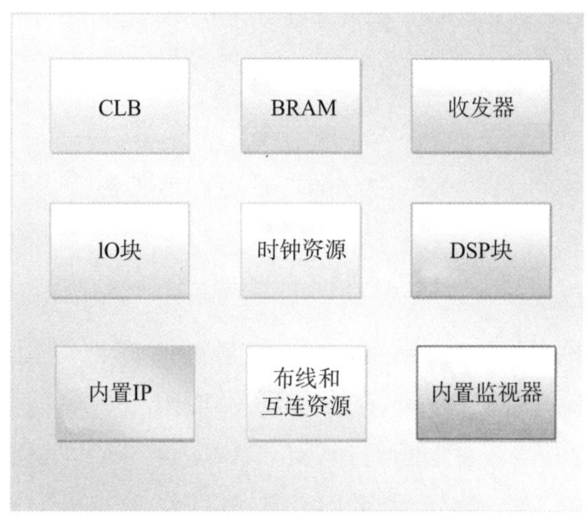

图 11.2 Xilinx 7 系列的 FPGA

11.3.1 Xilinx 7系列的CLB架构

Xilinx 7 系列 CLB 架构如图 11.3 所示，每个 CLB 有两个 slice，每个 slice 包含 6 个输入 LUT；两个 slice 分别命名为 SLICEM 和 SLICEL，SLICEM 包含 RAM/SR，而 SLICEL 只包含逻辑；包含 4 个触发器或锁存器，其功能可以根据 bitstream 文件进行配置。CLB 架构具有宽多路复用器和进位链逻辑，因此 CLB 的架构足以实现 6 个输入和多个输出的组合或时序逻辑。

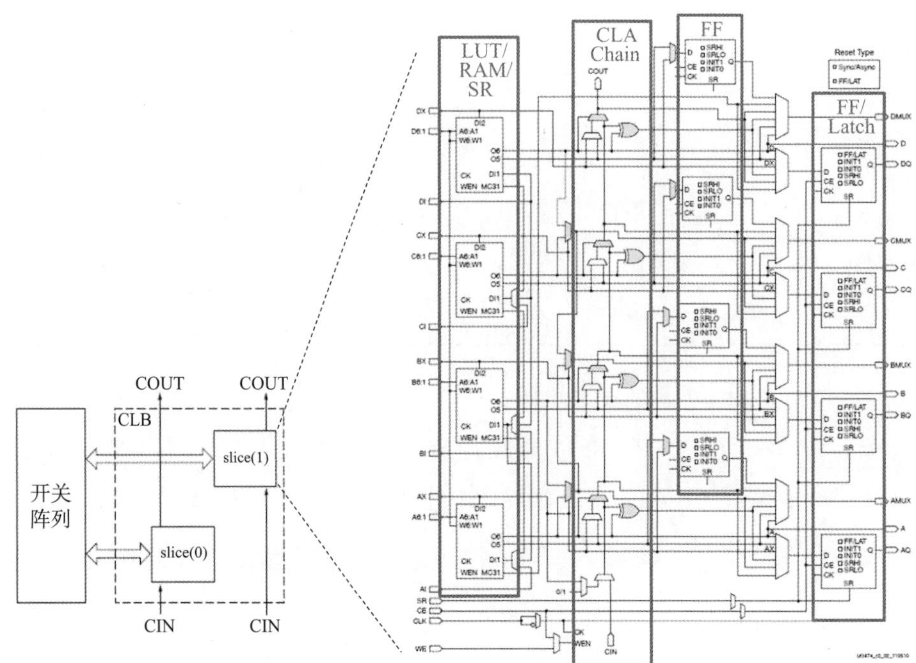

图 11.3 Xilinx 7 系列 CLB 架构

11.3.2 Xilinx 7系列BRAM

如第 9 章所讨论的，BRAM 架构特定于供应商，可以通过供应商提供的 EDA 工具进行配置，以获得所需的容量。Xilinx 7 系列架构具有 36 KB 的 BRAM，可以视作 2 个 18 KB 的 BRAM。BRAM 是同步 RAM，可以无逻辑开销地级联以获得 64K × 1。BRAM 可以作为单端口和双端口 RAM 使用。在双端口模式下，18 KB 的 BRAM 可以作为 18K × 1、9K × 2、8K × 4、4K × 9 等，而 36 KB 的 BRAM 可以作为 1K × 36、2K × 9、4K × 9 等使用。BRAM 架构内置了错误校正（64 位 ECC）功能，也可以用于 FIFO 模式，如图 11.4 所示。

各种类型的 SoC 设计都使用 RAM、ROM 和地址寻址等类型的存储器。那么，让我们思考一下如何实现这些类型的存储器。这些存储器既可以从单元库中实例化，也可以从存储器生成器中实例化。

要实现小容量的存储器，可以使用查找表（LUT）。这些存储器能够更加高效地加载、存储和传递数据。但是，为了拥有更好的、更高效的架构设计，而不是将存储器分散在 FPGA 布线层上，最好使用 BRAM。BRAM 的主要特点如下：

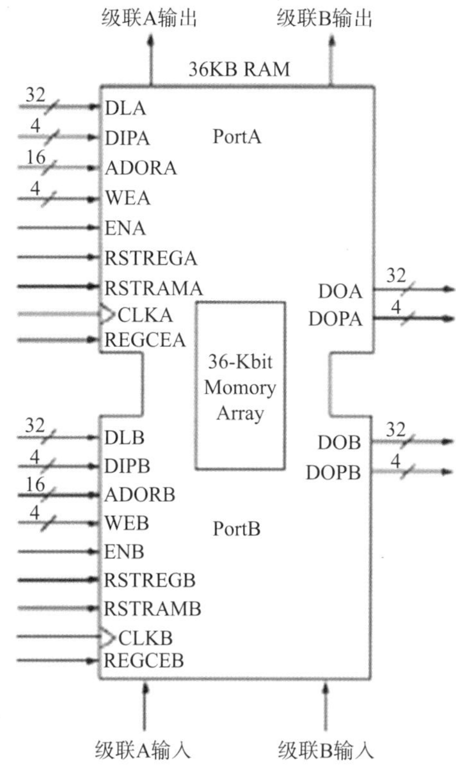

图 11.4　Xilinx 7 系列 BRAM

（1）同步存储器：BRAM 可以实现同步单端口或双端口存储器。这种存储器的一大优点是，当配置为双端口 RAM 时，每个端口可以以不同的时钟频率运行。

（2）可配置：BRAM 块是一个专用的双端口同步 RAM 块，可以按照上述方式进行配置，每个端口可以独立配置。

（3）BRAM 及其在 FIFO 设计中的应用：BRAM 可用于存储数据，因为它们是专用的且已配置好了。通过添加逻辑电路，可以使用 BRAM 实现 FIFO。FIFO 的深度可以根据限制进行配置，即读取和写入两侧应具有相同的宽度。

（4）错误校正：假设将 BRAM 配置为 64 位 RAM，那么每个 BRAM 可以存储额外的汉明码。这些位在读取过程中用于执行单位和双位错误校正。

对于 64 位 BRAM，每个 BRAM 可以存储 8 位汉明码。在向外部存储器写入或读取数据时，也可以使用错误校正逻辑。

那么，让我们来看看 BRAM 是如何推断出来的吧！

综合工具将较大的存储器分割成小块，每个小块都可以用 BRAM 实现。简单地说，BRAM是一种非常有效的构建块，它在综合过程中自动推断出来，可以用来替换SoC中使用的各种类型的存储器。

11.3.3 Xilinx 7系列DSP

Xilinx 7系列DSP48E1片上结构如图11.5所示，支持96位乘加（MACC）操作。DSP片上有25位预加器、25×18位带符号乘法器和48位算术逻辑单元（ALU）。为了实现DSP算法，可以通过使用17位移位器和模式检测器来实现位移功能。

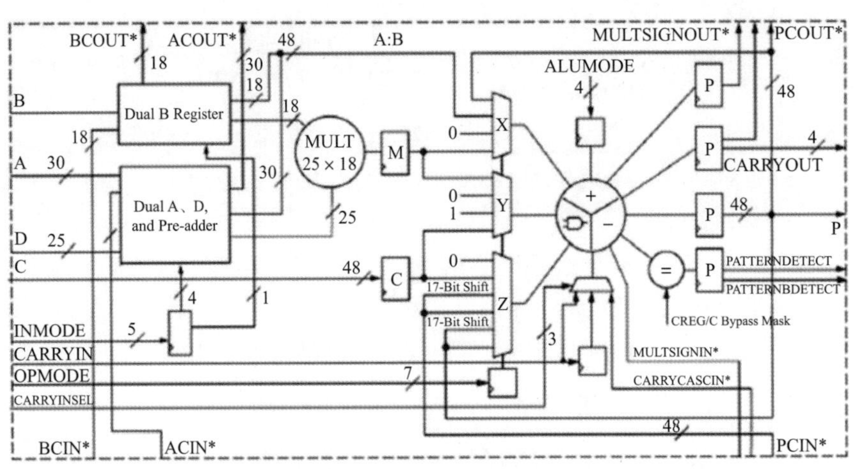

图11.5 Xilinx 7系列DSP片上结构

该片上结构还具有级联路径，以实现广泛的DSP功能和算法。它还提供了12/24位数据的流水线逻辑的实现。

11.3.4 Xilinx 7系列的时钟系统

对于任何设计，其性能都取决于时钟生成逻辑和架构。Xilinx 7系列的时钟架构如图11.6所示，时钟被分为多个时钟区域，实际上，每50个CLB为一个半宽。如果我们仔细观察该架构，可以得出结论，每个时钟区域可以被视为一组，包含20个DSP、10个BRAM、4个收发器、50个IOB和PCIe。该设计采用CMT（Chip Multi-Threading，芯片多线程）技术，将Tile（芯片分区）与IO列相邻放置，即每个分区使用一个Tile，每个设备使用两列IO。该设计有一个骨干时钟，即每个分区有一个水平时钟行/区域。

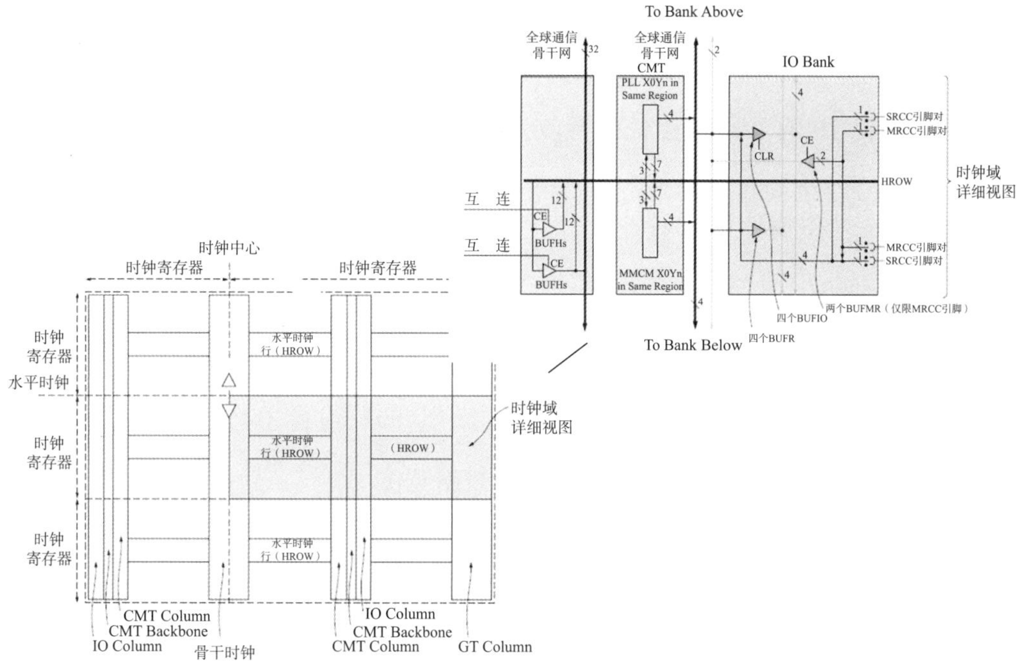

图 11.6　Xilinx 7 系列时钟系统

11.3.5 Xilinx 7系列IO

在前面的章节中已经讨论过，SoC 的整体性能取决于可用的 IO 及其交换数据时的带宽。宽电压范围 IOB 支持 3.3 V 的标准，而高性能 IOB 支持 1.8 V 的标准。Xilinx 7 系列具有各种类型的 IO，如表 11.4 所示。

表 11.4　Xilinx 7 系列 IO

序　号	IO 类型	描　述
1	输入 / 输出模块（IOB）	每个 BANK 有 50 个 IOB。有两种不同的 IOB 类型：高电压范围和高性能
2	高速串行发射器	收发器以四路为一组，每组有四个。它们有不同的类型和多种标准：GTH/GTP/GTX/GTZ，带宽为 3.75 ~ 28 Gbps
3	满足 PCIE 接口标准的 IO	它们基于 GTX 系列 IO 收发器，兼容 Gen 1、Gen 2、Gen 3 协议，带宽为 2.5 Gbps、5 Gbps 和 8 Gbps
4	具备满足模拟输入需求的 XADC	每个模拟到数字转换器都有对应的模拟传感器，该架构包含两个 12 位 ADC

11.3.6 Xilinx 7系列收发器

该架构具有低功耗千兆收发器。由于采用了低功耗架构，芯片间的接口得到了优化，这是该款 FPGA 的强大功能之一。高性能收发器能够支持从 6.6 ~ 28.05 Gb/s 的数据传输速率，具体取决于 Virtex-7 FPGA 系列的型号。

Artix-7 FPGA 系列的收发器数量为 16 个，Kintex-7 系列的收发器数量多达 32 个，而 Virtex-7 系列的收发器数量多达 96 个。

为了提高 IP 的可移植性，串行收发器的架构采用了环形振荡器和 LC 谐振电路。发射器和接收器电路不同，它们使用 PLL 将参考时钟乘以可编程数（最大可达 100）来生成位串行时钟。

1. 发射器

千兆发射器的主要特点如下：

（1）发射器是 16、20、32、40、64 或 80 的并行至串行转换器。

（2）GTZ 发射器支持高达 160 位的数据宽度。

（3）使用 TXOUTCLK 信号来对并行数据进行装载。

（4）输入的并行数据会经过一个可选的 FIFO 缓存器，为了提供足够的转换，它还支持 8B/10B 和 64B/66B 编码方案。

（5）这些发射器的输出信号驱动带有单通道差分输出信号的 PCB 板。

（6）为了补偿 PCB 板的损耗，输出信号对具有可编程的信号摆幅。

（7）为了降低功耗，对于较短的信道可以减小摆幅。

2. 接收器

千兆接收器的主要特点如下：

（1）接收器是一个串行到并行转换器，转换比率为 16、20、32、40、64 或 80。

（2）GTZ 接收器支持高达 160 位的数据宽度。

（3）为了保证足够的数据传输，它采用了非归零（NRZ）编码。

（4）并行数据通过 RXUSRCLK 传输到 FPGA 中。

（5）对于短距离通信，该收发器提供了特殊的低功耗（LPM）模式，可将功耗降低近 30%。

3. 内置 IP

由于 FPGA 芯片上具有可用的 PCIe、以太网 MAC、物理层（PHY）和处理器核等功能模块，因此 FPGA 在通信、医疗成像和网络等领域具有更强的适用性。

Xilinx Virtex-7 系列 FPGA 在 FPGA 芯片上集成了 PCIe、以太网 MAC 和 PHY。

（1）以太网：运行速度可达 2.5 Gbit/s，并且符合 IEEE 标准 802.3-2005。四个三模（10/100/1000 Mb/s）MAC 块可以连接到 FPGA 布线和收发器上。

（2）PCIe：FPGA 集成了 PCI Express 接口，可以配置为端点设备，其数据传输速率可达 2.5 Gbit/s 和 5 Gbit/s。

（3）CPU 硬核：经过优化的 ARM IP 核可以在 RTL 的基础上以更高的速度（10 倍）运行，如果这些 SoC 处理器硬核的特性与可用的 IP 核相匹配，则可以在原型设计时使用。如果在原型设计中需要多个处理器，则可以使用多个带有分区逻辑的 FPGA，但这可能会由于总线访问时间而降低原型设计的性能。这些模块不是由综合工具直接推导出来的，需要使用 IP 核生成器进行实例化。

11.3.7 内置监视器

内置监视器可以在原型设计阶段用于获取热能和电源功耗信息，并且在设计中不需要任何实例化。一旦建立了电源连接，就可以通过测试访问端口（TAP）在任何时候访问这些数据。

11.4 总 结

以下是对本章要点的总结：

（1）中等门数 FPGA 由 CLB、BRAM、布线和互连资源、DSP 片、IO 块和时钟管理网络组成。

（2） FPGA 的架构是特定于供应商的，可以通过使用特定供应商的 EDA 工具来进行编程。

（3）在过去的十年间，FPGA 被广泛用于原型设计和仿真。

（4）使用 FPGA 进行仿真是一种成本效益高且高效的方式，用于测试所需的性能和功能。

（5）Xilinx 和 Intel 的高端 FPGA 可以用来验证 SoC 设计，这些 FPGA 包含了在更高时钟频率下运行的处理器内核。

（6）对于 SoC 的设计与原型制作，硬件与软件的分区可以发挥重要作用，通过使用流水线和多任务机制可以减少硬件与软件之间的通信开销。

（7）为了达到所需的设计性能，需要将输入 / 输出接口带宽和多任务纳入设计中。

（8）如果 SoC 处理器核与可用的 IP 核相匹配，则可以在原型设计时使用处理器硬核。

本章介绍了 FPGA 的功能模块，现在主要的问题是 FPGA 综合与 ASIC 综合能否得到相同的结果。从高层次来看，答案是否定的！原因是对于 ASIC，网表由标准单元和宏组成。而对于 FPGA 综合，逻辑是通过 CLB（查找表、寄存器和其他级联逻辑）、BRAM（双端口 RAM）、DSP 块、收发器和其他 FPGA 供应商特定的模块推断出来的。

在 SoC 原型设计时，我们需要对 ASIC/SoC RTL（门控时钟逻辑、时钟使能逻辑、存储块和 IO 引脚）进行修改，下一章将讨论这些实际考虑因素。

第12章　SoC原型设计指南

使用自动分区工具将设计划分为多个FPGA，分区工具可以提供更好的分区结果。

在前面几章中已经讨论过，原型设计工程师需要考虑多方面因素以实现 SoC 原型的更好性能。如果我们从 SoC 的速度、逻辑复杂度、多个时钟域和多个电源域设计等方面深入理解这一问题，那么我们可以得出结论：百万门 SoC 原型无法仅通过单个 FPGA 实现，因此设计需要分割到多个 FPGA 中。本章主要讨论 SoC 设计指南，通过实际例子和考虑因素对 SoC 原型设计进行更详细的阐述。虽然大多数准则在前几章中已经讨论过，但在本章中对其进行更详细的描述，以便读者更好地理解其在 SoC 原型设计中的应用。

12.1 SoC原型设计阶段应遵循的指导原则

我应该考虑什么样的高效原型平台来验证 SoC？这是需要首先回答的根本性问题！答案是该平台应该具有高效的架构和更好的测试和调试工具，以实现 SoC 所需的性能！以下的部分将提供有关此问题的更多信息：

（1）分配主要和次要责任：为原型项目工作的团队成员分配主要和次要责任是非常必要的。建议 RTL 设计团队和 SoC 原型团队之间进行沟通。这将带来更好的结果，两个团队都能在设计和原型制作过程中了解风险。

（2）设计里程碑的比较：将 SoC 原型的测试结果与黄金参考进行比较，这种比较方法有助于了解原型设计不同阶段的状态。例如，在验证过程中的功能覆盖率为 97%，而在原型级别上几乎为 80%。及时获得这些信息，就可以在现有的设计 / 测试和调试环境中改进，以在板级上实现更高的覆盖率。

（3）版本控制：软件的版本控制、RTL 的修改，在 SoC 原型设计周期中非常重要。

（4）交付物和里程碑列表：创建原型的交付物或里程碑数据库。以下是 SoC 设计的交付示例：

· 系统需求规格说明。

· 风险与可靠性文档。

· C/C++ 功能参考设计。

· SoC 的架构。

· SoC 的微架构。

· 时钟网络和分布。

· SoC 的引脚数及其功能。

· RTL 设计版本。

· RTL 验证计划和版本。

· 带有设计约束的 SoC 综合与时序脚本。

· 各个功能块的时序、面积和功耗报告。

· 顶层面积、时序和功耗约束及其报告。

· 实现约束和目标 FPGA 架构。

· 多个 FPGA 分区和板级布局。

· 测试和调试计划。

· 工艺无关设计：采用工艺无关设计方法。使用“define”和“ifdef”宏来保持 RTL 代码的通用性。

12.2　对RTL进行修改以使其具有FPGA的等效功能

在 SoC 原型设计过程中，需要进行 RTL 修改的情况有很多，下面列举了其中的几种：

（1）门控时钟实例化：SoC 中的门控时钟结构可能与 FPGA 等效结构不匹配，因此，有必要修改 RTL 以推断出门控时钟结构，如图 12.1 和图 12.2 所示。

（2）SoC IP：RTL 中大部分 IP 是不可用的，因此，拥有 FPGA 版本的此类 IP 是至关重要的。

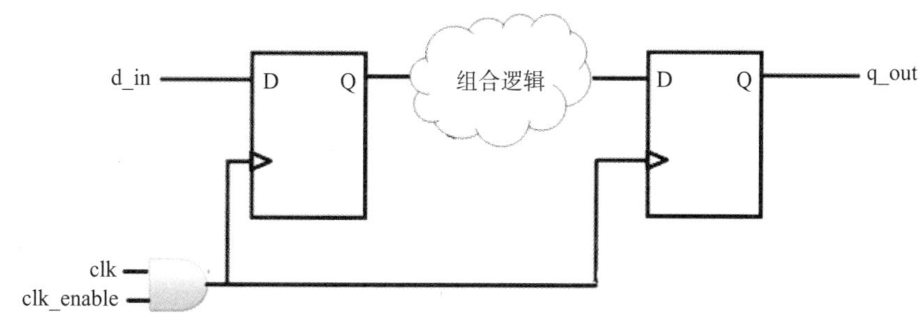

图 12.1　门控时钟

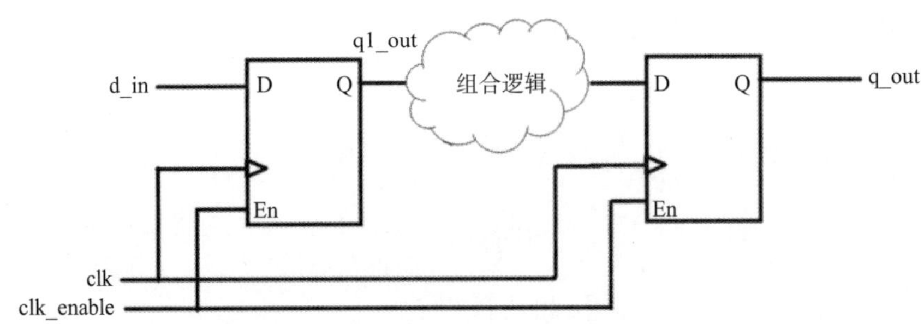

图 12.2 FPGA 等效的门控时钟

（3）ASIC/SoC 存储器：ASIC 或 SoC 的存储器结构与 FPGA 的存储器结构不同，因此在原型阶段需要进行修改。

（4）顶层 PAD：FPGA 工具理解不了 PAD 的实例化，因此在原型设计时必须对其进行修改。因为它在 RTL 中不处理 IO 焊盘，而是推断 FPGA PAD。因此需要将 PAD 留在顶层边界处，使其处于悬空或不活动的状态。原型设计中，需要将每个 IO PAD 实例替换为 FPGA 等效的可综合模型。

该模型应在 RTL 级别具有逻辑连接，可以通过使用 Verilog RTL 编写小段代码来实现。为了高效地进行原型设计，需要准备 SoC 引脚库。基本的 FPGA IO 单元如图 12.3 所示。

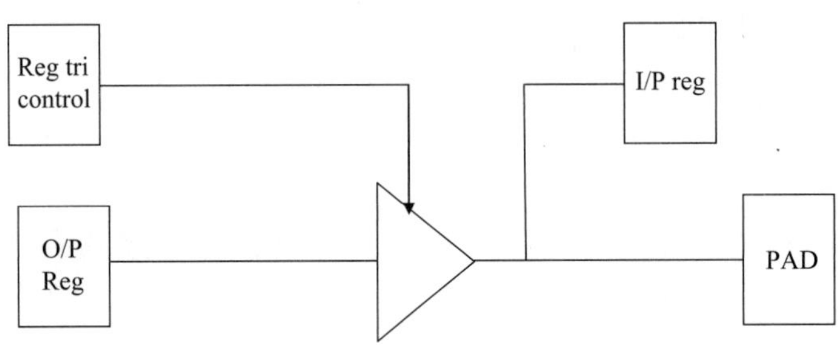

图 12.3 FPGA 基本的 IO 单元

（5）网表中的 IP：网表形式可能不是 FPGA 的等效形式，因此需要在原型设计阶段进行修改。

（6）最小标准单元：来自 ASIC 库的最小标准设计单元无法被 FPGA 理解，因此需要进行修改。

（7）测试电路：内置自测试（BIST）和其他测试或调试电路需要具有 FPGA 等效电路，因此需要进行修改。

（8）未使用的输入端口：对于未使用的输入引脚，必须对 RTL 进行调整。

（9）生成时钟：在原型设计阶段，需要对生成时钟进行修改以适用 FPGA。

12.3 原型制作过程中的注意事项

1. 避免使用锁存器

虽然基于锁存的设计可以节省功耗，但建议以触发器为基础进行设计。基于触发器的设计可以保证清晰的时序路径。

2. 避免太长的组合逻辑路径

在 FPGA 内部，组合逻辑是通过查找表（LUT）映射的，因此建议避免使用较长的组合逻辑路径。虽然 LUT 的延迟是均匀的，但较长的组合逻辑路径会降低 SoC 原型的性能。建议通过使用流水线寄存器将长的组合路径分解为较短的路径。虽然使用流水线寄存器会增加面积开销，但较短的路径设计可以更好地放置、映射和布线到相邻的 CLB 资源上。

1）应用场景 1

实际场景：如果设计输出未进行寄存器化，则会影响其他模块。在设计中，输出是组合逻辑，作为其他模块的输入，这将增加设计中的组合逻辑延迟。由于数据路径延迟增加，这会影响时序，并可能违反建立时间。为了避免这种情况，应将所有输入和输出进行寄存器化。

FPGA 综合：在 FPGA 设计中，寄存器到寄存器路径位于 CLB 触发器之间。每个 CLB 都有触发器，并且还有 LUTS。

ASIC 综合：在 ASIC 中使用标准单元，并在触发器之间建立寄存器到寄存器路径。标准单元库包含逻辑门和触发器。

考虑图 12.4 所示设计，其中输出是组合逻辑，并且输出未进行寄存器化。

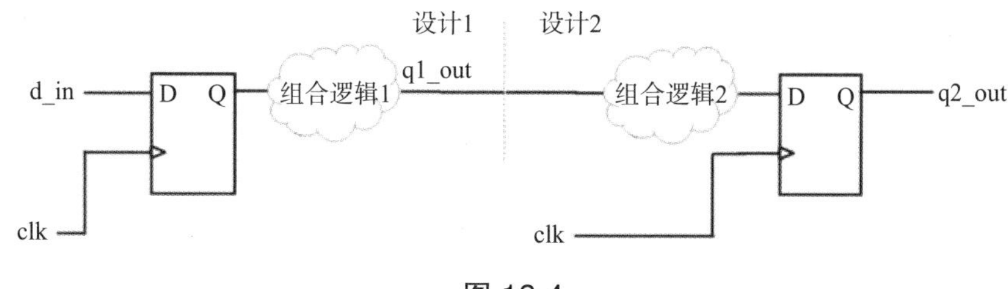

图 12.4

如果 q1_out 驱动其他设计模块，那么正如上面所述，这会增加数据路径的延迟。让我们考虑一下上面两幅图所示的设计场景。

第一种设计的输出是 q1_out，并作为第二种设计的 data_in 输入。这将降低设计速度。数据到达时间（AT）= $T_{pdff}+t_{combo1}+t_{combo2}$，而数据所需时间（RT）= $T_{clk}-t_{su}$，因此，为了确保正余量，需要 RT ≥ AT，并且时钟周期 $T_{clk}=T_{pdff}+t_{combo1}+t_{combo2}+t_{su}$。

如果触发器的延迟（T_{pdff}）为 1ns，组合逻辑 1 的延迟（t_{combo1}）为 0.5ns，组合逻辑 2 的延迟（t_{combo2}）为 0.5ns，建立时间（t_{su}）为 0.5ns，保持时间（t_h）为 0.25ns，那么时钟周期（T_{clk}）为 2.5ns，最大工作频率为 400MHz。

如果所有设计中的输入和输出都进行了寄存器化处理，那么该设计就具有干净的寄存器路径，这可以改善设计的性能。

改进后的设计如应用场景 2 所示，它改善了寄存器到寄存器的时序。

2）应用场景 2

寄存器输入和输出：图 12.5 所示设计中的输入和输出是寄存器方式的，可以改善数据通路延迟。

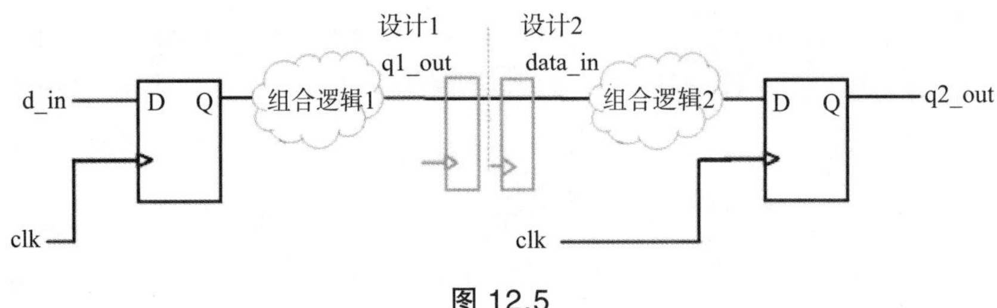

图 12.5

注意：所有寄存器的时钟信号都应由公共时钟源驱动。

第一种设计的时钟周期为 $T_{clk}=T_{pdff}+t_{combo1}+t_{su}$，而第二种设计的时钟周期为 $T_{clk}=T_{pdff}+t_{combo1}+t_{su}$。如果触发器的延迟（$T_{pdff}$）为 1ns，组合逻辑 1 的延迟（$t_{combo1}$）为 0.5ns，组合逻辑 2 的延迟（$t_{combo2}$）为 0.5ns，设置时间（$t_{su}$）为 0.5ns，保持时间（$t_h$）为 0.25ns，那么时钟周期 $T_{clk}=T_{pdff}+t_{combo1}+t_{su}=2.0$ns，最大工作频率为 500MHz。

因此，该设计的性能得到了提升。此前，没有寄存器输入和寄存器输出时的频率为 400MHz，而更改设计之后，频率为 500MHz。

3. 避免使用组合逻辑循环

为了避免出现振荡行为，建议不要使用组合逻辑循环。

振荡行为是不可预测的，可能原因是敏感度列表中缺少信号、case 语句不完整或嵌套的 if 语句不完整等。

4. 使用模块外包

大多数 FPGA 供应商支持通用逻辑形式或 Synopsys DesignWare 组件形式的 RTL 描述。因此，不要使用与工艺相关的单元。仅在子级引入工艺特定的细节。

必须确保源代码的变化对设计影响最小。为此，请使用包装器并在设计元素内部进行更改。如果 SoC 架构使用了 RAM，则在库元素内部进行更改，而不是在 RTL 中，这可以提高设计整体的可移植性。

5. 存储器建模

如果我们考虑 SoC 设计，那么存储器是特定于工艺的，与 FPGA 不兼容。这种情况下，应在原型设计中使用 FPGA 兼容的存储器版本。如之前所述，在设计中使用工艺依赖的模块外包，这应该适用于宏、工艺库中的存储器等。

6. IP 核生成器的使用

使用 Xilinx 核生成器并指定目标工艺、核类型和初始化文件。使用 FPGA 工具生成网表和初始化文件。布局布线工具使用网表来将功能块放置在 FPGA 结构上。初始化可以通过模板文件完成。在设计中实例化模板文件。通常我们观察到工具生成的外包文件包含功能激励数据，可以用于设计功能的仿真。

7. 形式验证

需要解决的一个大问题是如何验证 FPGA 和 SoC RAM 的功能，它们是否具有相同的行为？答案很简单：可以在原型设计初期使用形式化验证（FV）来实现这一点，这可以验证 FPGA 和 SoC RAM 的等价性！

8. FPGA 上无法映射的模块

模拟模块、IP 可能无法直接映射到 FPGA 上，因为这些模块的 RTL 代码 / 网表不可用。在这种情况下，可以使用 IP 供应商提供的评估板，或者为 IP 设计功能等效的 FPGA 代码，并将其与 FPGA 接口连接。

9. 更好的架构设计

为 SoC 和 FPGA 设计制定高效的架构和微架构始终是更好的做法。架构文档应包含对 FPGA 原型进行微调或修改所需的信息。

10. 在顶层使用时钟逻辑

为了实现良好的可移植性和模块化，需要将时钟分配 / 生成逻辑置于顶层。

11. 自下而上的设计方法

采用自下而上的设计方法，有助于在模块级和芯片级生成约束条件，可以考虑在顶层模块不使用参数。

12.4 单FPGA设计的SoC原型设计指南

如果设计具有适中的门数，且可以使用单个 FPGA 进行映射，则我们应该注意如下事项：

（1）将设计分割成多个部分，利用 FPGA 资源实现与其架构相同的功能。

（2）不要使用分布式 RAM，而是使用 BRAM。

（3）使用 DSP 块来推断 DSP 功能。

（4）使用 FPGA 中 60% ~ 70% 的资源，为设计师和原型制作团队留下添加功能的空间。

（5）使用逻辑复制和资源共享技术以获得更好的性能。

（6）为每一个独立的模块建立一个时钟网络，并使用同步器在多个时钟域之间传递数据。

（7）使用高速 IO 来实现 FPGA 与其他相关外围设备和控制器之间的数据传输。

（8）使用 TDM 和 LVDS 在 FPGA 边界之间传输数据。

下面列出了一些设计场景。

12.4.1 没有资源共享的设计

实际场景：在设计过程中，我们通常会多次使用相同的资源，这会增加芯片面积。

FPGA 综合：在 FPGA 设计中，设计使用了查找表（LUT）和寄存器。CLB 由多个查找表和寄存器组成，CLB 的架构取决于供应商。

ASIC 综合：在 ASIC 中使用了标准单元。标准单元库包含逻辑门和触发器。

考虑图 12.6 所示设计，其中输出来自组合逻辑，并且输出没有被寄存器输出。

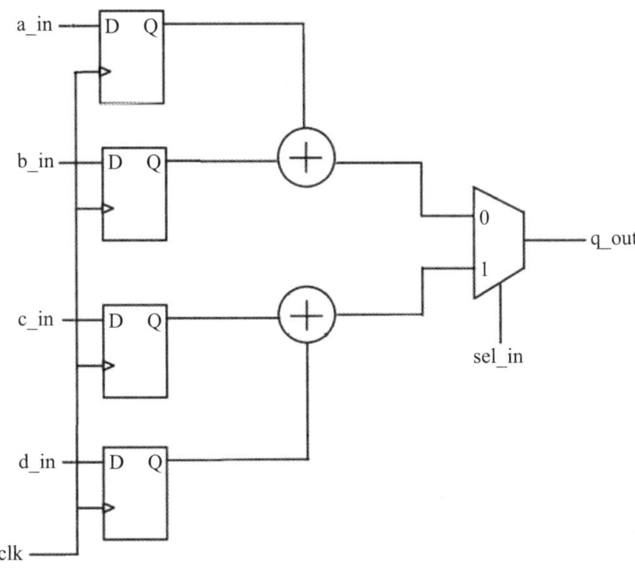

图 12.6

由图 12.6 可知，当 sel_in = 1 时，q_out = c_in+d_in；当 sel_in = 0 时，q_out = a_in+b_in。在此，逻辑电路包含两个加法器和一个多路选择器。缺点是两个加法器同时执行加法运算，q_out 取决于 2 : 1 MUX 中 sel_in 输入的状态，这会增加不必要的面积，而且这并不是真正的需求。此外，这种模块的输出没有被寄存器输出，因此如果将 q_out 用作其他模块的输入，可能会增加不必要的输入延迟。

12.4.2 使用资源共享的设计

为了提高设计性能，我们可以一次只执行一个操作，使用更多的多路复用器和更少的加法器，这种技术称为资源共享，是提高面积性能的有效方法。

如图 12.7 所示，加法器被用作公共资源，多路复用器用于将输入传递给加法器。当选择输入 sel_in = 1 时，输出为 c_in+d_in，因为两个多路复用器的第一条输入线被选中。当 sel_in = 0 时，多路复用器的第二输入被选中，a_in 和 b_in 被分别传递到 q1_out 和 q2_out，输出 q_out = a_in+b_in。由于使用了更多的多路复用器和更少的加法器，设计性能得到了提升。如果我们将输入宽度设为 32 位，那么该技术可以节省大量面积。

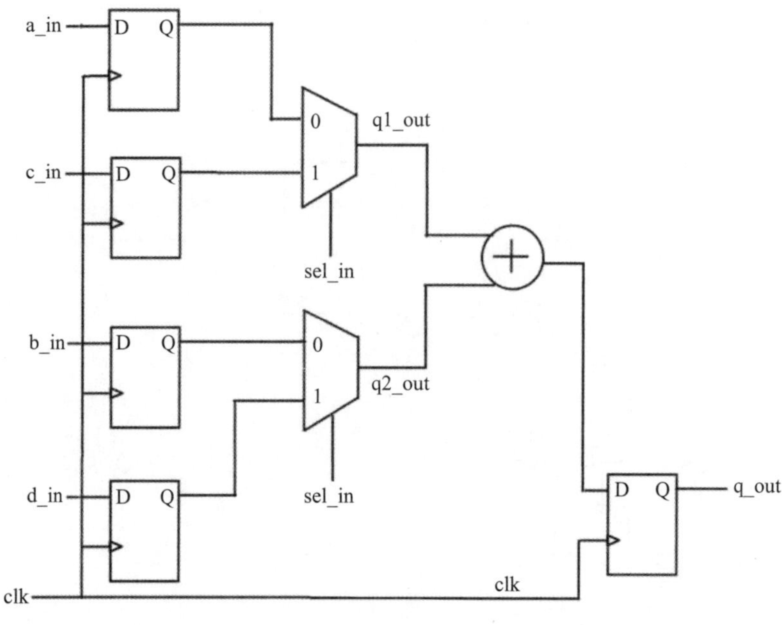

图 12.7

12.4.3 使用LUT实现组合逻辑

实际场景：设计中的纯组合逻辑路径。

FPGA 综合：FPGA 由多个 CLB 组成，CLB 的架构由供应商决定。每个 CLB 包含几个 LUT 和几个寄存器。考虑为 q_out = (d_in [0]&d_in[1]&d_in[2]&d_in[3]) I (d_in[4]&d_in[5]&d_in[6]&d_in[7]) 逻辑所做的推导，该逻辑使用了两个四输入 LUT 和一个二输入 LUT。

如图 12.8 所示，该设计包含组合逻辑路径（d_in[7:0] 到 q_out）。

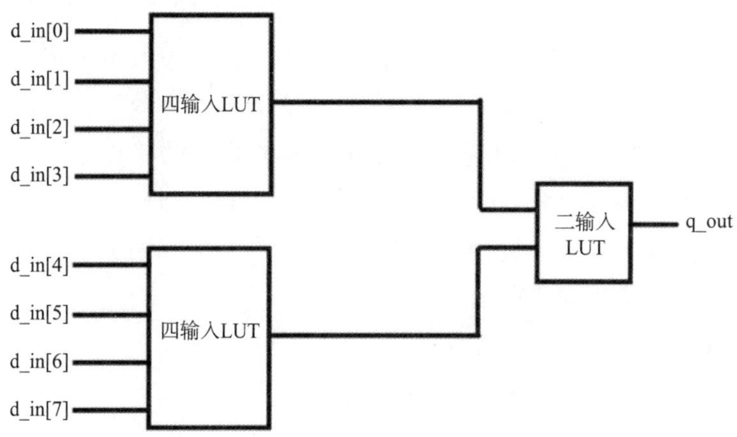

图 12.8

12.4.4 FPGA设计中多LUT的使用

实际场景：仅由查找表（LUT）实现的纯组合逻辑路径设计。

FPGA 综合：FPGA 由多个 CLB（复杂逻辑单元）组成，CLB 的架构由供应商决定。每个 CLB 包含几个 LUT 和几个寄存器。考虑如下仅由 LUT 实现的纯组合路径设计：

```
assign comb_out_1 = d_in[0] & d_in[1] & d_in[2] & d_in[3];
assign comb_out_2 = d_in[4]|d_in[5]|d_in[6]|d_in[7];
assign comb_out_3 = d_in[8]^d_in[9]^d_in[10]^d_in[11];
assign comb_out_4 = !(d_in[12]^d_in[13]^d_in[14]^d_in[15]);
```

如图 12.9 所示，该设计包含以下两个路径：

（1）d_in{7:0} 到 q_out 的路径。

（2）d_in {15:0} 到相应的 comb_out 的路径。

综合工具推断出 4 个 LUT，每个 LUT 有 4 个输入。CLB 架构是特定于供应商的。假设每个 CLB 有 4 个输入和 1 个输出，那么综合工具会使用 2 个 CLB 和 4 个 LUT。

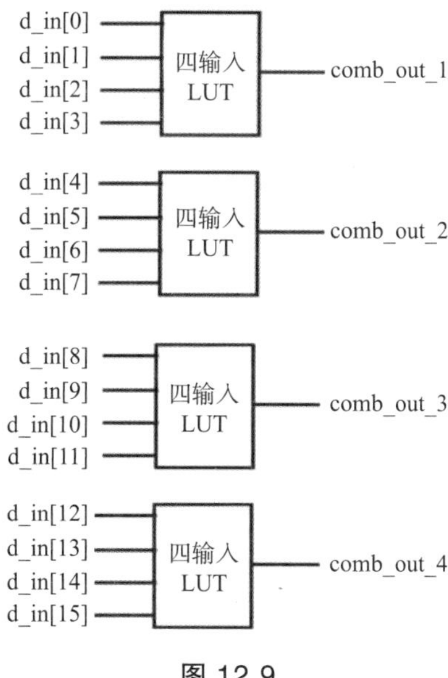

图 12.9

12.5 多FPGA设计的SoC原型设计指南

如果设计包含数百万个门电路，显然单个 FPGA 无法容纳整个设计。在这种情况下，我们需要有多 FPGA 设计。前面已经说过，多 FPGA 设计的原型性能取决于设计如何分区。更好的分区设计可以带来更好的设计性能。以下是一些对多 FPGA 设计有用的建议：

（1）将设计分为模拟模块和数字模块。

（2）使用子卡与 FPGA 进行模拟接口，也就是说，使用独立的 ADC 和 DAC 电路板。

（3）使用分区工具对设计进行分区，并估算设计所需的资源。

（4）选择目标 FPGA 器件，仅使用其 60% ~ 70% 的资源。

（5）考虑高速 IO、LVDS、架构边界和接口等需求，对设计进行分区。

（6）使用多个 FPGA 的结构，并通过使用 TDM 来减少引脚数量。

（7）使用 IO 块中提供的寄存器来实现寄存器输出和寄存器输入。如图 12.10 所示，FPGA 1 的寄存器输出驱动 FPGA 2 的寄存器输入。两个 FPGA 都由 clk1 驱动。在这种情况下，设计可以完全同步，从而获得更好的性能。

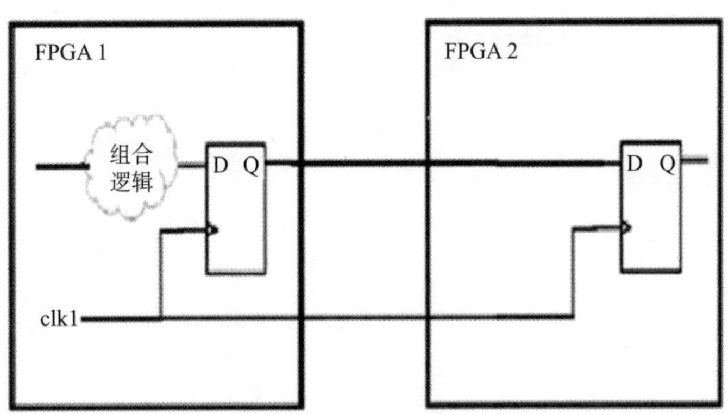

图 12.10 多 FPGA 同步设计

（8）不建议在 FPGA 边界处进行组合式分区，因为这会增加关键路径的延迟并降低设计性能。如图 12.11 所示，使用 FPGA 的设计没有正确分区，因为它具有组合逻辑边界。因此，两个时序单元之间的延迟是组合式延迟的总和，从而导致最长的关键路径。在设计分区时应避免此类情况。

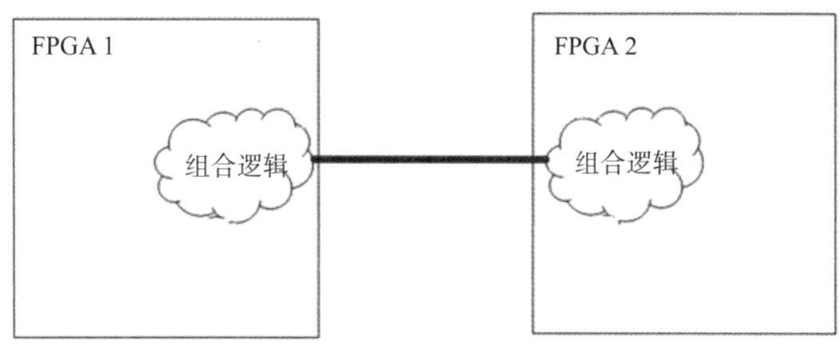

图 12.11 FPGA 中的组合逻辑边界

12.5.1 接口与连接性

多个FPGA之间的接口和连接是限制FPGA性能的一个因素。原因在于板级延迟。如果能够最小化板级延迟，那么原型的性能就可以得到改善。如图 12.12 所示，FPGA1 将数据传输到 FPGA2。在这种设计中，我们需要考虑两个 FPGA 之间连接的板级延迟。因此，原型的整体速度取决于芯片延迟（FPGA 逻辑延迟）和板级延迟。

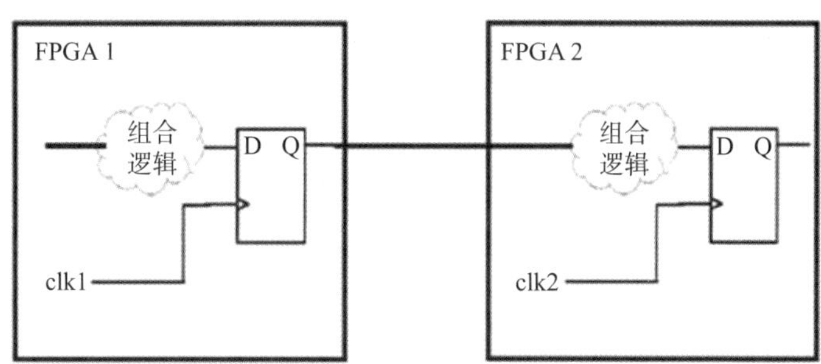

图 12.12 直连模式接口

如果我们使用直接连接，那么延迟就会最大化；如果我们使用连接器，那么延迟就会适中；如果我们使用开关阵列建立连接，那么延迟就可以最小化。

12.5.2 设计时钟与速度

不可能让 FPGA 的时钟频率与 SoC 相同，因为 SoC 比 FPGA 运行速度更快，因此，建议使用较慢的时钟频率进行 FPGA 原型设计。如果是 Virtex-7，则可以在 150 MHz 的时钟速度下实现更好的 FPGA 原型设计。主要目标是测试功能并通过测试来验证 FPGA 原型是否适用于 SoC 设计。

12.5.3 时钟生成与分配

为了保持时钟偏差的一致性，时钟分配逻辑的延迟应具有一致性。可以使用PLL生成时钟，并且板上的时钟网络应具有对称的布线，以便使线延迟和偏差均匀。

如图12.13所示，clk1到clk4由PLL生成。它可以是板级PLL，这些FPGA的时钟通过分布式网络进行分配。板级设计师应确保时钟的对称分布，以实现均匀的时钟延迟。更好的时钟分布可以为同步设计带来更好的性能。

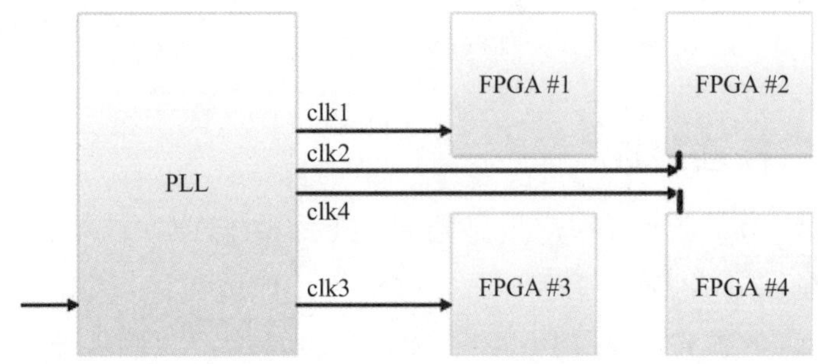

图12.13 多FPGA时钟生成逻辑

为了使设计具有单一时钟的时钟分布，可以创建图12.14所示的时钟树。

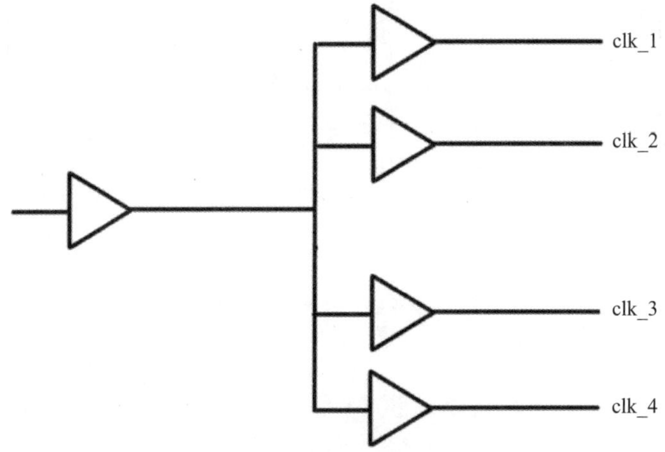

图12.14 用于实现均匀时钟延迟的时钟树

12.6 原型设计阶段IP使用指南

供应商提供的IP模型可以用于仿真，但不可以用于原型设计实现。因此，建议在附加板上实现IP的等效逻辑。将附加板与SoC原型平台连接，然后进行测试。

IP以以下格式提供，原型团队在设计周期的不同阶段需要使用这些IP。

（1）RTL IP 源代码：这种类型的 IP 开源代码或 IP 源代码的许可版本可供使用，可使用 VHDL 或 Verilog 编写的源代码。

（2）软 IP：这种类型的 IP 核有时是加密版本，在设计和重用时需要进行一些处理。

（3）网表形式的 IP：它们以 SoC 组件的预综合网表或 Synopsys GTECH 的形式存在。

（4）物理 IP：它们也被称为硬 IP，是由晶圆厂预先完成布局布线的。

（5）加密源代码：RTL 使用加密密钥进行保护，必须解密才能获得 RTL 源代码。

如果我们考虑 Virtex-7 器件，那么可以使用 AES 加密密钥来进行保护。该加密密钥为 256 位密钥，可用于保护设计。

12.7 引脚复用设计指南

SoC 具有更多的引脚数，而 FPGA 的引脚数可能不足。为了减少引脚数，通常采用引脚复用技术。如果使用单独的地址和数据总线，则总体引脚数较多。为了减少引脚数，请使用地址和数据总线的复用技术。图 12.15 显示了使用复用总线与 IO 和存储接口的 8 位处理器。在设计解码和选择逻辑时，原型团队应谨慎地将地址和数据总线复用。

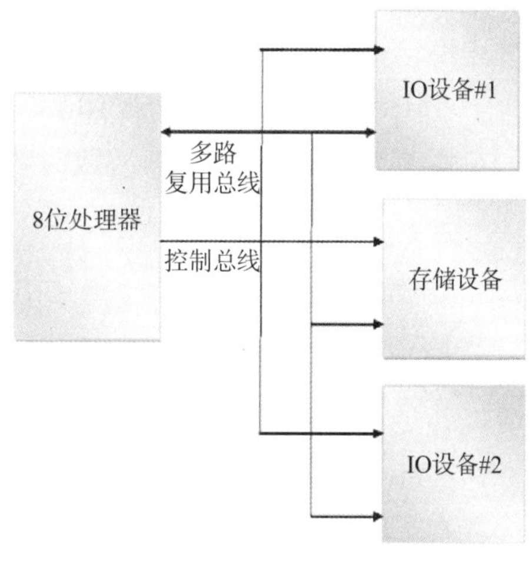

图 12.15 地址和数据总线的复用

12.8 IO多路复用及在原型设计中的应用

IO 可以通过异步复用或同步复用技术进行多路复用：

（1）异步复用：数据传输时钟与设计 / 系统时钟不处于同一相位。

（2）同步复用：数据传输时钟与设计 / 系统时钟同步。

如前所述，SoC 原型具有良好的分区结构，并包含多个 FPGA 设计。然而，可用的 FPGA 引脚数量仍然是限制因素。可以使用多路复用技术来减少引脚数量。其基本原理是将相同的 IO 信号分组，以便在 FPGA 之间以串行方式传输数据。它使用 MUX、DEMUX 和传输时钟。发送数据的 FPGA 可以使用传输时钟来传输串行数据，而捕获 FPGA 则在 DEMUX 的输入端接收串行信号。

我们需要解决的一个重要问题是如何实现多路复用。我们可以在 FPGA 的配置阶段使用 n∶1 MUX 逻辑将 n 个 IO 信号复用。发送数据的 FPGA 应该使用传输时钟将 IO 信号信息以串行方式传输。捕获 FPGA 应该具有 1∶n DEMUX，并以传输时钟速率接收串行 IO 信号。

传输时钟与设计时钟之间的关系如下：

$$传输时钟 = n \times 设计时钟$$

这应该是从发送数据的 FPGA 输出 IO 信号的最小时钟值。

例如，如果我们的设计以 25MHz 的时钟频率运行，那么传输数据的最小时钟频率应该是 $n \times$ 25MHz。如果 n 等于 4 个 IO 信号，那么传输时钟频率至少应为 100MHz，或者可能高于 100MHz。使用更快的时钟串行传输数据的原因是为了在捕获 FPGA 的下一个活跃时钟边沿时使数据可用。

图中 12.16 显示了使用 MUX 和 DEMUX 对 n 个 IO 进行 IO 复用的情况。在这种设计中，真正的问题是由于 IO 延迟和板级延迟导致的数据传输速度问题。

实际上，我们可以使用 RTL 调整技术在 FPGA 边界处添加这些设计元素，或者在设计分区之后实现引脚复用。EDA 工具 Certify 可以用于分区设计和 IO 复用。Certify 工具可以添加 CPM 和 HSTDM 来实现 IO 的复用。其中 CPM 是 Certify 引脚复用器，而 HSTDM 是高速时分多路复用器。

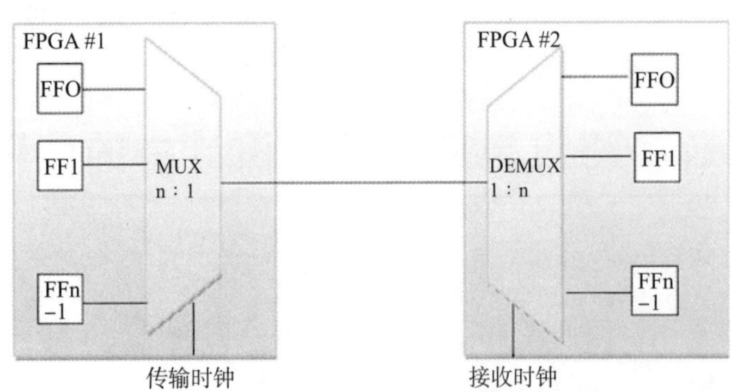

图 12.16 IO 复用

12.9 使用LVDS进行高速串行数据传输

更好的多路复用引脚的方法是使用低压差分信号（LVDS）。在这种策略中，IO-SERDES 可以用来在引脚上传输数据。主要优点是它可以用于在串行线上传输高速数据，如图 12.17 所示。

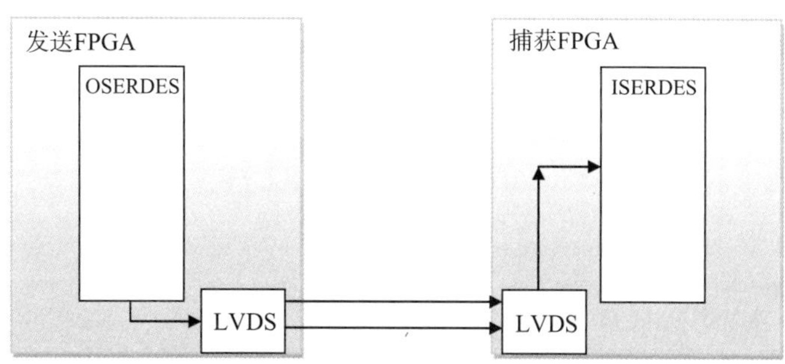

图 12.17 LVDS 和 IO SERDES 用于串行传输

12.10 使用LVDS在并行线上发送时钟信号

LVDS 可以用来通过并行线发送时钟信号。图 12.18 显示了其中一种机制，即在捕获 FPGA 中接收时钟信号而不是在捕获 FPGA 中生成时钟信号。

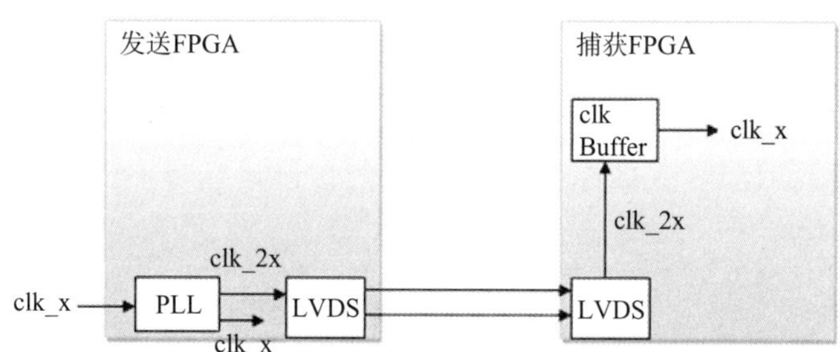

图 12.18 使用 LVDS 进行时钟传输

12.11 使用增量编译流程

使用 SoC 原型设计中的增量综合和布局布线（P&R）流程，以实现快速的设计迭代。通过在前端和后端设计中启用增量编译流程，可以节省数周或数天的时间和精力。

12.12 总 结

本章主要讨论SoC原型的设计，可以使用单个或多个FPGA，以下是对本章要点的总结：

（1）设计应在FPGA边界上进行良好的分区。

（2）在寄存器边界对设计进行分区，即在RTL代码中，采用寄存器输入和寄存器输出的方式。

（3）在进行时序分析时，请使用设计和IO约束。

（4）如果有多个FPGA设计，则应尽量减少板级延迟，以获得更好的性能。

（5）在FPGA设计中使用门控时钟转换。

（6）在多时钟域设计中，需要使用数据同步器。

（7）使用时钟网络，使整个板卡上的时钟延迟偏差最小。

（8）使用与模拟模块或FPGA的IP通信兼容的子卡。

（9）避免在设计中使用组合逻辑环路，它会导致振荡行为。

（10）使用FPGA资源的60% ~ 70%，然后尝试找到所需的FPGA数量来实现SoC。

下一章将重点介绍设计分区和SoC综合，以实现更好的原型设计，该章对原型和测试工程师来说非常有用，可以帮助其了解如何在多个FPGA之间进行设计分区，以及如何为SoC原型实现更好的性能。

第 13 章　设计集成与SoC综合

对于采用多个FPGA的原型设计，使用初始门估计值和FPGA架构来确定所需的FPGA数量。

在前面章节已经讨论过，21 世纪的 SoC 设计更加复杂，需要数百万个逻辑单元来验证设计。在这种情况下，仅使用单个 FPGA 无法实现 SoC 的原型设计。如果在原型中使用多个 FPGA，则需要设计团队共同努力，以实现 SoC 设计的最佳性能。本章主要讨论 SoC 架构、设计分区、设计分区的挑战、综合，以及如何克服这些挑战！

13.1 SoC架构

用于多媒体的 SoC 设计一般包含多个处理器，这些处理器用于执行数据传输操作和执行其他算法。音频处理器负责生成高质量的音频输出，视频处理器用于获取高分辨率的视频。

除了多个处理器外，SoC 还包含存储控制器，用于从外部存储器传输数据，以及总线接口逻辑。还包括网络接口和通用接口，用于将外部设备与 SoC 连接，如图 13.1 所示。

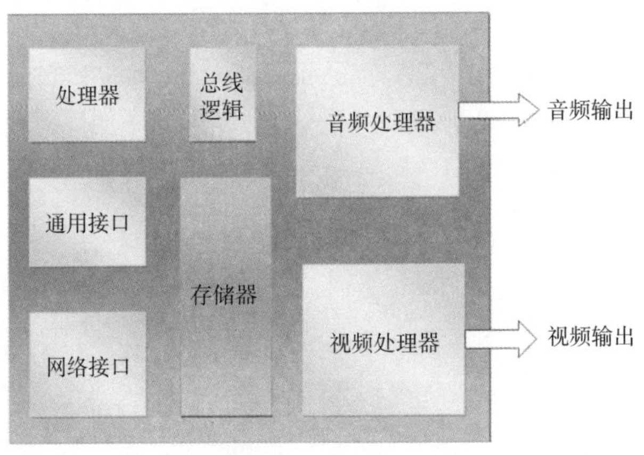

图 13.1 SoC 结构框图

13.2 设计分区

对于较大的 SoC，设计需要被分割为多个模块。这可以在架构层面、综合或网表层面实现。我们需要考虑的是以下几点：

（1）尽量了解架构和微架构，并采用迭代的方式将设计分割开来，以实现更好的性能。

（2）通过规划硬件和软件的边界来划分设计。例如，初始设置和配置可以由软件控制；大容量数据存储可以使用软件实现；DSP、音频、视频和处理块可以使用硬件实现。

（3）尽量使用业界成熟的自动分区工具。

（4）在综合或网表级别对设计进行分区，以获得更好的性能。

（5）在划分设计时，尽量了解目标 FPGA 的资源，以获得更好的性能。

（6）对每个功能模块的 FPGA 资源使用情况进行粗略的门数估算。

（7）确定外部连接和数据传输速度。

（8）在单独的模块中使用密度较大的块，并尝试对其进行分区以获得更好的映射效果。

（9）考虑根据多时钟域和电源域进行设计分区。

（10）将时钟和复位网络进行分区，并使时钟和复位网络在 FPGA 布线层中的时钟偏差和复位偏差最小且均匀。

（11）尝试使用高速 IO 接口来用作 FPGA 的外部连接。

13.3 设计分区中的挑战

设计分区和高效编码在 SoC 设计中扮演着重要的角色。大多数情况下，工程师会根据功能来对设计进行分区，但这种不考虑资源的分区方式可能会导致综合效率低下。

适当的设计分区可以改善不同功能块之间的边界，并提高综合结果。适当的分区甚至可以提高编译时间、综合优化和约束的开销。

如果逻辑分区正确，那么它不仅有助于 RTL 设计师编写高效的 RTL 代码，还可以帮助改善设计中的面积和顶层时序。

我们如何对设计进行分区以方便进行综合？

大型或复杂的设计可以被分割成不同的模块，这样可以在 RTL 设计和验证阶段提高团队效率。

在设计中保留相同的功能来进行逻辑分区，可以在设计周期中促进设计复用。对于复杂的设计，团队成员可以管理块级 RTL 设计和综合，方便设计以更好的方式进行分区。

在设计周期的后期，这将有助于满足设计中的时序要求。

以下是对设计进行分区以实现更好性能的一些技术：

（1）将设计进行分区，在 HDL 综合过程中促进设计复用。

（2）始终将所需的组合逻辑放在同一个块中。不要在组合逻辑边界处对设计进行分区。

（3）将顶层设计分为独立的 IO 引脚、核心逻辑和边界扫描部分。

（4）始终将状态机和状态机控制器与其他逻辑隔离开来。

（5）不要在顶层添加粘合逻辑。

（6）将用于时钟域交叉的同步器始终隔离开来。

（7）在进行设计分区之前，请考虑芯片布局。

为了获得高效的综合，设计师可以遵循以下指导原则：

1. 设计应当与工艺无关

设计师应该记住，HDL 应该以一种与工艺无关的方式编写。只有当库中的硬核实例化达到最小时，才有可能实现工艺无关的设计。尝试理解实例化和推断之间的区别！在 HDL 设计中，应优先考虑推断而不是实例化。

逻辑推断的主要优点是设计可以为任何 ASIC 库和新工艺通过重新综合来实现。如果设计中使用了可综合的 IP 核，那么与工艺无关的 HDL 可以改善综合结果。将使用库的实例化逻辑管理为单独的模块，以便在迁移到其他技术库时节省时间。

2. 如何在设计中分割与时钟相关的逻辑?

使用单独的模块来实现门控时钟逻辑和复位逻辑，并设置为 don't touch，这将有助于清理与时钟模块相关的时序。

在单个模块中避免使用多个时钟，这将在编写与时钟相关的模块级约束时非常有帮助。

在具有多个时钟域的设计中，将多个时钟逻辑放在不同模块中是不可行的。

在这种情况下，单独进行同步器的综合，并使用“don't touch”属性来实例化同步器。

在层次化设计中，请在整个层次结构中使用相同的时钟名称，这将在脚本编写和综合时有所帮助。

3. 单个和多 FPGA 设计中的分区挑战是什么?

无论是单个 FPGA 设计还是多个 FPGA 设计，设计分区都面临许多挑战，比如：

（1）设计同步。

（2）识别大密度模块。

（3）识别高度相互依存的功能模块。

（4）将相互依存的块进行分组。

（5）识别硬件和软件功能块及其同步机制。

（6）多个 FPGA 之间的互连。

（7）以最小化互连问题为目标对设计进行分区。

（8）多个 FPGA 的信号完整性问题。

（9）IO 电压域和连接性。

（10）FPGA 的可用资源和引脚数量限制。

（11）时钟网络延时和时钟的均匀分布。

4. 我们通过更好的分区究竟想要实现什么目标?

（1）在多个 FPGA 上进行更佳的逻辑设计映射。

（2）在 FPGA 级和板级上都有更好的 IO 约束。布局和布线工具可以直接使用这些约束。

（3）逻辑复用用于多个 FPGA 设计，并高效利用 IO 多路复用。

（4）更好地利用综合、分区、布局和布线工具的组合，以获得所需的性能。

（5）有助于确定多个 FPGA 应如何连接的正确拓扑结构。

13.4 如何克服分区难题？

在架构级和网表级可以使用不同的技术来对设计进行分区，以实现更好的原型设计。使用分区工具可以实现更好的分区，本节将讨论几种分区技术。

13.4.1 架构级别

应该对 SoC 的功能规格及其关键资源有更深入的了解。更细致地研究 SoC 的架构和微架构可以帮助我们更全面地理解硬件和软件层面的设计分区。

例如，如果我们正在设计一个包含通用处理器和 DSP 处理器以及音频、视频和其他相关逻辑的 SoC，那么我会这样思考：

（1）处理器有哪些特点？所需资源的大致估计是多少？

（2）音频和视频解码器的 DSP 处理器的功能规格是什么，以及其资源需求是什么？

（3）其他相关的逻辑，如存储控制器、串行 / 并行总线逻辑，以及内部存储器的容量和规格。

因此，在设计分区时，一组可以是处理器、存储器控制器、总线和内部存储，另一组可以是 DSP 处理器、音频和视频解码器。在使用多个 FPGA 进行 SoC 原型设计时，这是一种更好的方法。其次，组 I 和组 II 的功能需要被分割成更小的块，以实现模块化设计。

如果我们试图在 SoC RTL 原型设计中讨论这个问题，那么可以通过识别以下内容来划分设计：

（1）设计验证块，这些验证块需要使用 FPGA（针对 FPGA 验证）进行验证。

（2）设计与 FPGA（FPGA 外部）接口的逻辑块。

图 13.2 展示了将 FPGA RTL 设计进行分区的方法。

可以使用自顶向下的方法将 FPGA 兼容的 RTL 进行分区，以获得适用于多个 FPGA 的 RTL，如图 13.3 所示。

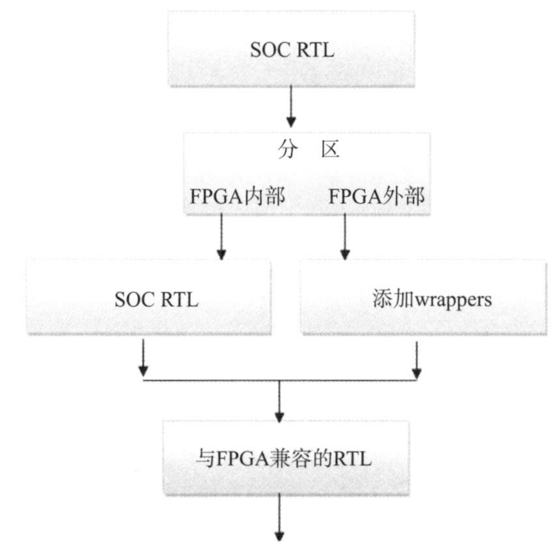

图 13.2 进行设计分区以获得与 FPGA 兼容的 RTL

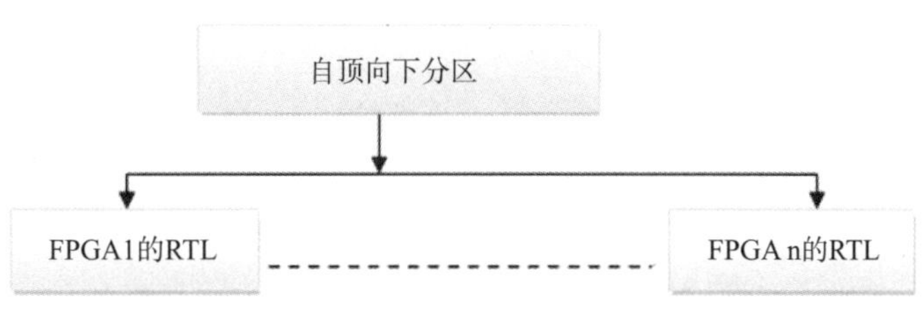

图 13.3 多 FPGA 的自顶向下分区

13.4.2 综合或网表级

如果在架构层面没有对设计进行分区，那么可以在综合层面进行分区。但这对于复杂的设计来说并不是一个好的方法。

对于中等门数的设计，在完成综合之后可能就能达到上述效果。

在初始综合阶段，我们可以了解实现设计所需的面积和资源。为了进行更好的原型设计，使用最小的面积或更少的 FPGA 资源是一项重要的挑战。在这种情况下，可以通过查看面积报告、块功能依赖性、不同块之间的连接性和时钟，以及电压域分析来对设计进行分区。

这种方法的更好做法是使用综合过程中生成的面积报告，并使用分区工具生成块级报告。分区工具需要完成的主要重要任务是为每个块确定 IO 及其与其他块的连接性。

Synopsys Certify 等工具可以提供关于资源和 IO 统计的信息。该工具对资源需求进行了过高估计，但给出了正确的IO数。大多数情况下，对资源需求的过高估计是更好的选择，因为在后期至少可以确保设计能够实现，如图13.4所示。

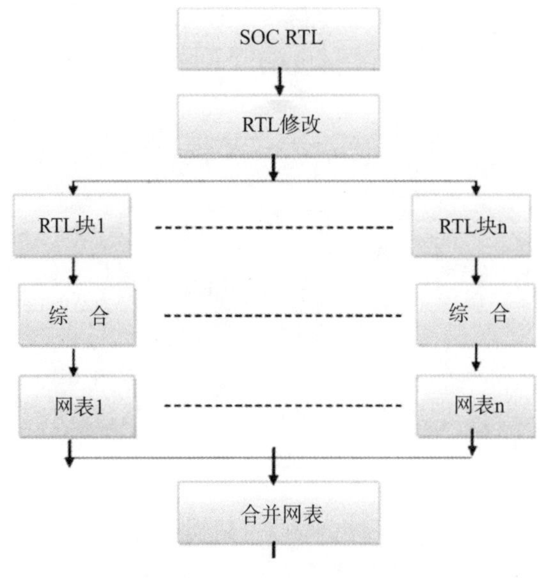

图13.4 网表级别的分区

13.5 设计分区对EDA工具的需求

正如前面所讨论的，SoC的设计复杂度非常高，为了获得高成本效益的原型，可以使用带有FPGA的插拔式接口板。如果接口层的时序匹配，则可以提供快速高效的原型解决方案。但如果设计无法在单个FPGA中实现，则可能会出现严重的问题。在这种情况下，将设计分割为多个FPGA是至关重要的。

严重的分区问题可能与逻辑密度、速度、设计中的多个时钟及时序/同步问题有关。可以在架构级别或网表级别，将设计分割为多个FPGA。如果设计在网表级别进行分区，那么我们可以更直观地获得相关的信息，因为我们可以从面积报告中获得设计面积估算信息。

在当前的环境下，如果我们考虑拥有数百万门级的SoC，那么其中一半或三分之一的设计可以被移植到更大的FPGA上。在设计原型平台时，主要考虑的是逻辑的FPGA等效性。FPGA可能没有足够的BRAM和DSP块来容纳逻辑。在这种情况下，找到所需的FPGA数量以进行原型设计至关重要。ASIC的引脚数通常比FPGA多，因此最大的瓶颈是引脚可用性和时序。另一个需要考虑的重要点是将 ASIC RTL 转换为 FPGA 等效电路的微调。例如，需要对门控时钟、时钟使能和 ASIC 存储器进行修改。

分区可以是手动的也可以是自动的，以下是一些要点和考虑因素。

13.5.1　手动分区

大多数时候，我们都是手动对设计进行分区。考虑旧的设计及其环境，并允许较少的更改来升级设计。在这种情况下，旧的设计已被证明，因此手动分区具有成本效益。由于没有额外投资于分区工具，与自动分区相比，该平台的整体时间和预算较少。

在手动分区设计时需要考虑以下几点：

（1）了解设计架构和微架构，将关键时序设计放置在相邻位置。

（2）了解设计中的数据流、控制路径和其他接口边界。

（3）详细了解 FPGA 资源，然后将设计划分为多个 FPGA。如果 FPGA 资源有限且设计被划分为多个 FPGA，原型将无法产生预期的性能。

（4）如果没有足够的输入输出接口，可以使用多路复用技术，但要注意不要将额外的逻辑放在多路复用器的输出端。

（5）使用 IO 块中的可用寄存器来实现时序边界。

（6）在 RTL 级别使用门控时钟转换和 ASIC 存储器转换。

手动分区方法适用于至多 100 000 门逻辑的设计。但是，如果设计包含数百万门电路和多个时钟 / 电源域，那么手动分区永远不是经济高效的解决方案。手动为数百万门的设计进行布局规划也不是好的解决方案，因为这总是容易出错。无法为手动分区保存 RTL 微调和转换的记录，如图 13.5 所示。

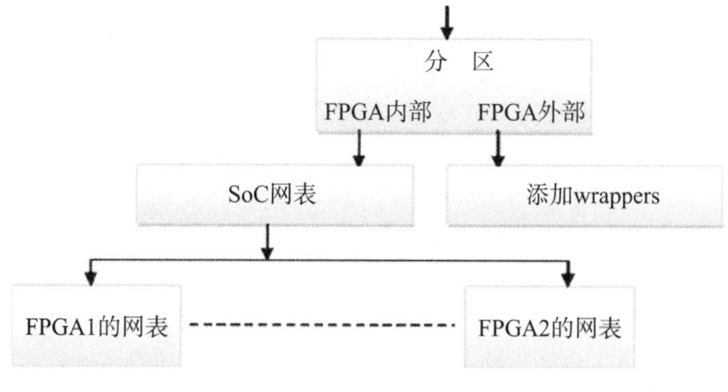

图 13.5　设计分区

13.5.2 自动分区

大多数EDA工具供应商，如Synopsys，都提供了自动分区工具。以下是用于自动分区设计的一些功能：

（1）它支持TCL命令。如果它还支持Synopsys(SDC)命令，那么就可以使用ASIC脚本/约束。

（2）它能够定义设计验证所需的探针点。它能够与Xilinx ChipScopePro、Intel-FPGA signal Tap和Synopsys Identify等调试工具集成！

（3）它支持FPGA原型板及其环境。

（4）它具备优化面积的能力。

（5）它能够理解引脚需求并优化引脚数量。

（6）它能够快速适应网表级别的小设计变更。

（7）它能够适应RTL级别的大设计变更。

（8）它能够快速为目标FPGA进行资源估算，以确保设计能够在FPGA上实现。

（9）它能够识别高速IO和时钟，并利用它们来改善时序。

（10）允许将逻辑分配给每个FPGA。为了进行更好的原型设计，分配给FPGA的逻辑资源的最大限度可以是可用资源的60% ~ 70%。

（11）它能够生成分配报告，以便对原型制作进行详细分析和追踪。

然而，仍然存在一些限制，无法准确识别黑盒IP、BRAM和DSP的资源使用情况。因此，大多数情况下我们倾向于手动和自动分区组合使用。

13.6 更好的原型设计综合效果

因为SoC设计比FPGA更快，且逻辑密度也更大，因此对于百万门级SoC设计，设计分区是最重要的任务。设计可以在综合之前或之后进行分区，原型设计团队需要选择正确的分区方法。

事实是，设计可能无法在SoC速度下运行，因此有必要将SoC设计转换为FPGA等效资源。因此，在综合过程中，清楚了解架构或初始布局、约束和

FPGA 资源至关重要。原型设计流程应在性能上优于 SoC 仿真，而实现这一目标的关键步骤是综合。有多种方法可以实现更好的综合结果，以下是综合过程中使用的一些方法。

13.6.1 针对资源初步估算的快速综合

快速综合有助于了解初始器件利用率和初期性能。在这种类型的综合中，综合工具会完全忽略优化，运行时间几乎缩短二分之一到三分之二，有助于为复杂设计和初始设计分区节省数周 / 数天的时间。

13.6.2 增量综合

增量综合是处理复杂 SoC 设计的更好方法。布局和布线工具的增量式优化可以在综合更大密度的设计时得到有效利用。可以根据版本变化分别综合 SoC 设计子块或树。

例如，一个拥有 100 个子块的 SoC 设计，RTL 更改仅在 10 个子块中进行。那么在增量综合过程中，工具可以仅对这 10 个子块进行 RTL 综合，从而减少综合阶段的总体工作量和时间。

如果子块或树形结构没有改变，则综合工具会忽略这些更改，并保留之前的版本，这可以缩短复杂 SoC 的综合时间（从几周到几天不等）。

Synopsys Certify 或 Xilinx EDA 工具的优点在于，如果 RTL 未被修改，它们可以在重新综合过程中保留层次结构、先前版本、布局、约束和映射的原始状态，这可以缩短设计迭代时间。

如果设计中的一小部分被修改，那么采用增量综合，整体的设计运行时间将会缩短。

原型团队应该灵活使用综合和布局布线工具的功能，这些功能的结合可以大大减少原型设计的时间。最重要的是，对于复杂的设计，布局布线运行时间通常大于综合运行时间。因此，应该在综合和布局布线工具中使用增量流程，如图 13.6 所示。

Xilinx EDA 工具后端流程如图 13.7 所示。

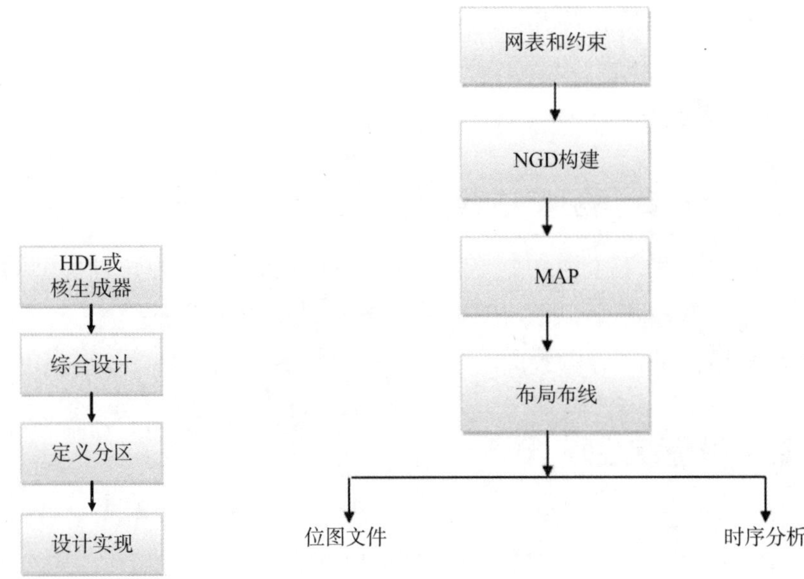

图13.6　综合与设计实现　　　　图13.7　Xilinx后端流程

13.7　FPGA设计中的约束与综合

本节主要讨论使用Synopsys DC工具进行FPGA综合的问题。

FPGA综合命令如表13.1所示。

表13.1　FPGA综合命令

命　令	描　述
set_port_is_pad <port_list> <design_list>	该命令可用于为命令中指定的端口列表添加属性。属性允许DC将IO引脚映射到端口上
set_pad_type <type of pad> <port_list>	该命令用于选择要将设计映射到的焊盘类型
insert_pad	该命令用于插入PADS
replace_fpga	该命令用于将可综合FPGA数据库转换为原理图。是以逻辑门的形式来表示，而不是以带有CLB和IOB的原理图的形式

使用Synopsys DC进行FPGA综合的步骤如下：

（1）读取Verilog/VHDL设计文件。

（2）设置约束条件。

（3）插入PADS。

（4）执行综合。

（5）执行 replace_fpga 命令。

（6）写出数据。

下面是顶层处理器核的 FPGA 综合示例脚本：

```
dc_shell> read -format verilog top_processor_core.v
dc_shell> create_clock clock -name clk -period 10
dc_shell> set_input_delay 2 -max - < list all the input ports
  using the same command and required delay attribute>
dc_shell> set_port_is_pad
dc_shell> insert_pad
dc_shell> compile -map_effort high
dc_shell> report_timing
dc_shell> report_area
dc_shell> report_cell
```

时序报告包含了时序路径信息、AT 和 RT、设计余量信息。

面积报告给出了以下内容：

```
Number of ports
Number of cells
Number of nets
Number of references
Combinational area
Non-combinational area
Net Interconnect area
Total cell area
Total area
```

要获取 FPGA 资源的信息，可以使用以下命令：

```
dc_shell> report_fpga -one_level
```

它提供了关于使用 FPGA 资源的以下信息：

```
Function Generators
Number of CLB
Number of ports
Number of clock pads
```

```
Number of IOB
Number of flip flops
Number of tri state buffers
Total number of cells
```

要将网表以数据库格式写入数据库，请使用以下命令：

```
dc_shell> write -format db -hierarchy -output
  top_procesor_core.db
```

可综合数据库（网表）和时序信息可以被放置和布线工具使用。

13.8 总　结

以下是对本章要点的总结：

（1）使用手动或自动分区方法来处理复杂的 SoC 设计。

（2）在综合过程中使用增量流程以实现快速迭代。

（3）使用 EDA 工具对设计进行分区。

（4）使用分区工具可以更好地设计 FPGA 的映射和 IO 时序。

（5）使用 EDA 工具指令可以在综合过程中获得更好的性能。

（6）在综合过程中使用 IO 和时序约束，并将它们传递给后端工具。

下一章将讨论互连线延迟和时序问题。

第 14 章　互连线延迟和时序

可以使用IO多路复用技术减少引脚数。

多个 FPGA 之间的互连决定了原型的整体速度。在板级调试阶段，我们通常会观察到原型性能方面的问题。对于复杂的 SoC 设计来说，多个 FPGA 之间以及与其他接口之间的板载延迟确实会限制整个设计的性能。如果我们考虑复杂的 SoC 架构，那么仅使用单个 FPGA 的原型解决方案并不总是可行的。原型需要使用多个 FPGA，可以使用总线结构进行互连。FPGA 之间的高速互连可以减少板级延迟，从而提高设计性能。本章重点讨论使用多个 FPGA 实现高速 FPGA 原型时涉及的问题、挑战和解决方案，以及 FPGA 的 IO 多路复用、时序预算和互连性，并结合实际考虑和设计场景进行了说明。

14.1 接口与互连

多个模块之间的接口在原型设计中起着重要作用。处理器、IO 和存储器之间的互连延迟需要尽可能减少，因为它们决定了原型的性能。

我们考虑图 14.1 中的情况，FPGA 1 内部的输出缓冲器通过 FPGA 之间的直接互连驱动输入缓冲器。互连具有阻抗，其导线互连模型可以看作 RC 电路。由于互连特性和 RC 效应（其中 R 是导线的电阻，C 是寄生电容），数据传输速度受到限制。

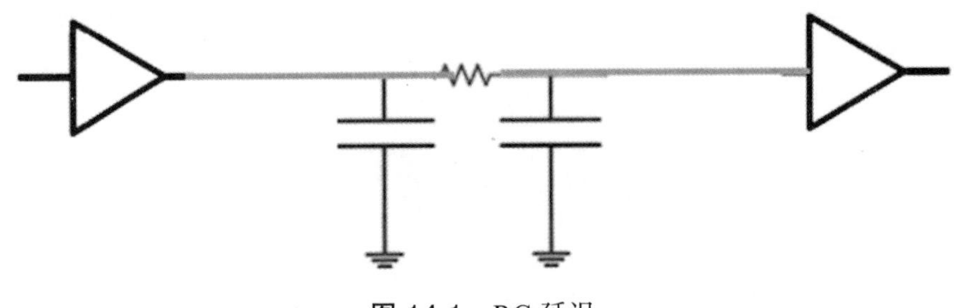

图 14.1 RC 延迟

由于寄生电容的充放电作用，数据传输速度受到限制。在高频下，两个模块或器件之间的互连将作为传输线。每个互连的终端阻抗都扮演着重要的角色，大多数情况下我们需要匹配终端阻抗。诸如串扰、信号完整性等问题会降低整个系统级的设计性能。系统和板级设计师应尽量减少互连延迟。

外部芯片组接口和时序是至关重要的，它是 SoC 设计中的另一个瓶颈。

图 14.2 中将两个相同的处理器和相关逻辑映射到 FPGA 上。由于单个 FPGA 的门数和资源限制，使用了多个 FPGA，并在它们之间建立了连接。IO 端的寄存器用于发送和存储数据。

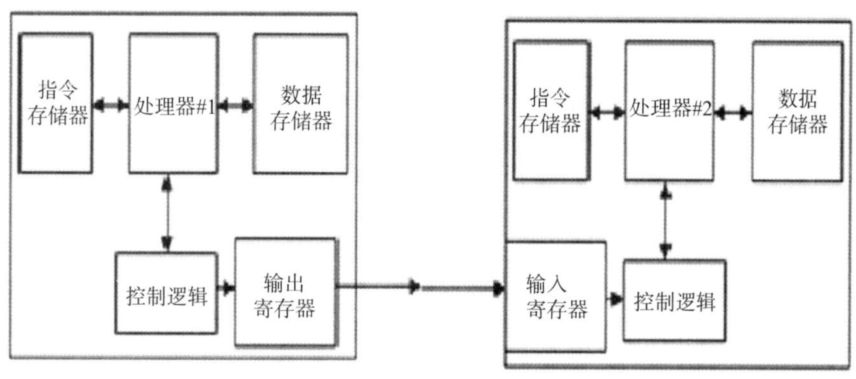

图 14.2 FPGA 模块和连接性

发送 FPGA 将数据存储在输出寄存器中，而捕获 FPGA 则使用输入寄存器来存储数据。

由于 FPGA 的 IO 引脚数量有限以及设计复杂性等因素，直接接口在数据传输方面存在局限性。与 FPGA 的引脚数量相比，SoC 的引脚数量更大，因此需要采用引脚复用技术来最小化引脚数量。

14.2 高速数据传输接口

要在多个 FPGA 之间传输数据，更好的方法是在具有所需深度的缓冲器中排队数据。如图 14.3 所示，使用 FIFO 在两个 FPGA 之间传输数据。发射 FPGA 可以输出数据；当 FIFO 未满时，生成写信号。捕获 FPGA 在 FIFO 未空时生成读请求来读取数据。

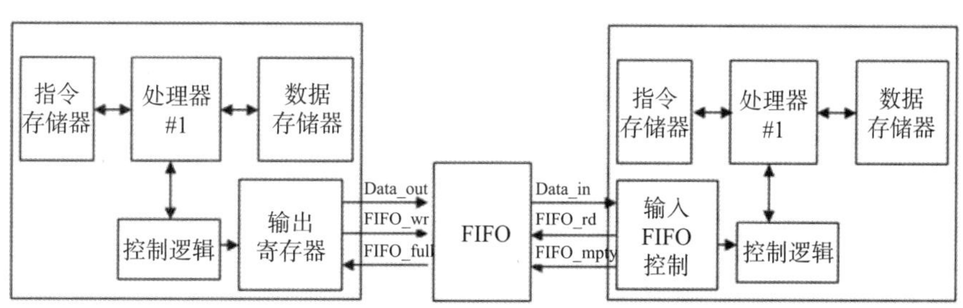

图 14.3 两个处理器之间使用 FIFO 的接口

这种机制由于读写两侧的延迟，会引入相当大的延迟。即使在 FPGA 外部添加 FIFO 或循环缓冲区也不是很好的解决方案，因为它会降低数据传输速度。

为了提高性能，FIFO 逻辑可以被实现在 FPGA 内部，并且通过直接互连，数据可以在两个 FPGA 之间传输。

14.3 多FPGA通信接口

如前所述，21 世纪 SoC 的门数几乎为 2000 万门，单个 FPGA 解决方案并非最佳选择。在这种情况下，原型设计应具有足够的灵活性和足够的 IO 接口。众所周知，单板上放置的组件在测试时面临的挑战较少。在 SoC 架构层面，应根据原型设计需求做出决定。在使用单个或多个 FPGA 设计原型时，最好考虑 IO 速度、IO 电压、带宽、时钟和复位网络、外部接口等因素。

为了更好地进行原型设计，让我们了解一下多个 FPGA 之间的连接性。FPGA 之间的互连性是其中一个重要因素，决定了原型的性能和质量。以 Virtex-7 系列（XC7V2000T）的 FLG1925 为例，该器件的可用 IO 为 1200 个，差分 IO 为 1152 个。在使用多个 FPGA 的原型设计中，FPGA 之间或与其相关外围设备的连接是实现所需性能的关键。图 14.4 显示了板上多个 FPGA 的示例。

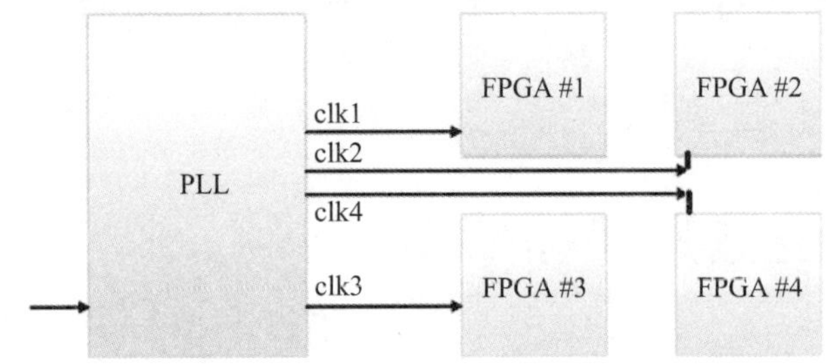

图 14.4 有多个 FPGA 的电路系统

是否要使用环形布局或星形拓扑来建立多个 FPGA 之间的连接是需要解决的重要问题！一些原型工程师可能觉得混合使用环形连接和星形连接是更好的选择。

1. FPGA 之间的环形连接

在这种布局中，多个 FPGA 通过连接形成环形结构。

在这种类型的连接中，会增加整体路径延迟。由于信号要通过 FPGA，等效原型逻辑可能会类似于优先逻辑。与其他类型的板卡相比，这种类型的连接速度较慢。

如果我们试图将环形连接可视化，那么从高层来看，我们可以考虑使用这种 FPGA 之间的互连方式来实现引脚连接。在这种互连方式下，无法限制 IO 的浪费。对于位于下侧的 FPGA，IO 将被浪费，并且将额外的负担转嫁给了板级设计师和布局团队，需要将这些 IO 连接到高阻抗状态。

2. 星形连接

这种 FPGA 之间的互连方式比环形连接方式更快，因为可以直接与其他 FPGA 进行连接。为了获得更好的原型性能，请在 FPGA 之间使用高速互连，并将未使用的引脚配置为高阻抗状态。

3. 混合连接

在电路板设计和布局时，我们可以使用环形连接和星形连接的混合方式。这种连接方式可以提供合适的性能。市场上供应商提供的电路板具有固定的连接方式，可能不适合原型制作，因为它们不符合规格和要求。在这种情况下，根据设计复杂度，最好选择接口连接以提高原型性能。

14.4 延迟互连

在多个 FPGA 平台中使用延迟互连电缆是非常明智的。由于连接不是固定的，这使得原型团队能够使用所需的电缆连接。图 14.5 显示了使用电缆的多个 FPGA 连接性。

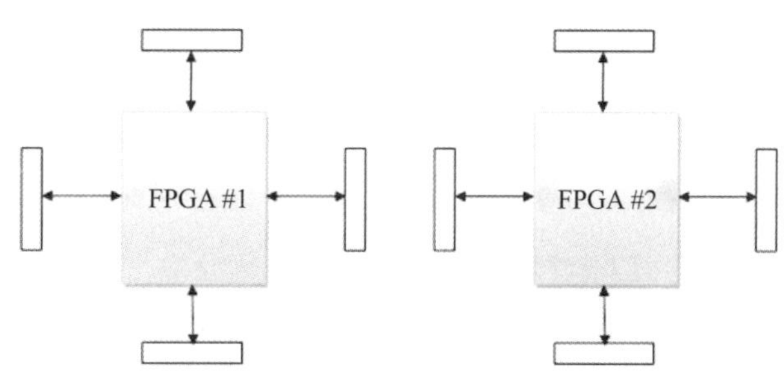

图 14.5 FPGA 之间的延迟连接

由图 14.5 可知，切换互连矩阵用于在不同的 FPGA 板之间建立连接。对于多 FPGA 设计，板级布局和设计工程师需要提供此类连接。对于复杂的 SoC 板，层数可以达到 40 ~ 50 层，由于具有可编程特性，这些连接可以为原型团队提供灵活性。

这种连接方式使用可编程开关和互连矩阵来建立 FPGA 之间的连接，因此，不再需要静态连接，而是可以编程和配置板级连接，这种连接方式可以被视为可重用动态连接。

这种连接方式的一大优点是可以根据需要在现场或不在现场添加调试和测试电路，这是因为其采用了即插即用、可编程的布局。

应该注意固定引脚的位置，并在设计分区时设置开关，为此可以使用分区EDA工具。

对于任何类型的原型来说，速度都是重要的因素。正如前面所讨论的，原型的速度取决于互连阻抗和寄生电容。互连延迟取决于导线长度，并且由于阻抗不同，可能会导致串扰。在进行时序估算时，需要考虑FPGA板级延迟和逻辑延迟（FPGA内部延迟）。用简单的术语来说，我们可以将延迟分为FPGA外部的延迟和FPGA内部的延迟。为了提高原型的性能，建议使用FPGA之间的高速差分信号，如图14.6所示。

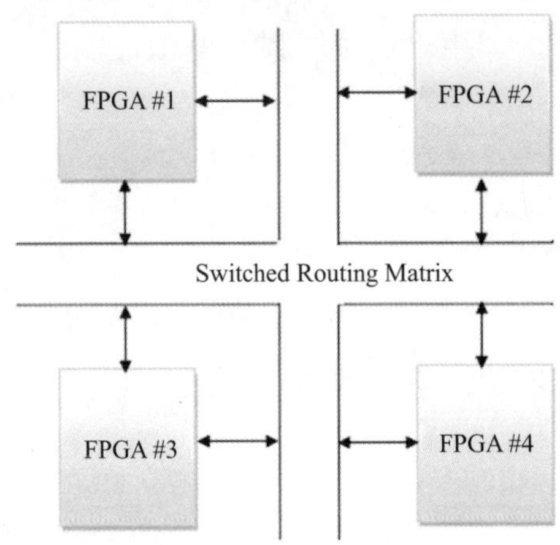

图14.6 使用互连矩阵实现多个FPGA之间的互联

14.5 板级延迟时序

下面来考虑两个FPGA之间的直接互连。我们需要考虑延迟，以找出两个FPGA之间整体的数据传输情况。

如前所述，我们可以让FPGA直接相连，以下几个重要的延迟参数可用于确定设计速度：

（1）T_{pff1}：发送触发器的时钟到q延迟。

（2）T_{outbuf}：发送FPGA引脚的输出缓冲延迟。

（3）T_{inbuf}：捕获FPGA引脚的输入缓冲延迟。

（4）Tsu：触发器的本征延迟。

（5）T_{on_board}：FPGA之间互连的板级延迟。

为了满足设计的性能需求，在捕获时钟的触发沿必须满足对应的建立时间检查。因此，相对 FPGA#2，其最大延迟时间（图 14.7）为

$$t_{max} = T_{pffl} + T_{outbuf} + T_{on\_board} + T_{inbuf}$$

因此，可以通过使用以下公式计算最大频率：

$$f_{max} = 1/t_{max} = 1/(T_{pffl} + T_{outbuf} + T_{on\_board} + T_{inbuf})$$

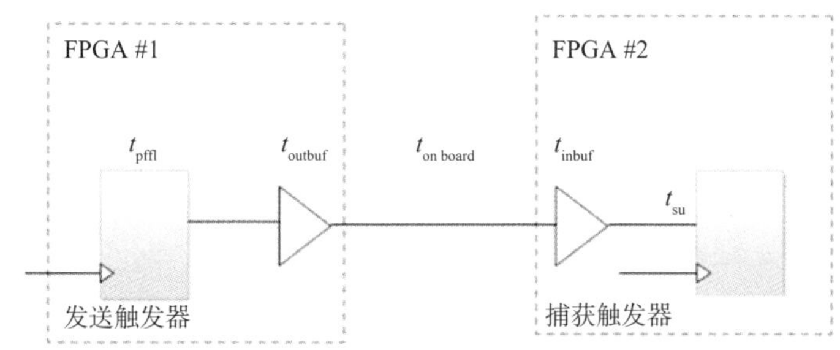

图 14.7　多个 FPGA 的设计时序

如果使用电缆连接多个 FPGA，那么在计算最大工作频率时，要考虑电缆长度引起的最大板级延迟。FPGA 之间的最大电缆延迟可以被视为板级延迟（图 14.8）：

$$f_{max} = 1/t_{max} = 1/(T_{pffl} + T_{outbuf} + t_{cable} + T_{inbuf})$$

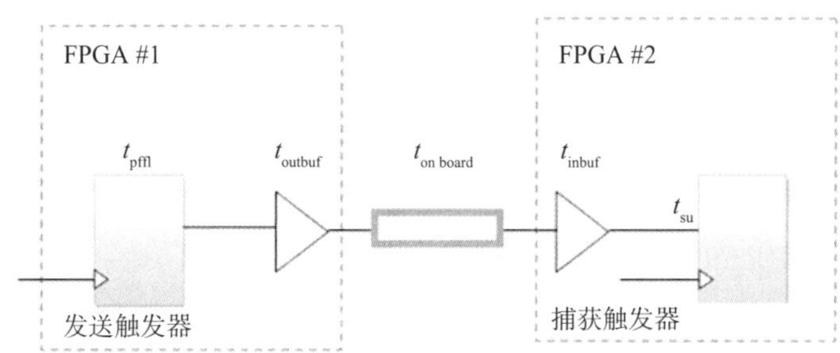

图 14.8　使用电缆连接器实现多个 FPGA 之间的通信

如果使用可编程开关来建立 FPGA 之间的连接，则使用开关矩阵的延迟（图 14.9）。

可以使用以下公式计算最大工作频率：

$$f_{max} = 1/t_{max} = 1/(T_{pffl} + T_{outbuf} + t_{switch\_matrix} + T_{inbuf})$$

在这种类型的连接中，板间延迟用 t_{switch_matrix} 表示。

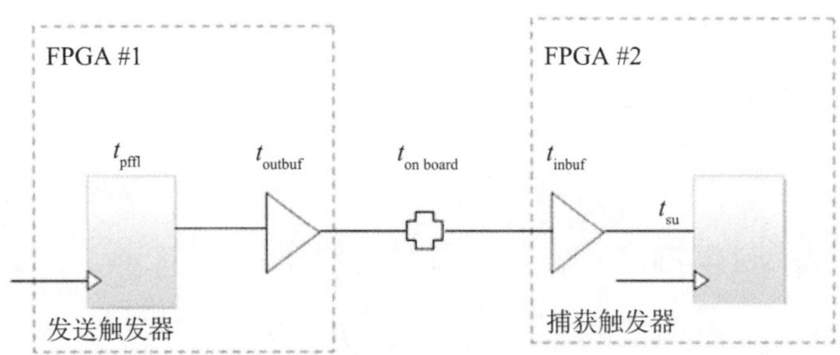

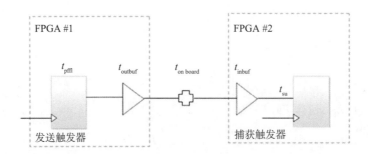

图 14.9 使用开关矩阵实现多个 FPGA 之间的通信

总结一下，原型设计工程师在 SoC 原型设计时需要关注以下重要事项：

（1）RTL 编码风格及单个或多个 FPGA 上的设计映射。

（2）总线和互连的复杂性。

（3）IP 模块的使用及其时序。

（4）每个 FPGA 设备的总体利用率。

（5）FPGA 之间传输数据的 IO 速度和带宽。

14.6 设计接口逻辑时的注意事项

在系统设计中，处理器通过接口与外部 IO 和存储设备交换数据。正如前面所述，为了减少引脚数，IO 需要进行复用。有多种复用技术，例如：

（1）使用 MUX 和 DEMX 进行 IO 多路复用。

（2）使用 SERDES 进行 IO 复用。

（3）基于移位器的 IO 多路复用。

基于设计需求的 IO 多路复用可以通过使用 RTL 或 EDA 工具来实现。为了实现引脚多路复用，需要使用更好的分区和引脚映射工具。

如图 14.10 所示，地址和数据总线被复用。为了正确地进行地址解码，应该在目的地逻辑电路中对总线进行解复用。IO 复用技术将在 14.8 节进行讨论。

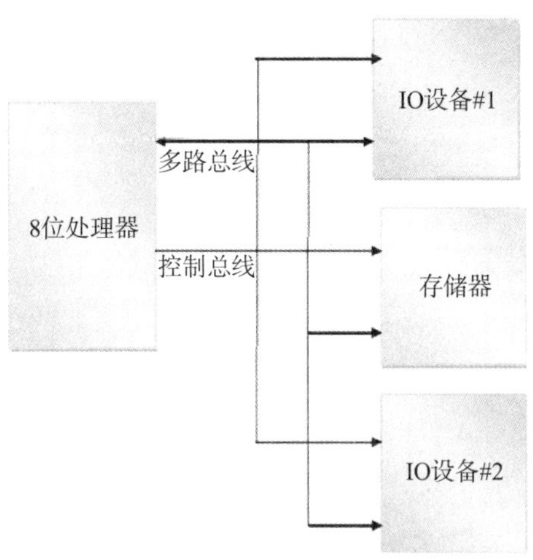

图 14.10 地址数据总线的 IO 多路复用

14.7 IO规划与约束

对于高效的原型设计，IO 规划、文档编写和对其进行约束是重要的任务。下面将介绍使用 Xilinx Vivado 进行 IO 规划的方法。

IO 规划布局如图 14.11 所示。

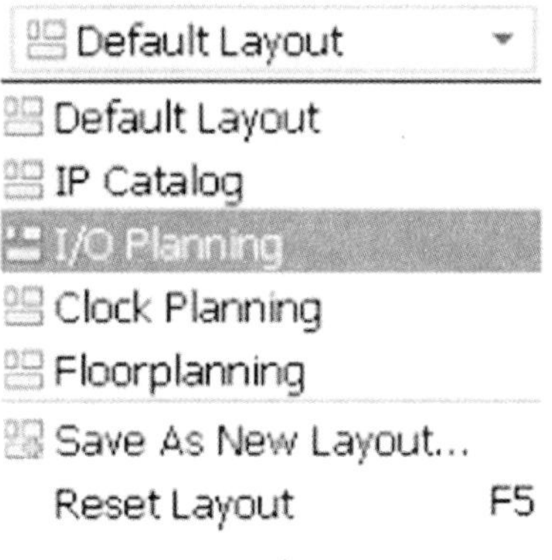

图 14.11 IO 规划

执行 IO 规划时，在单击“IO 规划”后，请使用图 14.12 所示的辅助视图。

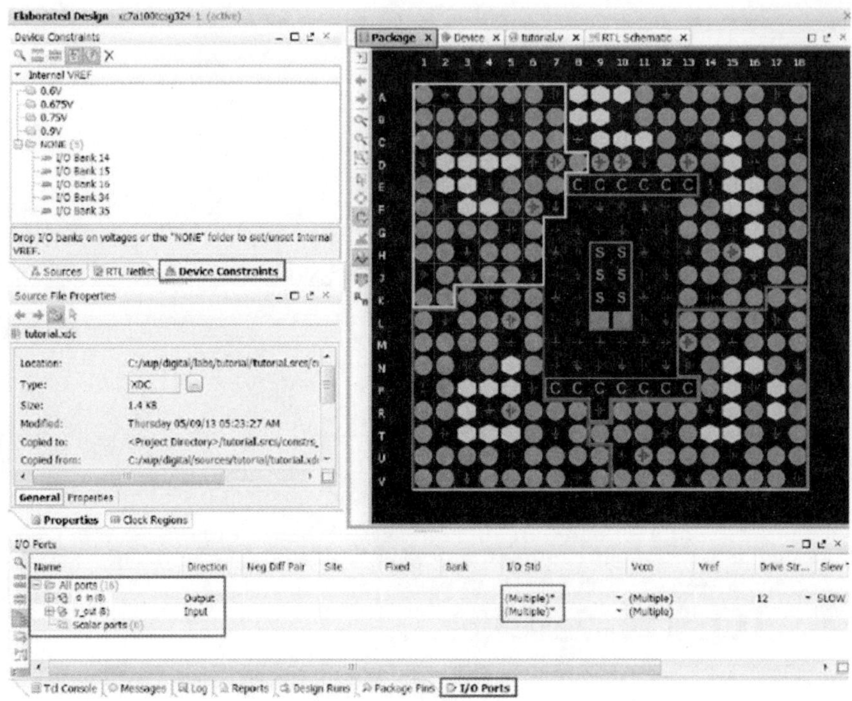

图 14.12 IO 规划辅助视图

在辅助视图中，会显示该封装，在选择设备约束后，会在控制台区域显示 IO 端口。对于多种 IO 标准，设计输入和输出将在 IO 选项卡区域列出。

在“IO 标签”区域中，单击输入（d_in）和输出（y_out）的“+”框，如图 14.13 所示。

I/O Ports

Name	Direction	Neg Diff Pair	Site	Fixed	Bank	I/O Std	Vcco
All ports (16)							
d_in(8)	Output					(Multiple)*	(Multiple)
d_in (7)	Output					default (LVCMOS18)	1.800
d_in(6)	Output					LVCMOS33*	3.300
d_in (5)	Output					LVCMOS33*	3.300
d_in(4)	Output					LVCMOS33*	3.300
d_in (3)	Output					LVCMOS33*	3.300
d_in(2)	Output					LVCMOS33*	3.300
d_in (1)	Output					LVCMOS33*	3.300
d_in(0)	Output					LVCMOS33*	3.300
y_out (8)	Input					(Multiple)*	(Multiple)
y_out (7)	Input					default (LVCMOS18)	1.800
y_out(6)	Input					LVCMOS33*	3.300
y_out (5)	Input					LVCMOS33*	3.300
y_out(4)	Input					LVCMOS33*	3.300
y_out (3)	Input					LVCMOS33*	3.300
y_out(2)	Input					LVCMOS33*	3.300
y_out (1)	Input					LVCMOS33*	3.300
y_out(0)	Input					LVCMOS33*	3.300
Scalar ports (0)							

图 14.13 IO 标准

现在你可以看到 IO 标准了。对于 d_in（6 到 0）和 y_out（6 到 0），使用

LVCMOS33 的 IO 标准，而对于 d_in（7）和 y_out（7），默认使用 LVCMOS18 的 IO 标准。根据 IO 需求，可以选择其中一种 IO 标准。要将 y_out（7）的 IO 标准更改为 LVCMOS33，如图 14.14 所示。

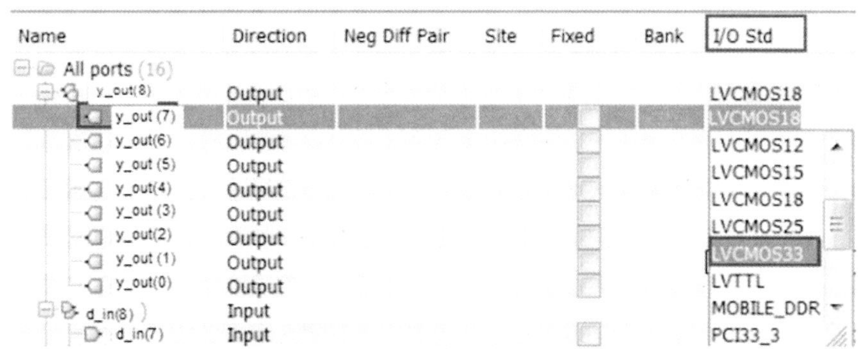

图 14.14　IO 标准的选择

可以采用如下 TCL 命令，对 IO 标准进行选择：

```
set_property package_pin V5 [get_ports {y_out[7]}]
set_property iostandard LVCMOS33 [get_ports [list {y_out[7]}]]
```

通过 IO 端口属性，也可以分配 IO 标准。在分配 IO 标准后，将约束保存到 comb_design.xdc 文件中。

但是对于大型 SoC 设计，手动的 IO 规划并不是正确的选择。在选择 IO 标准、电压域以及分配约束时可能会出现手动错误。因此，请使用脚本来锁定各个 IO 标准的 IO 位置并约束 IO 延迟。

14.8　IO复用

为了减少引脚数，可以将 IO 引脚复用。本节将讨论 SoC 原型中使用的不同 IO 复用技术。

正如前面所讨论的，IO 多路复用可以通过使用以下方法实现：

（1）基于 MUX 的 IO 复用。

（2）基于 SERDES 的 IO 复用。

（3）使用移位器进行 IO 多路复用。

14.8.1 基于MUX的IO复用

在这种技术中，使用了多路复用器和解复用器。考虑在FPGA 1内部接收的n:1 MUX IO信号。FPGA 1在“传输时钟”的控制下工作。使用“传输时钟”将n个IO信号进行多路复用并传输。FPGA 2使用“接收时钟”接收IO信号样本，并使用1:n解复用器（图14.15）对其进行解复用。

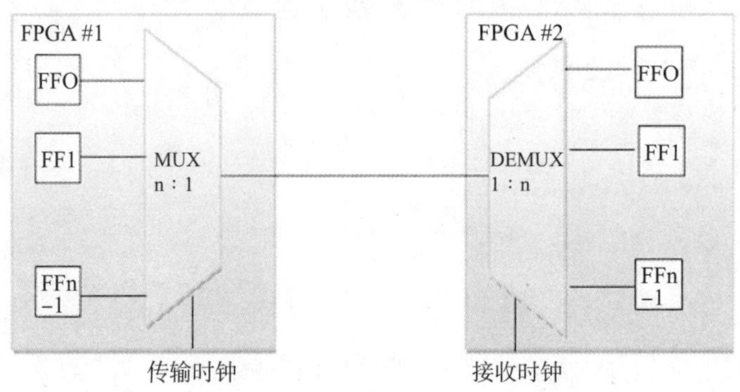

图 14.15 基于MUX的IO复用

如果n = 4，那么4 : 1 IO多路复用器需要以n × 4的时钟速率传输IO信号。如果我们假设FPGA#1的系统时钟为clk，那么传输时钟应为n × clk。这种技术中的传输和接收时钟应同源。

14.8.2 使用SERDES进行IO多路复用

这是多路复用IO的一种技术，在这种技术中，SERDES和LVDS被用于将发送FPGA的IO信号传输到捕获FPGA。

发送FPGA可以通过传输时钟将差分信号传输出去，该信号由捕获FPGA接收，如图14.16所示。

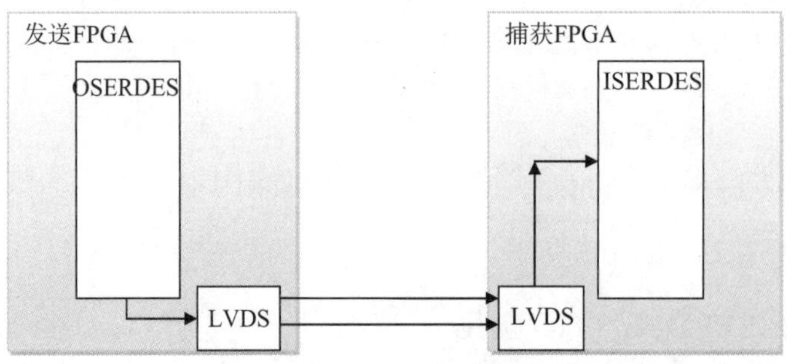

图 14.16 LVDS和IO SERDES用于串行传输

14.9 FPGA的IO端口综合

因为 FPGA 工具并不理解引脚的实例化，因此在原型设计时有必要对其进行修改。由于 RTL 中不包含 IO 引脚，FPGA 工具会推断出 FPGA 引脚。因此，需要将带有悬空连接的引脚留在顶层边界处，或者使其处于不活动的状态。在原型设计时，用 FPGA 等效的可综合模型替换每个 IO 引脚实例。

该模型应在 RTL 级别具有逻辑连接，可以通过使用 Verilog RTL 编写一小段代码来实现。为了高效地进行原型设计，需要准备 SoC 封装库。FPGA 的基本 IO 单元如图 14.17 所示。

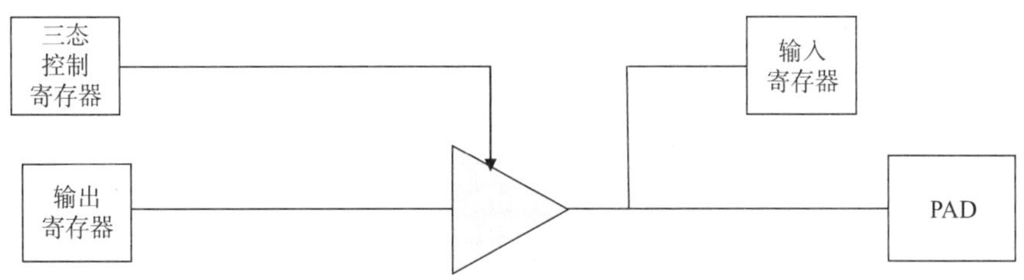

图 14.17 FPGA 基本 IO 单元

使用 Synopsys DC 时，可以使用以下命令：

```
dc_shell > set_port_is_pad
dc_shell > insert_pad
dc_shell > compile -map_effort high
```

有关 FPGA 综合的更多信息，请参阅第 13 章。

14.10 现代FPGA的IO和接口

现代 FPGA Intel Stratix 10 具有高速 IO 接口。表 14.1 提供了通用和高速互连、PLL IO 接口和 PCI Express 硬核的信息。根据 IO 和逻辑密度要求，可以选择或设计原型板。

表 14.1 Intel FPGA Stratix 10 互连

Intel Stratix 10 GX/SX 设备名称	互 连		PLL		硬 IP
	最大 GPIO	最大 XCVR	fPLL	IO PLL	PCIe 块
GX 400/SX 400	392	24	8	8	1
GX 650/SX 650	400	48	16	8	2

续表 14.1

Intel Stratix 10 GX/SX 设备名称	互　连		PLL		硬 IP
	最大 GPIO	最大 XCVR	fPLL	IO PLL	PCle 块
GX 850/SX 850	736	48	16	15	2
GX 1100/SX 1100	736	48	16	15	2
GX 1650/SX 1650	704	96	32	14	4
GX 2100/SX 2100	704	96	32	14	4
GX 2500/SX 2500	1160	96	32	24	4
GX 2800/SX 2800	1160	96	32	24	4
GX 4500/SX 4500	1640	24	8	34	1
GX 5500/SX 5500	1640	24	8	34	1

14.11 本讨论对SoC原型设计有何帮助？

在 SoC 原型设计时，我们需要考虑以下几点，以选择具有高速 IO 连接性和架构的 FPGA：

（1）高速 IO 连接。

（2）高速差分信号。

（3）低压差分信号。

（4）高速接口。

（5）在实施层面上，更好地布局布线。

Stratix 10 HyperFlex 多路复用器如图 14.18 所示。

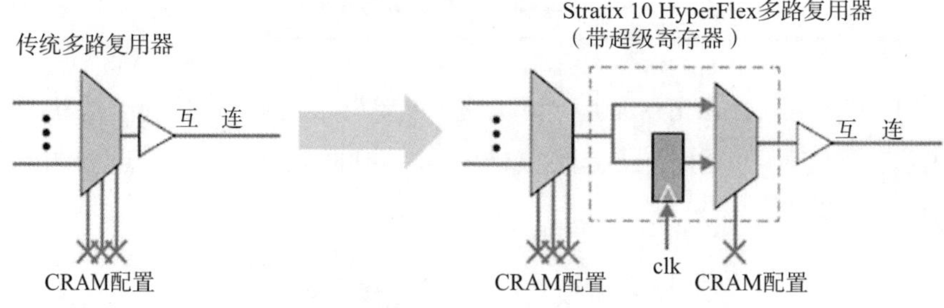

图 14.18　Stratix 直通旁路超级寄存器

Intel FPGA Stratix 10 器件采用 HyperFlex 核心架构，与上一代产品相比，其功耗降低了 70%，时钟频率提高了 2 倍，具有更高的数据吞吐量、更佳的功耗效率和更强的设计功能，从而提高了设计效率。

重要的原因是，由于 HyperFlex 核心架构，IP 尺寸减小，并且由于 2× 时钟频率，总线宽度减小。这一特性使许多 FPGA 资源得以释放，从而改善了布线拥塞情况，甚至还提高了整个设计的时序性能。

除了 ALM 中的传统寄存器外，FPGA 结构中还存在其他可旁路的寄存器。这些超级寄存器可用于功能块、互连和布线阶段的输入。

这些寄存器可以被高度智能化的工具使用，通过减少关键路径延迟和布线延迟来提高设计时序性能。图 14.19 展示了 FPGA 结构中的超级寄存器。

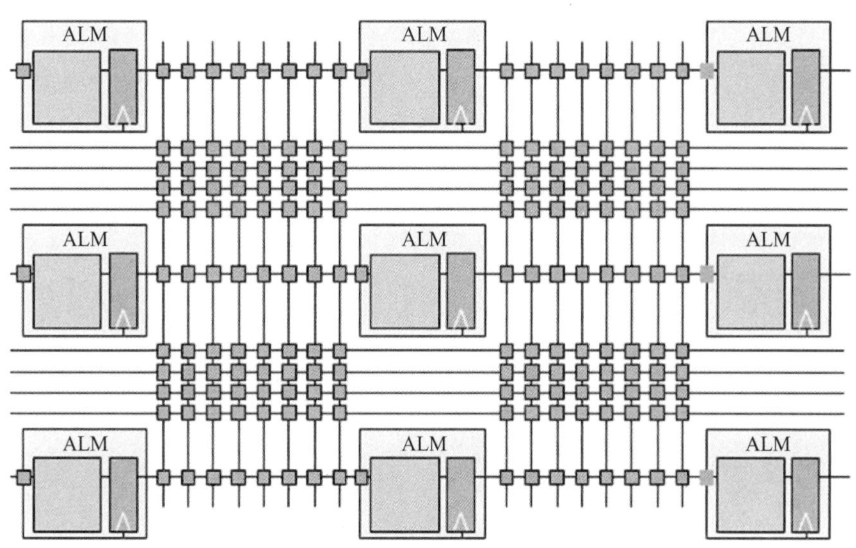

图 14.19 FPGA 结构中的超级寄存器

14.12 总 结

以下是对本章要点的总结：

（1）互连延迟是实现原型性能的限制因素。

（2）对于使用多个 FPGA 的原型设计，可以采用星形、环形或混合拓扑结构。

（3）输入输出多路复用技术被用来减少设计中的引脚数量。

（4）可以通过使用多路复用器、移位器和SERDES来实现IO多路复用。

（5）为了使原型具有更好的性能，FPGA之间的板级延迟必须尽可能减小。

（6）LVDS和SERDES可以用于将IO和时钟信息从发送FPGA传递到捕获FPGA。

第 15 章　SoC原型设计和调试技巧

量子计算是未来数字世界的更好选择。

在前几章已经讨论过，拥有百万门的SoC设计可以通过FPGA进行原型化。在这种设计中实现所需性能的最大挑战来自于FPGA的多种架构、设计分区以及它们之间的连接性。本章主要讨论选择目标FPGA和原型板以验证SoC设计时需要考虑的关键因素，以及多FPGA设计和考虑因素、风险、挑战及如何克服。此外，还将介绍Xilinx Zynq-7000系列的特点及SoC平台考虑因素。

15.1 SoC设计与考虑因素

在过去几年的FPGA设计工作中，我注意到大多数复杂的设计无法在单个FPGA上实现。我认为，对于设计师来说，重要的一点是调整架构，看看是否有足够的空间在单个FPGA中容纳这些资源？

这是一种合乎逻辑的思考方式，也是一种避免使用多个FPGA的方法。

这样的讨论结果是积极的，通过对架构进行微调，并使用综合工具指令来高效地使用FPGA资源，可以成功地将设计映射到单个FPGA中。

在设计复杂的SoC时，我们应该采取什么方法？在实际环境中，每个组织在设计SoC时都有自己的标准流程。团队经理和领导者可以考虑何时开始原型设计，是在实现了模块级所需的覆盖目标之后，还是等待完成完整的功能验证？

如果我们深入研究原型设计流程，这些问题都可以得到解答。我们无法在设计初期准确估算FPGA资源，而且很难区分哪些逻辑可以映射到FPGA内部，哪些逻辑可以映射到FPGA外部。作为一个团队，我们需要在设计初期关注设计的功能正确性。因此，团队领导应该在通过所有基本测试的合理性检查之后考虑开始进行原型化设计阶段。至少，团队成员可以确定数据在不同功能块之间传递的情况以及设计基本功能的正确性。

如果我们尝试使用瀑布模型的设计流程，即首先进行RTL设计，然后进行第二阶段的RTL验证，使用System Verilog语言，最后为原型制作和测试阶段，那么这可能会使项目延迟几周或几个月。相比之下，采用并行启动RTL设计、验证和板级启动阶段的方法更为合适。并行任务执行可以以更好的方式实现预期的里程碑。

在使用FPGA进行原型设计时，有哪些重要的调整需要考虑？

需要考虑的重点是：输入/输出（IO）引脚、大型外部存储器和模拟块。

实际上，我们无法将大型外部存储器、模拟块和 IO 引脚完全映射到 FPGA 内部！

在架构层面上，应该决定哪些功能需要使用 FPGA 进行测试，以及需要什么样的原型板来测试或仿真整个 SoC。

好了，让我把这个概念应用到使用模拟块和硬 IP 核原型化 SoC 的设计中。实际上，不可能为模拟块和硬 IP 块生成 FPGA 网表。现实的情况是，IP 设计公司会提供评估板，原型团队需要使用这种类型的评估板与单个或多个 FPGA 接口，以实现所需的性能和功能，并创建 SoC 原型平台。这种类型的设计需要重点关注以下方面：

（1）接口信号：FPGA 和评估板应具有兼容的接口。如果 IO 不兼容，就会出现信号完整性问题。

（2）FPGA 与评估板之间的连接：RTL 应提供在 FPGA 板上实现的设计功能与外部评估板之间的连接。

（3）时序：由于 FPGA 与外部 IP 板之间的接口延迟会导致严重的时序问题，因此需要对接口延迟进行时序分析。

（4）同步：在启动时，外部硬件可能比 FPGA 逻辑需要更少的时间，因此在原型设计时应注意先将 FPGA 配置文件加载到 FPGA 中。此外，还需要分析同步和异步复位 / 清除的持续时间。

（5）电源：应具有数字和模拟的隔离功能，并根据需求提供多种电压范围。还应注意确保 FPGA 与外部板卡的连接保持所需的电压和逻辑电平。

（6）机械组装：应特别注意机械组装的质量，以便在不同的地理环境或运输过程中，电路板不会受损。

15.2 选择目标FPGA

如第 11 章所讨论的，FPGA 的关键资源包括 CLB（用于映射组合逻辑和时序逻辑）、存储器、互连资源、时钟资源、DSP 块、IO 块和收发器，现在，我们需要考虑上述可用资源，根据需求，合理选择目标 FPGA。

（1）组合逻辑和时序逻辑：FPGA 拥有多少 CLB？这可以回答 FPGA 的逻辑密度问题。因为逻辑（组合逻辑和时序逻辑）被封装在 CLB（查找表（LUT）+

触发器（FF）+ 附加级联 / 进位逻辑）中。例如，考虑 Virtex7 XC7V200T 器件，它拥有 1951560 个逻辑单元，可以根据 SoC 架构在这些逻辑单元上进行映射。

（2）存储器：如前所述，在选择 FPGA 时，请注意可用的 BRAM 数量及其配置。每个 FPGA 都有多个 BRAM，可以配置为 RAM、ROM 或 FIFO。如果我们考虑 Virtex7 XC7V200T 架构，那么该器件具有 18Kb 容量（2584 个存储块），如果将其配置为 32Kb，则最大块数为 1292。块 RAM 的最大容量为 46512Kb。

（3）IOs：FPGA 拥有的 IO 引脚数量是选择 FPGA 时需要考虑的重要因素之一。正如之前讨论的，IO 引脚有不同的标准和驱动强度。例如，Virtex7 XC7V200T 拥有 1200 个用户 IO 引脚，可以作为差分 IO 对使用。

（4）互连资源：这些资源在布局布线阶段由后端工具控制和使用。对于设计师来说，了解 FPGA 中可用的互连资源非常重要。

（5）DSP 块：为了执行信号的乘法、移位、比较、滤波等操作，我们需要了解 FPGA 中可用的 DSP 块数量。例如，Virtex7 XC7V200T 器件具有 2160 个 DSP 块。由于使用了专用的 DSP 块，其他资源可以被释放并用于实现其他功能。

（6）专用功能块：如果我们在选择 FPGA 时了解到有可用的硬核（比如以太网、PCI Express、处理器核、SERDES 等），那么这是额外的优势。

（7）时钟资源：在选择 FPGA 时，需要考虑 FPGA 拥有的专用时钟发生器的数量。可编程时钟发生器使用 PLL、时钟缓冲器用于全局和局部的时钟连接以及时钟偏差分布。Virtex XC7V200T 器件拥有 24 个时钟管理模块，可为时钟提供更低的偏差。

15.3 SoC原型开发平台

在选择 SoC 原型平台时需要考虑哪些因素？

SoC 架构复杂，可能需要数百万逻辑门，因此我们需要考虑 FPGA 资源是否适合 SoC 原型设计。大多数情况下，我们会遇到逻辑无法在单个 FPGA 中实现的情况，需要选择多 FPGA 系统！ Xilinx Zynq 板可以适用于 SoC 原型设计。

下面我们思考一下使用 FPGA 进行 SoC 原型设计的几个关键点:

(1)因为 FPGA 具有丰富的触发器逻辑资源，我们需要考虑触发器与组合逻辑的比例。如果比例较高，那么设计就可以满足性能要求，时序也会很干净。

(2)设计是否采用流水线结构？这可以给出最大可实现的时钟频率。

(3)总体资源估算应以触发器、逻辑单元和存储器的形式进行考虑，以获得更好的结果。

(4)需要近似估计 FPGA 门数，这是一种近似估计，而不是针对所需 SoC 功能的精确门数估计。

(5)了解时钟资源是非常重要的，这对于多时钟域设计非常有用。

(6)在布局布线阶段了解布线资源非常重要，因为它们可以在设计过程中提供更多关于拥塞的信息。如果一个设计使用了 80% 的资源，而另一个设计使用了 60% 的资源，那么后者将拥有更佳的布线资源。

(7)最后但同样重要的一点是单个 FPGA 实现或使用多个 FPGA 实现设计所需的 IO 引脚数。这对于在良好设计分区的情况下映射 FPGA 逻辑非常重要，并且可以在 SoC 原型设计的早期阶段提供关于 IO 多路复用和互连性挑战的信息。

15.4 如何降低原型设计的风险?

为了降低风险，我们需要密切关注 SoC 设计的综合结果和整体资源利用情况。在架构层面上，我们可以对外部接口、存储器、DSP 块、IO 和乘法器的使用情况进行准确的估计。

但是很难甚至不可能估算出设计所需的触发器数量，而且很难预测设计所需的逻辑单元总数。在这种情况下，更好的方法是在 RTL 设计阶段结束后进行综合，并查看资源利用情况。一般原则是 SoC 设计的资源利用率应在单个 FPGA 设计的 60% ~ 70% 范围内。如果利用率超过 70%，最好将设计分割为多个 FPGA。这个决定应该由原型设计团队来做出。

由于调试逻辑和功能规格变更需要额外的附加逻辑，因此在原型设计或选择 FPGA 时，不要使用 FPGA 的全部资源。

如果资源利用率超过 100%，那么 SoC 设计肯定无法在单个 FPGA 上实现。尽管可以通过架构和 RTL 微调来减少面积，但由于需要大量的逻辑单元、布线和综合过程中的巨大时间开销，这些方法可能无法产生高效的原型。相反，找到 FPGA 中可用的 LUT，并计算 SoC 设计所需的 LUT 与 FPGA 中可用的 LUT 的比例是一个更好的选择。

这个比例对于确定 FPGA 的数量很有用。但是，与其考虑使用 100% 的 FPGA 资源，不如将最大使用率设为 60% 更为明智。如果我是团队负责人，我会考虑将 FPGA 资源利用率设为 40% 至 50%。

所以，FPGA 需要的数量是多少？（SoC 设计所需的 LUT）=（FPGA 可用的 LUT × 40%）。这可以为架构团队提供更好的灵活性，以应对架构 / 设计变更，并为 SoC 设计添加测试和调试逻辑做好准备。

例如，考虑 Virtex7 7VX200T FPGA 拥有 1221600 个查找表单元（LUT），而设计需求为 2100000 个 LUT，那么所需的 FPGA 数量为：2100000 ÷ (1221600 × 0.4) = 4.29，因此我们可以考虑将设计分割成 5 个 FPGA。

15.5 原型设计的挑战与对策？

应该如何评估原型设计的性能呢？

我们来想象一下复杂的 SoC 设计，为了高效地进行原型设计，我们需要对 FPGA 资源进行估算。如何找到正确的估算方法是其中的一个挑战。是否有高效的方法来获取准确的 FPGA 估算和需求？答案是“否”，正如之前所说，对所需资源的估算可能不足以选择 FPGA。原因是我们需要考虑所需的 FPGA 性能。下面我们讨论一下满足性能要求需要考虑的关键因素。

值得注意的是，使用综合工具估算设计资源可以为我们提供一个大致的数据。这种技术可以在较高层次上提供设计性能的信息。使用综合工具进行性能评估时不包括具体的布线延迟信息，但使用布局和布线工具可以评估时序性能。FPGA 性能依赖的参数是约束。约束是综合、布局和布线工具用于满足所需时序性能的时序条件。

如果我有一个多 FPGA 的设计，那么以下关键参数会影响设计性能：

（1）流水线架构：与采用流水线架构的设计相比，不采用流水线设计的速度会更慢。因此，在设计中应采取措施，为设计添加多个流水线控制器。

（2）FPGA 器件利用率：如果 FPGA 利用率接近 60%，那么设计性能会减慢。原因是布局布线阶段会产生布线拥塞。即使此类设计具有较快的互连延迟，但整体速度依旧会很慢。有关互连延迟和时序的信息，请参阅第 14 章。

（3）扇出和负载：与扇出较低的设计相比，扇出较高的设计运行速度较慢。

（4）综合工具和环境：使用综合工具优化设计是影响设计速度的重要因素。

（5）片间 FPGA 互联：在多 FPGA 系统中，片间互联和 IO 速度是限制原型整体速度的重要因素。众所周知，与 FPGA 芯片上的逻辑速度相比，IO 速度要低得多。

（6）多路复用：引脚多路复用是限制原型机速度的主要因素之一。考虑一下多路复用 IO 的实际情况，如果 n 位多路复用逻辑的运行频率为 25MHz，那么要对 n 位信号进行采样，多路复用输入的频率应为 25MHz 的 n 倍。

（7）延时：电路板上的传播延时、单个信号的数据速率等都是限制 FPGA 性能的因素。

15.6 多FPGA架构与限制因素

正如前面所述，如果设计无法在单个 FPGA 上实现，那么就需要使用多个 FPGA 来进行 SoC 的原型设计。让我们考虑一下，使用多个 FPGA 是否有限制？理论上，可以通过使用多个 FPGA 架构实现设计，但高效的原型设计是使用最少数量的 FPGA 来验证 SoC，原因如下：

（1）多个 FPGA 之间的互连性：在多个 FPGA 架构中，互连性取决于所使用的 FPGA 数量。随着系统中 FPGA 数量的增加，会出现信号完整性和大的互连延迟等问题，系统可能会变慢，无法达到预期的设计性能。在这种情况下，建议通过调整架构来减少使用的 FPGA 数量。为了解决 FPGA 之间的互连问题，可以使用更高的时钟频率来对 IO 进行时分复用。采用这种技术的风险在于，由于复用的 IO 需要在比 FPGA 逻辑更高的时钟频率下运行，因此存在高时钟频率的风险。

（2）设计分区：手动设计分区是多 FPGA 系统设计中最重要的瓶颈之一，因为设计师需要考虑多个 FPGA 的网表及其连接性。使用工具进行设计分区是一项复杂的任务，通常情况下，手动设计分区在多 FPGA 系统设计中是不可行的。在这种情况下，原型团队可以考虑混合使用不同的分区技术。

（3）信号传播与互连：在多 FPGA 系统中，另一个重要的问题是 FPGA 之间的互连导致的信号完整性和时序问题。IO 延迟会累积，从而减缓系统速度。

（4）时钟生成与时钟分配：对于同步多 FPGA 系统，时钟偏差是实现预期性能的限制因素之一。设计师需要在板级上管理时钟分布以平衡时钟偏差。

（5）原型设计中使用多个 FPGA 许可证：通常情况下，我们发现对于多 FPGA 设计，应同时生成每个 FPGA 的网表。这可以缩短原型设计的总体时间，提高团队的工作效率。但是，这会增加测试、调试和原型设计成本，因为需要雇佣更多的设计工程师才能达到相同的效果。

15.7 Zynq原型板特点

正如前面所讨论的，对于任何复杂的 SoC 原型设计，FPGA 应该具有高速、并行处理环境和诸如 DSP、视频和音频处理等资源，以及足够的内部存储器。Zynq 7000 提供了所有这些功能。

Zynq 7000 拥有所需性能和流水线功能以及所需输入输出功能的 ARM 处理器，使其成为原型设计的强大 FPGA 之一。本节将讨论 Zynq-7000 的关键特性。

15.7.1 Zynq-7000系统框图

Xilinx Zynq-7000 系统框图如图 15.1 所示，具有可扩展处理平台（EPP），即可编程片上系统（AP-SoC）。

Xilinx Zynq-7000 主要特点如下：

（1）在单个硅片上集成了 FPGA 结构和 ARM 处理器。

（2）FPGA 芯片具有可编程逻辑（PL）和可编程处理系统（PS）。PL 是基于 Xilinx 7 系列架构的，采用台积电 28nm HPL 工艺制程，具有多标准输入 / 输出、千兆收发器和模数转换器功能。

（3）PS 基于双核 Cortex-A9 架构，具有双核 Cortex-A9 MP 核心，频率可达 1GHz，扩展了 DRAM 接口、L1/L2 缓存、片上 SRAM 和其他外围接口。

（4）该 SoC 原型平台也得到了 Xilinx 的支持，Xilinx 使用了业界标准工具——Xilinx /HLS 和 ARM/Linux。

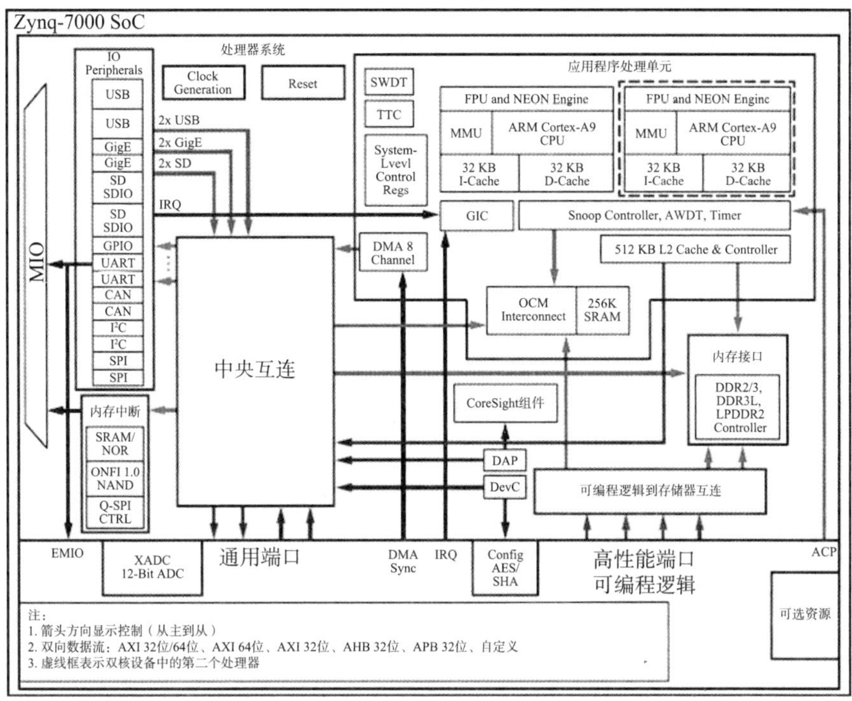

图 15.1 Xilinx Zynq-7000 系统框图

15.7.2 Zynq-7000处理系统（PS）

图 15.2 提供了关于 Xilinx Zynq-7000 PS 的信息，包含应用处理器（APU），以下是其主要特点：

（1）拥有双核 Cortex-A9 Neon 处理器，配备了 512 KB 的二级缓存。

（2）具有窥探控制单元（SCU）和 L1 缓存一致性。

（3）具有片上存储（OCM），即双端口 256 KB 的 SRAM。

（4）具有外部存储器接口，包括 DDR2/DDR3 和 ECC 存储控制器。

（5）Zynq 7000 PS 也有四线 SPI 和 NAND/NOR 闪存，可以在设计配置时使用。

（6）Zynq 7000 拥有用于 PS/PL 外围设备的标准 IO 接口（2 个以太网接口、2 个 USB 接口、2 个 UART 接口、GPIO 接口、2 个 I2C 接口、2 个 CAN 接口和 2 个 SPI 接口）。它还具有时钟 PLL、调试访问端口（DAP）、DMA 控制器、中断控制器和定时器。

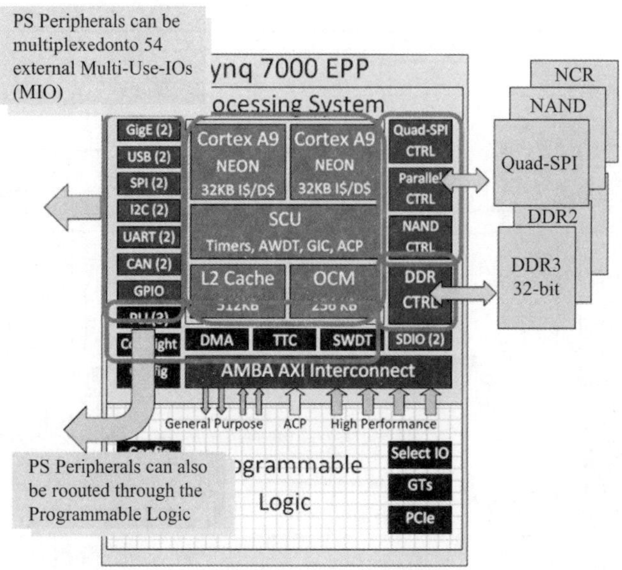

图 15.2　Xilinx Zynq-7000 处理系统

15.7.3　Zynq-7000可编程逻辑（PL）

Xilinx Zynq-7000 具有 PL-PS 接口，其中关键接口包括加速器一致性端口（ACP），用于访问缓存。通用目的（GP）AXI 端口具有 2 个主控器和 2 个从属设备，它们与中央总线相连接。

Xilinx Zynq-7000 拥有高性能（HP）AXI 端口，具有 4 个主控器、FIFO 缓冲器和直接内存访问（DMA）功能。还具有系统接口，关键接口包括 16 个共享中断到 GIC、4 个私有中断到核心以及调试接口。图 15.3 提供了 PL 的相关信息。

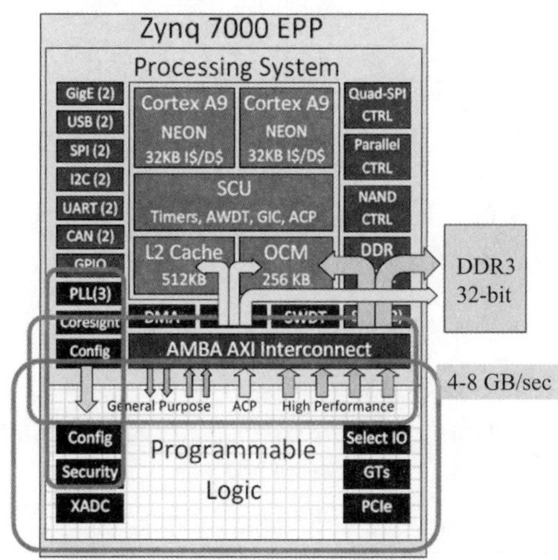

图 15.3　Xilinx Zynq-7000 可编程逻辑

15.7.4 Zynq-7000逻辑片上系统

Xilinx Zynq-7000具有与Xilinx 7系列技术相同的逻辑结构。图15.4提供了关于逻辑结构的信息，并包含嵌入式BRAM、DSP片、CMT和IO、PCI Express和A/D接口。

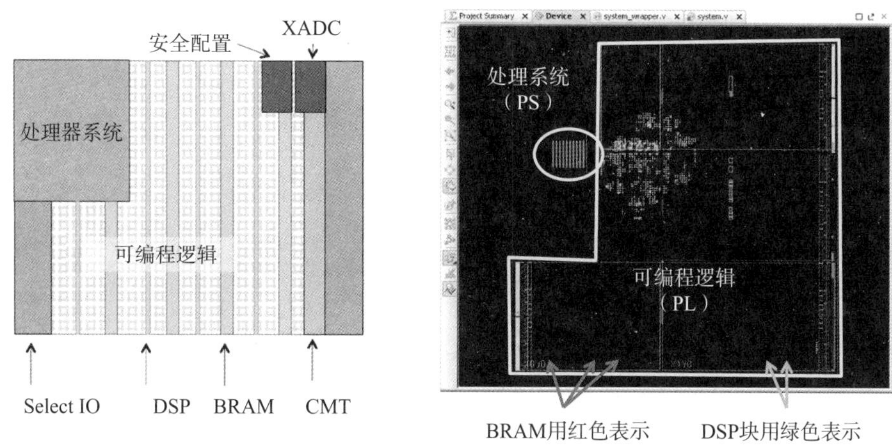

图 15.4 Zynq 7000 逻辑结构

15.7.5 Zynq-7000系列的时钟

Xilinx Zynq-7000时钟生成模块如图15.5所示，包含用于为CPU、DDR、IO和PL生成时钟的PLL。PS_CLK是外部30-60 MHz参考时钟。时钟生成逻辑还包含用于PL的四个通用时钟，它们分别命名为FCLK_CLK0、FCLK_CLK1、FCLK_CLK2和FCLK_CLK3。

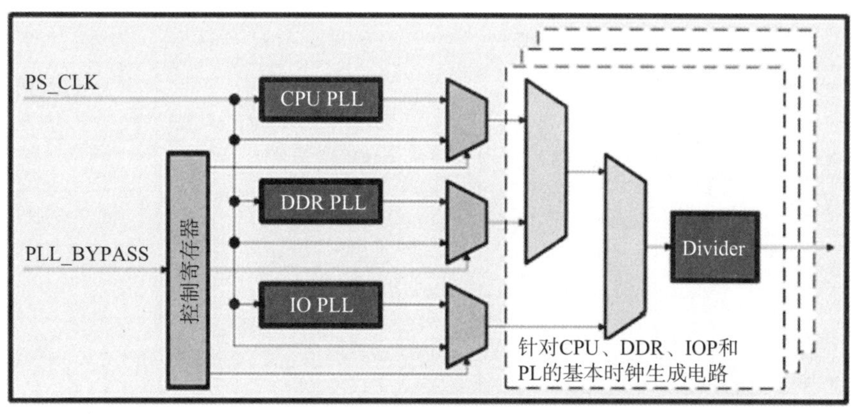

图 15.5 Zynq 7000 时钟生成器

15.7.6　Zynq-7000存储器映射

Xilinx Zynq-7000 的存储器映射表如表 15.1 所示，拥有 4GB 的可寻址内存。

表 15.1　Xilinx Zynq-7000 存储器映射

起始地址	容量 /MB	描　述
0x0000_0000	1024	DDR DRAM 和片上存储（OCM）
0x4000_0000	1024	PL AXI 从口 #0
0x8000_0000	1024	PL AXI 从口 #1
0xE000_0000	256	IOP 设备
0xF000_0000	128	保　留
0xF800_0000	32	通过 AMBA APB 总线访问的可编程寄存器
0xFA00_0000	32	保　留
0xFC00_0000	64 MB–256 KB	Quad-SPI 模式地址基址（前 256KB 的 OCM 区域之外。），64 MB 保留内存，目前只支持 32MB
OxFFFC_OOOQ	256 KB	映射到高地址空间的 OCM

15.7.7　Zynq-7000器件系列

Xilinx Zynq-7000 系列拥有不同容量的器件，如表 15.2 所示，低端器件有 7010、7015 和 7020，中端器件有 7030、7035、7045 和 7100。这些设备有不同的封装选项，甚至有不同的速度等级可供选择。

表 15.2　Xilinx Zynq-7000 系列

	设备名称	Z-7007S	Z-7012S	Z-7014S	Z-7010	Z-7015	Z-7020	Z-7030	Z-7035	Z-7045	Z-7100
	端口名称	XC7Z007S	XC7Z012S	XC7Z014S	XC7Z010	XC7Z015	XC7Z020	XC7Z030	XC7Z035	XC7Z045	XC7Z100
可编程逻辑	Xillinx 7 Sorios Programmable Logic Equlvalont	Artix®-7 FPGA	Artix-7 FPGA	Artix-7 FPGA	Artix-7 FPGA	Artix-7 FPGA	Artix-7 FPGA	Kintex®-7 FPGA	Kintex-7 FPGA	Kintex-7 FPGA	Kintex-7 FPGA
	Programmable Logic Cells	23K	55K	65K	28K	74K	85K	125K	275K	350K	444K
	Lock-Up Tables(LUTs)	14 400	34 400	40 600	17 600	46 200	53 200	78 600	171 900	218 600	277 400
	Flip-Flops	28 800	68 800	81 200	35 200	92 400	106 400	157 200	343 900	437 200	554 800
	Block RAM (#36Kb Blocks)	1.8Mb (50)	2.5Mb (72)	3.8Mb (107)	2.1Mb (60)	3.3Mb (95)	4.9Mb (140)	9.3Mb (265)	17.6Mb (500)	19.2Mb (545)	26.5Mb (755)
	DSP Slicos (18 × 25 MACCs)	66	120	170	80	160	220	400	900	900	2020
	Peak DSP Performance (Symmetric FIR)	73 GMACs	131 GMACs	187 GMACs	100 GMACs	200 GMACs	276 GMACs	593 GMACs	1334 GMACs	1334 GMACs	2622 GMACs
	PCI Express (Root Complox or Endpoint)		Gen2 × 8			Gen2 × 8		Gen2 × 8	Gen2 × 8	Gen2 × 8	Gen2 × 8
	Analog Mixed Signal(AMS)/XADC	2 × 12 位 MSPS ADC，最多 17 个差分输入									
	Security	AES 和 SHA 256b 用于引导代码和程序逻辑配置、解密和身份验证									

15.7.8 Zed开发板

Xilinx Zynq-7000 原型板如图 15.6 所示。

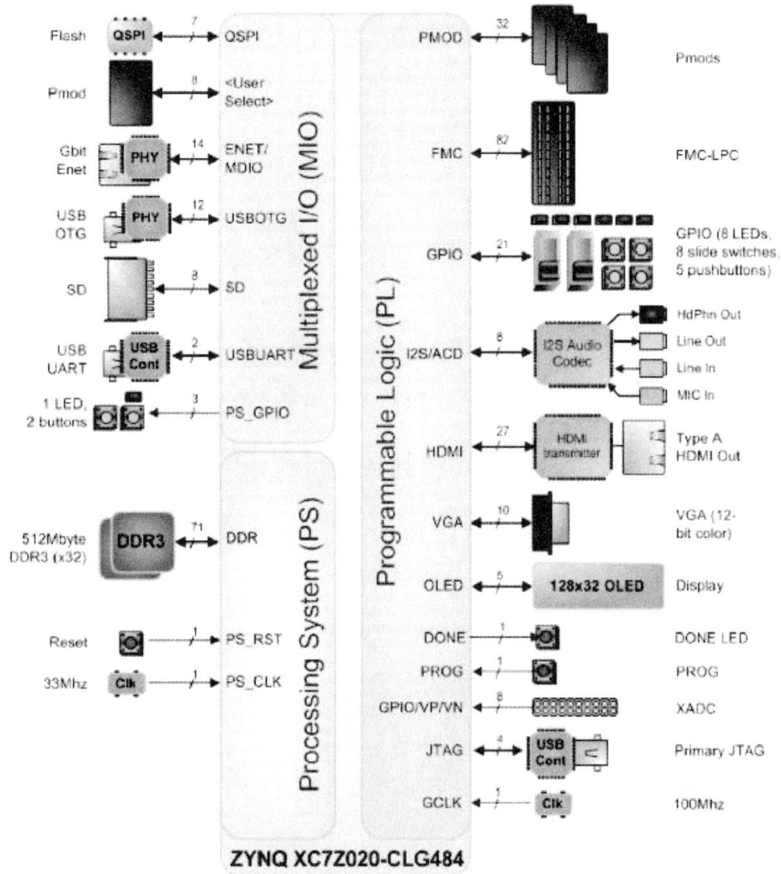

图 15.6 Xilinx Zynq-7000 开发板

Xilinx Zynq-7000 原型板特点如下：

（1）Xilinx 器件是 Z-7020，速度等级为 -1。最大工作频率为 667MHz（ARM 时钟），总线频率为 150 MHz。

（2）拥有 512MB 的板载 DRAM，内存类型为 DDR3。

（3）具有 LED、开关 GPIO、以太网、USB、UART 和 SD 卡的接口。

（4）配备了音频、视频和显示的 PL 外围设备，以及其他外围模块和 FPGA 扩展卡（FMC）。

（5）具有重置、时钟和调试的系统控制功能。

15.8 总 结

如本章所讨论的，SoC 可以通过单个或多个 FPGA 进行原型设计。在使用 FPGA 原型设计 SoC 时，需要考虑以下关键点：

（1）利用时钟网络同步的概念，将时钟分布在多个 FPGA 中。

（2）选择目标 FPGA 以达到原型设计的预期速度。

（3）以更合理的方式对设计进行分区，使每个 FPGA 的资源利用率达到 60% ~ 70%。

（4）使用高端 FPGA（如 Zynq-7000）来实现更好的原型。

（5）使用高速 IO 接口在多个 FPGA 之间传输数据。

下一章将讨论 SoC 系统级验证和测试调试逻辑。

第 16 章　板级测试

使用ILA内核和逻辑分析仪进行SoC的调试。

SoC 设计已经完成并通过了验证。现在最后一个重要的阶段是将设计在电路板上进行验证。设计可以是单个 FPGA 或多个 FPGA 设计，需要在 FPGA 板上进行验证。本章主要讨论板级验证 SoC 设计时的几个重要环节，涵盖调试规划、挑战、单个 FPGA 和多个 FPGA 的板级测试。本章可以帮助读者了解在测试 SoC 设计时逻辑分析仪的使用方法。此外，本章还讨论了 FPGA 之间的互连问题、引脚和位置约束问题。

16.1 板级启动及需要测试的内容

在测试百万门 SoC 时，应该采取什么策略？这是第一个需要回答的重要问题！作为原型团队，应该制定调试和测试计划。更好的调试和测试计划可以为单个 FPGA 设计或多个 FPGA 设计带来显著的生产效率提升。对于大型 SoC 设计，需要遵循以下几个重要步骤：

（1）对电路板进行基本读写测试。

（2）测试附加板卡和连接性。

（3）用小型设计配置单个 FPGA。

（4）使用设计分区技术来配置多个 FPGA。

（5）了解实施过程中的问题。

（6）使用实际的 SoC 设计和测试。

（7）检查并解决这些问题。

（8）记录下结果。

16.2 调试计划与检查清单

板级启动和调试计划需要在设计规划和架构阶段进行高效的文档化。从 FPGA 上下载的设计不可能在第一次运行时就能正常工作。在板级调试设计是一项耗时的任务。对于单个和多个 FPGA 设计，可以将以下内容纳入调试计划：

（1）对于单个 FPGA 设计，需要进行基本测试。

（2）用于与 FPGA 接口的附加板卡的测试。

（3）高速 IO 测试。

（4）接口测试。

（5）使用逻辑分析仪进行测试和调试。

（6）支持多个 FPGA 之间的互连和调试。

以上所有工作的主要目的是在板级捕获错误。大多数错误可能在功能验证期间无法发现，使用 EDA 工具、逻辑分析仪的更好的调试计划可以提供更多关于此类错误的信息。这些系统级的错误可以在综合、布局和布线或板级被识别并修复。表 16.1 是用于调试 FPGA 原型的几个指导原则。

表 16.1 一些关于调试的指导方针

指 南	描 述
使用较小的设计	使用较小的设计首次配置单个 FPGA，并进行基本的读 / 写测试
附加板的连接性检查	检查附加板与 FPGA 的连接是否正常
检查 IO	检查多路复用 IO 的工作情况
检查多个 FPGA 之间的连接性	通过将较小的设计分割到多个 FPGA 上，检查多个 FPGA 的连接性
检查 IO 配置	检查一下 IO 是否已正确配置
检查外部连接性	检查与外部板卡的连接情况，如闪存控制器接口、DDR 接口等
检查外部芯片组和 IP 接口	检查 IP 和外部芯片组是否正常工作
使用 Xilinx IO 延迟元件	使用可编程 IO 延时来控制 IO 时序，并与外部元件建立连接
调整时钟频率	对于更高的时钟频率，如果系统在读写操作时无法正常工作，那么为了确保并解决该问题，可以降低时钟频率。如果在较低的时钟频率下系统能够响应，那么尝试在较高的时钟频率下调试并解决该问题
检查总线连接性	检查并确认 FPGA 与逻辑分析仪之间的连接是否符合小端和大端模式
检查终端阻抗	在板级设计中，由于错误的终止方式，大多数情况下设计并不奏效
高速 IO 测试	检查用于千兆数据传输的高速收发器，然后测试协议

1. FPGA 的基本测试

运行基本测试以了解 FPGA 的可编程性：

（1）读写测试：读取并写入 FPGA 寄存器，确认 FPGA 已正确加载了 bitmap 文件。

（2）反向测试：使用 FPGA 板上的现有开关检查连接是否正确，并检查已编程 FPGA 的时钟和复位信号。

2. 附加板测试

编写一个小型例程来配置与 FPGA 相连接的附加板，并确认 FPGA 可以读取或写入附加板上的信息。调试团队可以使用这个小型例程来配置主 FPGA 板和附加板上的多个寄存器，并确认连接和配置是否正确。

3. 测试外部逻辑分析仪和 FPGA 的连接性

用主 FPGA 板测试逻辑分析仪总线的工作情况。从 FPGA 总线传输的小数据包可以确认连接是否正常。

4. 多 FPGA 互连与 IO 测试

检查多路复用器和高速时分复用器。创建测试环境，检查复用 IO 引脚的 TDM 和数据速率。

5. 多 FPGA 分区测试

如果设计中包含多个 FPGA，则需要检查 FPGA 之间的通信。可以通过编写小型设计来实现这一点。小型设计可以确保 FPGA 之间的连接能够在多个 FPGA 之间快速分割。这可以是用于在多个 FPGA 中执行类似读写操作的小型控制器。

16.3 FPGA板上有哪些不同的问题?

记录 FPGA 板上出现的主要问题，并对其进行测试，其中一些问题列在表 16.2 中。

表 16.2 电路板测试问题与解决方案

问 题	类 型	描 述	解决方案
设计无法在较高的时钟频率下工作	时 序	这种设计可能在高速运行时出现时序违例问题，为了验证这一点，可以降低时钟频率，然后检查设计。如果设计在较低的时钟频率下能够正常工作，那么就需要进行调试	查看执行时序报告，检查是否有警告。检查关键路径和缺失的约束
IO 多路复用不能正常工作	IO 速度	这可能是系统时钟与数据传输时钟不匹配导致的	检查传输时钟和系统时钟的时序约束。检查时序报告
设计在较低的时钟频率下不工作	时 序	这可能是保持时间违例所导致的	检查时序报告和约束
设计在布局和布线阶段没有时序违例，但在板级上存在一些问题	板级延迟	原因之一可能是在进行时序分析时没有考虑板级延迟	检查供应商提供的板级延迟，并在时序分析中包括它们。使用更安全的设计裕量或调整 IO 延迟
设计不适用于具有不同时钟域的多个 FPGA 系统	时 序	亚稳态和数据同步问题导致	检查多时钟域设计中是否使用了同步机制。另一个原因可能是在多个时钟域边界处进行了设计分区
设计使用了门控时钟，但在电路板上不能正常运行	时序违例	保持时间违例	检查门控时钟转换。检查不可转换的时钟和警告

续表 16.2

问 题	类 型	描 述	解决方案
数据可以在发送 FPGA 引脚的输出端获取，但无法在捕获触发器的输入寄存器中捕获	IO 配置问题	这可能是主板上的 IO 标准问题所引起的	检查单端 IO 配置和差分 IO 配置。确保在 IO 映射时使用正确的 IO 标准
设计仅在某些特定条件下工作	IO 连接性	可能是 IO 的阻抗不匹配导致的	检查传输和接收端的 IO 阻抗。在 FPGA 供应商的特定数字控制阻抗中查找更多详细信息
设计在单个 FPGA 上运行良好，但在多 FPGA 系统时却无法正常工作	IO 连接性	这可能是 IO 连接性、IO 电压和信号水平等原因造成的	检查 IO 约束和 IO 引脚映射。甚至要检查 IO 端口的终止方式
FPGA 板上有多条电缆，但设计并不起作用	连接性或者电缆故障	这可能是阻抗、延时、时序违例或信号完整性问题所导致的	检查每根电缆的终止阻抗，然后使用供应商提供的数据来解决该问题

16.4 多FPGA接口的测试

以下是针对多个 FPGA 设计的原型设计策略：

（1）对系统级划分后的设计进行时序检查。

（2）冗余逻辑或逻辑移除对多个 FPGA 之间连接性的影响。

（3）各 FPGA 之间的互连是否完好，可以通过在多个 FPGA 之间进行读写操作来进行测试。

（4）是否将门控时钟映射到 FPGA 等效电路中，或者由于使用 MUX 进行不可转换时钟导致设计存在一些问题。

（5）是否有由于内部生成的时钟引起的时序违例。

（6）复用型互连器件是在传输时钟速度下工作还是需要调整传输时钟。

（7）参考板级电流的情况，对互连和接口的兼容性进行评估。

（8）是否验证了所有引脚位置和约束。

在多个 FPGA 之间进行通信时，请考虑 FPGA 板级层面的实际问题，如图 16.1 所示。

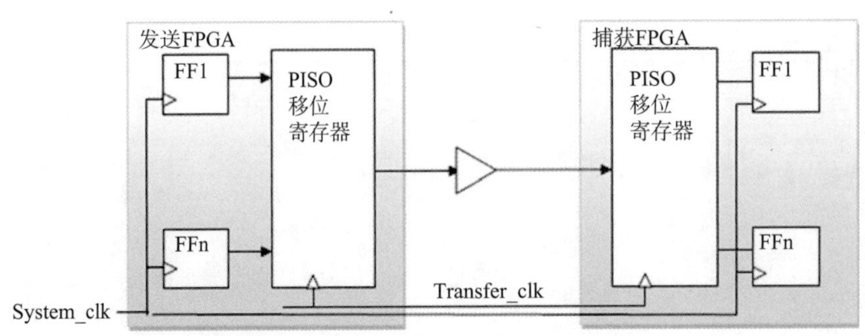

图 16.1 多 FPGA 之间的 IO 传输问题

考虑发送 FPGA 和捕获 FPGA 具有 System_clk，设计运行在系统时钟频率下。IO 信号通过 Transfer_clk 发送，并通过 Transfer_clk 解多路复用从而被输入端捕获。最大频率可以通过以下公式计算：

$F_{max} = 1/(T_{mux\_delay}+T_{on\_board}+T_{demux\_in})$

T_{mux_delay} = 多路复用器的输出延迟

T_{on_board} = 板级延迟

T_{demux_in} = 多路复用器的输入延迟

如果 $T_{mux\_delay} = 4\text{ns}$，$T_{on\_board} = 2\text{ns}$，$T_{demux\_in} = 2\text{ns}$，则

$F_{max} = 1/8\text{ns} = 125\text{MHz}$

为了更安全起见，设计中应预留 1 纳秒的裕量，这样一来，设计的最大频率为 111.11MHz。

问题是这个设计在这个频率下是否可行。我曾在第 14 章介绍过，使用 n∶1 MUX 进行 IO 多路复用需要 $n\times$ 系统时钟的传输时钟。如果系统时钟为 25MHz，那么 transfer_clk 至少应为 100MHz，最大为 125MHz。但实际上，要传输 IO 信号并不可能达到这个时钟频率。

实际上，此类多路复用 IO 的最大设计频率受到时钟延迟的限制。如果传输时钟频率为 111.11MHz，则系统时钟频率应为 12.35 ~ 15.70MHz。

因此，原型设计团队应该找出：

（1）使用输入输出延迟、板级延迟和额外容忍裕量的最大传输频率。

（2）找到系统时钟和传输时钟的比例。

（3）给出综合和布局布线中关于 transfer_clk 和 system_clk 的时序约束。

（4）在综合和布局布线阶段为转移时钟（transfer_clk）和系统时钟（System_clk）设置时钟到时钟约束（clock-to-clock constraints）。

16.5 调试逻辑与逻辑分析仪的使用

接下来的段落将讨论逻辑分析仪的使用以及在调试设计时的一些实际考虑因素。

FPGA 调试如下：

（1）使用 EDA 工具的特性来查看内部节点。

（2）工具应该注意 FPGA 边界和 FPGA 周围的逻辑。

（3）调试和测试高速 IO 特性：对于 1MHz 的高速 IO，PC 板上的走线充当传输线，因此存在信号完整性问题。

16.5.1 使用IO引脚进行探查

使用 FPGA 的 IO 引脚并使用逻辑分析仪进行探查，如图 16.2 所示。

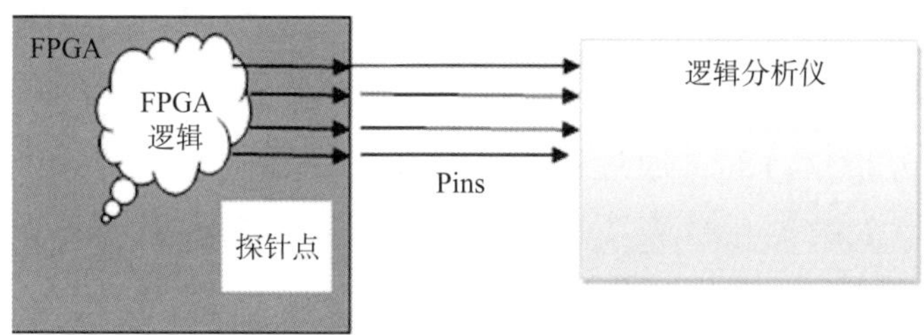

图 16.2 使用探针点进行探查

需要探查的信号可以连接到 FPGA 的引脚上，并可以通过外部逻辑分析仪进行测试。但是对于需要探查更多信号的设计来说，这不是最佳解决方案，因为 FPGA 的引脚数总是有限制的。

16.5.2 测试多路复用器（Test MUX）的使用

测试多路复用器的优点是需要的引脚数较少，但问题是只能对 MUX 的输出线进行探查，如图 16.3 所示。

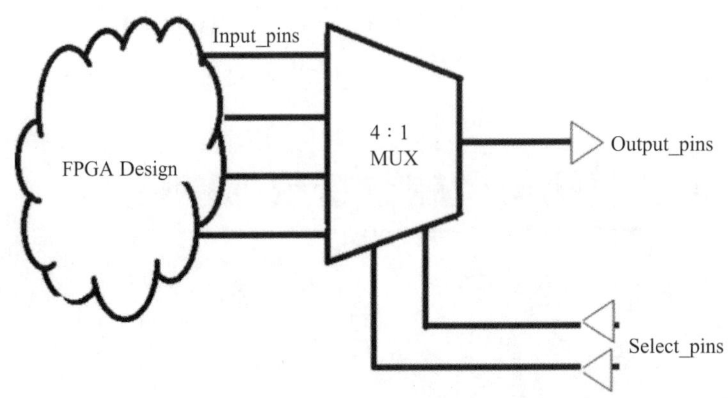

图 16.3　测试多路复用器

如果需要对 16 个信号进行探查，则使用 4 个 4 : 1 MUX 和两条选择线。在 Output_pins 上，信号的可用数量将根据选择线的状态而变化，这些信号可用于外部逻辑分析仪进行调试。

16.5.3　逻辑分析仪的使用：检测数据包是否损坏

考虑具有多个状态机控制器和视频 / 音频编解码器、10/100Mbps 以太网接口以及其他物理接口的 FPGA 设计。如果在功能仿真中未检测到从以太网传输的数据包出现错误，则整个设计存在问题。在这种情况下，有必要对从以太网接收数据包的状态机控制器进行调试。

使用逻辑分析仪，尝试通过识别状态机控制器的状态来探查数据包被破坏的位置。因此，在数据包被破坏之前，在 FPGA 内部探查设计，并确定数据包被破坏的位置。然后触发逻辑分析仪进行探查。

在模拟环境中创建调试场景，并解决该问题，如图 16.4 所示。

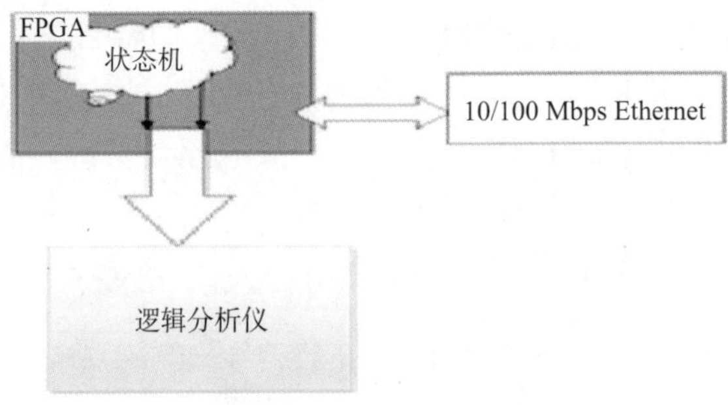

图 16.4　逻辑分析仪用于检测损坏的数据包

16.5.4 示波器用于调试设计

另一种调试方法是使用示波器监视 FPGA 边界的信号。最好使用示波器监视混合信号。模拟和数字通道可以监控 FPGA 的行为以及 FPGA 边界处的信号活动。

考虑 DDR 控制器与 FPGA 之间的接口，地址从 01FFH 更新为 0200H，但问题是数据的读取。在之前的读地址选择中，数据是从内存读入 FPGA 的，但现在问题是读取。需要进行调试，在这种情况下，可以使用混合信号示波器来监视 FPGA 边界处信号的行为。

通过触发示波器记录下该事件，就可以捕获读地址选择器的特性。这可能是由信号的时延、缓慢的信号转换或弱的驱动强度所引起的。这些问题可以在设计和板级层面上进行修复，如图 16.5 所示。

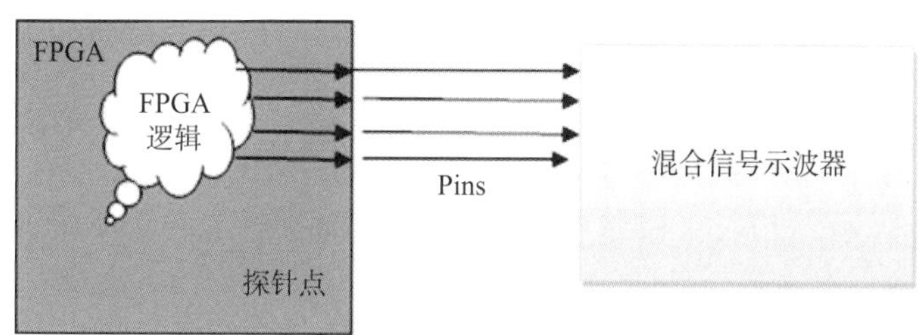

图 16.5 使用混合信号示波器进行测量

16.5.5 使用ILA进行调试

要选择许多节点，更好的方法是使用内置或集成逻辑分析仪（ILA）与块 RAM（BRAM）。这是一种经济实惠的解决方案，不需要额外的引脚。但这会增加 FPGA 内部存储器的大小。在此机制中，可以选定所需的节点，然后捕获数据并将其通过 JTAG 发送到 ChipScope Pro，如图 16.6 所示。

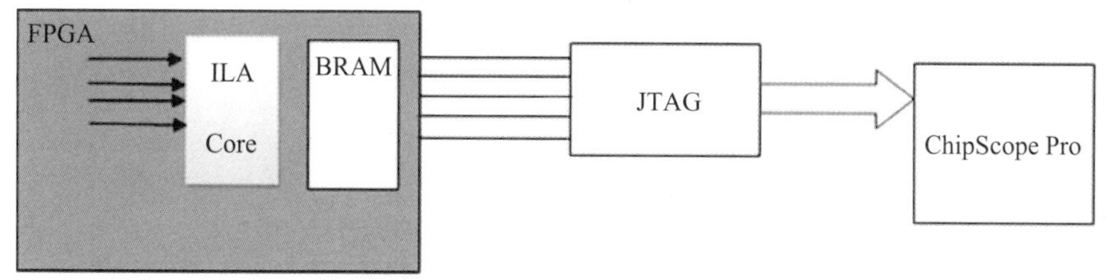

图 16.6 使用 ILA 进行调试

使用 ChipScope Pro 通过 JTAG 与 ILA 建立通信的示例如图 16.7 所示。

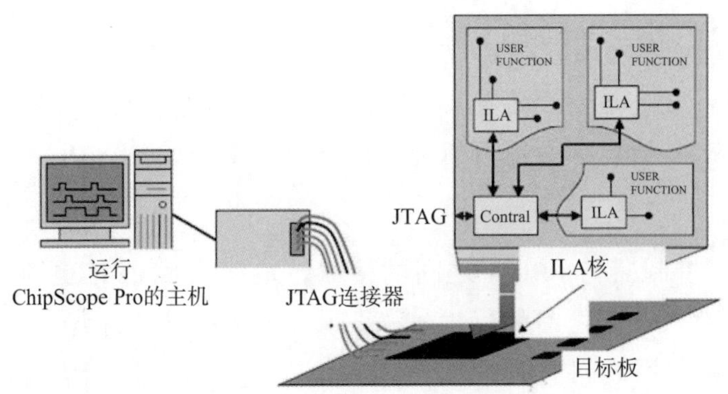

图 16.7 使用 Xilinx ChipScope Pro 进行调试

有几种将 ILA 集成到设计中的方法。可以在 RTL 级实例化 ILA，然后对设计进行综合、布局布线，最后生成 bitstream 文件。

另一种方法是根据需求将 ILA 块插入预先设计的电路中，然后进行布局布线并生成 bitstream 文件。

ChipScope 可以将包括 ILA 内核的 bitstream 文件下载到 FPGA 中。

如图 16.8 所示，JTAG 控制器块 ILA 内核相连接，可以通过 JTAG 从 ILA 内核中取出数据，并在主机 PC 上使用 ChipScope Pro 进行查看。

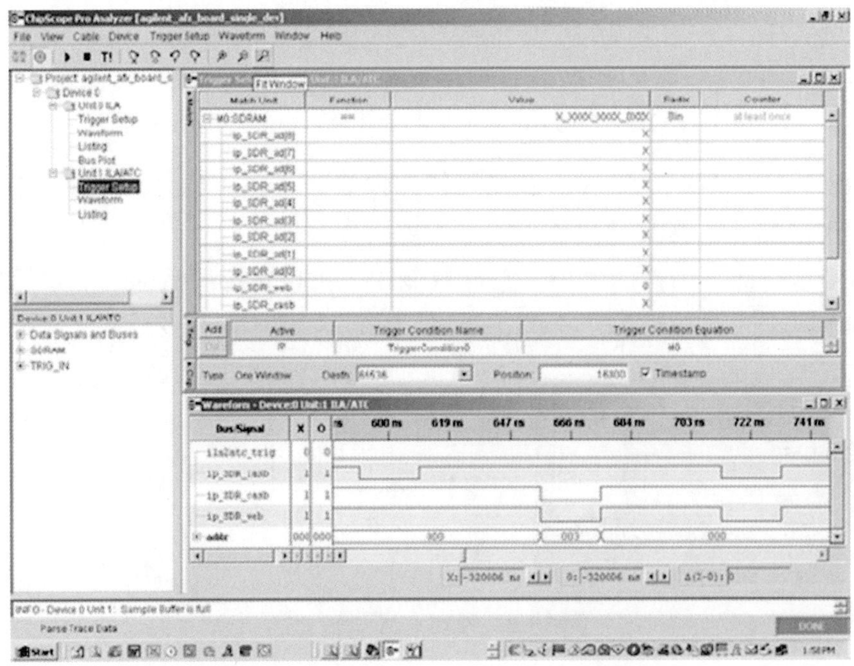

图 16.8 ChipScope Pro 调试期间的视图

16.6 系统级验证与调试

为了获得更好的验证结果，可以利用现有的 EDA 工具环境、软件模型和 FPGA 原型板进行集成验证，这被视为混合验证，可以实现对 FPGA 原型的全面验证和测试，并达到高验证覆盖率的目标，甚至可以发现早期验证阶段未确定的 bug。

有基于周期和基于事件的满足工业标准的模拟器可供使用，从而使验证任务具有更广泛的功能覆盖范围，甚至可以使用事务级建模来验证百万门级设计。

有没有可能我们第一次将模拟器与系统连接就能使其正常工作？答案是否定的，因为对于复杂的 SoC 设计来说，存在不同的场景、接口和数据传输问题。

验证和调试需要大量的工作，这是一项耗时的任务。

对于中等门数的设计，通过模拟来理解功能差异可以达到目的。但是对于百万门级 SoC 设计，验证和调试是一项严格且耗时的任务。几乎有 60% ~ 70% 的设计周期时间用于 SoC 的验证。如果我们考虑 FPGA 原型，那么仅需要大约 10% 的设计周期时间用于 RTL 编码。其余从综合到板级调试的阶段则耗费了 85% ~ 90% 的设计周期时间。

以下是验证百万门级 SoC 的两种重要方法。

16.6.1 硬件–软件协同验证

在此，信号级双向连接可以用于从仿真器到 FPGA 原型。通过使用仿真器，可以建立通信以验证待测试的设计。可以通过编写自动化测试台来实现对错误的早期检测。但如果需要验证更多的功能，则这种类型的验证方法会降低整体速度。

该策略是通过在 FPGA 原型板和模拟器之间建立双向精确的连接来实现硬件和软件的协同验证。可以通过为 Verilog 或 VHDL 等编写可综合的封装，以及为软件模拟器编写其他封装来实现这一目标。可综合代码可以由硬件封装控制，非可综合代码可以由模拟器控制。在此过程中，设计由模拟器测试台控制，硬件和软件封装的数据可以传递给双向 PLI 接口。

但是这种方法存在局限性，因为硬件工作在高速状态，而模拟器则以较低的运行频率运行，因此可能不适合实时接口。如果需要监控更多内部寄存器，那么会降低性能。

16.6.2 事务级和事务级建模

这是混合原型设计的一种推荐方法，其中在仿真器和 FPGA 原型之间使用了事务级连接。可以通过在系统级使用测试台来实现这一点。如果在虚拟模型和 FPGA 板之间建立双向连接，那么通过事务级调用传递消息就可以建立通信。这种类型的验证策略比硬件 - 软件验证（图 16.9）更快。

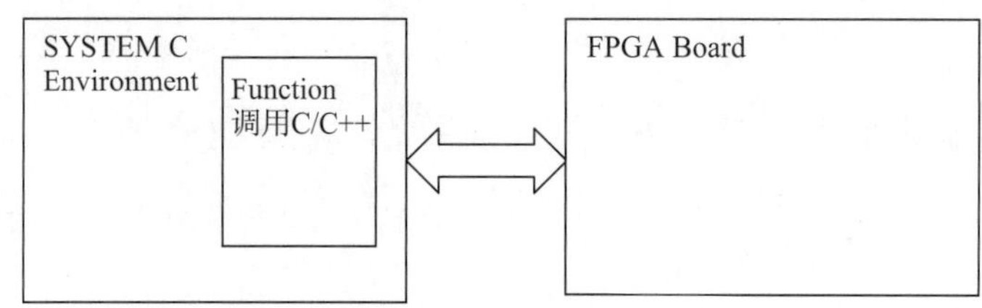

图 16.9 使用 System C 进行事务级调用

16.7 SoC原型的未来发展

过去十年间，我们目睹了 VLSI 领域的显著增长。EDA 公司和芯片制造厂商已经开发出纳米级 SoC 设计。在这种情况下，微型化时代正处于新的趋势和技术变革的边缘。

（1）人工智能：21 世纪的迫切需求是利用人工智能机制来创新产品。可以通过嵌入人工智能和算法来设计系统级芯片（SoC）。随着工艺节点的进一步缩小，可能会出现将人工智能嵌入 SoC 的演变。SoC 可用于通用应用或任何类型的复杂系统，并可以通过使用复杂的 FPGA 来重新编程和配置嵌入式智能系统。

（2）量子计算：未来将出现使用量子机制来改进设计速度的算法。在未来几十年内，量子计算机的价格将以指数速度下降。我们将真正见证使用先进技术的高速低功耗 ASIC 设计和 FPGA 原型。

（3）高密度 FPGA：我们将见证 FPGA 的进化，采用更先进的工艺节点。这种进化将使我们能够获得具有高速互连、神经网络核和智能编程、高密度的 FPGA。这些 FPGA 可用于验证 SoC 设计，应用领域包括高分辨率和高速视频处理、神经网络算法的测试、医学影像与诊断、卫星通信、人工智能等。

16.8 总 结

如本章所讨论的，SoC 可以在板级使用 EDA 工具、逻辑分析仪和示波器进行测试。以下是对本章要点的总结：

（1）先测试单个 FPGA 设计，然后测试多个 FPGA 板。

（2）通过读写操作检查多个 FPGA 之间的互连性。

（3）检查门控时钟和冗余逻辑或逻辑移除效果。

（4）使用 ILA 内核来调试设计。

（5）如果探针点有限，可以使用基于 MUX 复用的探查方法。

（6）使用 ChipScope Pro 可以同时探查多个信号。

（7）在原型调试期间，检查 IO 引脚的映射、位置、标准和电压水平。

（8）在调试设计时检查 IO 复用数据速率。

（9）使用硬件 - 软件协同验证来验证复杂的设计。

（10）使用基于 C 语言的事务级模型在复杂 FPGA 与主机之间建立通信。

附　录

附录A 常用Synopsys命令

以下列出了一些常用的Synopsys命令，它们可以在综合和时序分析过程中使用。

命 令	描 述
read -format <format_type> <filename>	读入设计
analyze –format <format_type> <list of file names>	在构建通用逻辑之前，先对设计进行语法错误分析和解析
elaborate –format < list of module names>	构建详细设计
check_design	检查设计中的诸如短路、断路、多点连接、无连接实例等问题
create_clock –name <clock_name> -period <clock_eriod> <clock_pin_names>	定义时钟
set_clock_skew –rise_delay <rising_clock_skew> <clock_name>	定义时钟偏差
set_input_delay –clock <clock_names> <input_delay> <input_port>	设置输入端口延迟
set_output_delay –clock <clock_names> <output_delay> <output_port>	设置输出端口延迟
compile –map_effort <map_effort_level>	编译指令
write –format <format_type> output <file name>	保存综合工具的输出结果
set_false_path –from [get_ports <port list>] –to get_ports <port list>	设置错误路径
set_multicycle_path – setup <period> -from [get_cells] –to [get_cells]	为多周期路径设置建立时间检查条件
set_multicycle_path –hold <period> -from [get_cells] –to [get_cells]	为多周期路径设置保持时间检查条件
set_clock_uncertanity	定义设计的裕量
set_clock_latency	定义估算的时钟网络延迟
set_clock_transition	定义时钟的 Tr 和 Tf
set_dont_touch	通常用于设置禁止优化

欲了解更多信息，请访问 http://www.synopsys.com/。

附录B Xilinx-7系列

Xilinx-7 系列对比及资源概览如下所示。

· Xilinx-7 系列对比

	Spartan-7	Artix-7	Kintex-7	Virtex-7
逻辑门（K）	102	215	478	1955
BRAM①（Mb）	4.2	13	34	68
DSP 块	160	740	1920	3600
DSP 性能②（GMAC/）	176	929	2845	5335
收发器	—	16	32	96
收发器速度	—	6.6 Gb/s	12.5 Gb/s	28.05 Gb/s
串行带宽	—	211 Gb/s	800 Gb/s	2784 Gb/s
PCIe 接口	—	x4 Gen2	xB Gen2	x8 Gen3
存储器接口（Mb/s）	800	1066	1866	1866
IO 数量	400	500	500	1200
IO 电压（V）	1.2–3.3	1.2–3.3	1.2–3.3	1.2–33
封装选项	低成本的、金属键合	低成本的、金属键合，无盖倒装	无盖倒装和高性能倒装	高性能倒装

① 以分布式随机存取存储器（RAM）的形式提供的额外内存。
② 查看 DSP 性能数据时，请注意对称滤波器的实现方式。

· Virtex-7 FPGA 系列特征概述

Device[a]	Logic cells	Configurable logic blocks (CLBs)		DSP slices[c]	Block RAM blocks[d]			CMTs[e]	PCIe [f]	GTX	GTH	GTZ	XADC blocks	Total IO BANKS[g]	Max user I/O[h]	SLRSs[i]
		Slices[b]	Max distributed RAM (Kb)		18 Kb	36 Kb	Max (Kb)									
XC7V585T	582,720	91,050	6938	1260	1590	795	28,620	18	3	36	0	0	1	17	850	N/A
XC7V2000T	1,954,560	305,400	21,550	2160	2584	1292	46,512	24	4	36	0	0	1	24	1200	4
XC7VX330T	326,400	51,000	4388	1120	1500	750	27,000	14	2	0	28	0	1	14	700	N/A
XC7VX415T	412,160	64,400	6525	2160	1760	880	31,680	12	2	0	48	0	1	12	600	N/A
XC7VX485T	485,760	75,900	8175	2800	2060	1030	37,080	14	4	56	0	0	1	14	700	N/A
XC7VX550T	554,240	86,600	8725	2880	2360	1180	42,480	20	2	0	80	0	1	16	600	N/A
XC7VX690T	693,120	108,300	10,888	3600	2940	1470	52,920	20	3	0	80	0	1	20	1000	N/A
XC7VX990T	979,200	153,000	13,838	3600	3000	1500	54,000	18	3	0	72	0	1	18	300	N/A
XC7VX1140T	1,139,200	178,000	17,700	3360	3760	1880	67,680	24	4	0	96	0	1	22	1100	4
XC7VH580T	580,480	90,700	8850	1680	1880	940	33,840	12	2	0	48	8	1	12	600	2
XC7VH870T	876,160	136,900	13,275	2520	2820	1410	50,760	18	3	0	72	16	1	6	300	3

[a]EasyPath™-7 FPGAs are also available to provide a fast, simple, and risk-free solution for cost reducing Virtex-7 T and Virtex-7 XT FPGA designs
[b]Each 7 series FPGA slice contain four LUTs ana eigntflip-flops; only some slices can use their LUTs as distributed RAM or SRLs
[c]Each DSP slice contains a preadder, a 25 × 18 multiplier, an adder, and an accumulator
[d]Block RAMs are fundamentally 36 Kb in size; each block can also be used as two independent 18 Kb blocks
[e]Each CMT contains one MMGM and one PLL
[f]Virtex-7 T FPGA Interlace Blocks for PCI Express support up to x8 Gen 2. Virtex-7 XT and Virtex-7 HT Interlace Hocks 1or PCI Express support up to xB Gen 3with the exception of the XC7VX485T device, when supports X8 Gen 2
[g]Does not Include configuration Bank 0
[h]This number does not include GTX, GTH, or GTZ transceivers
[i]Super logic regions (SLRs) are the constituent parts of FPGAs that use SSI technology. Virtex-7 HT devices use SSI technology to connect SLRs with 28.0 Gb/s transceivers

· Xilinx-7、Artix-7、 Kintex-7、Virtex-7 命名规则

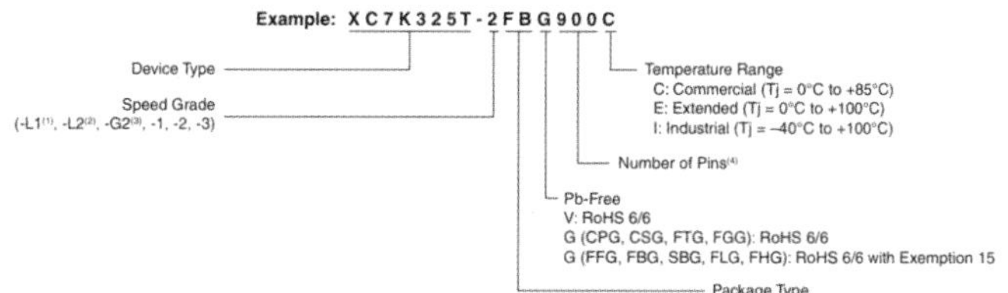

欲了解更多信息，请访问 http://www.xilinx.com/。

附录C Intel FPGA Stratix 10系列

Intel FPGA Stratix 10 系列的对比及资源概览如下。

· Intel FPGA Stratix 10 系列

Intel Stratix 10 GX/SX 设备名称	逻辑单元（KLE）	M20K/ blocks	M20K/ Mbits	MLAB/ counts	MLAB/ Mbits	18 × 19 乘法器
GX 400/SX 400	378	1537	30	3204	2	1296
GX 650/SX 650	612	2469	49	5184	3	2304
GX 850/SX 850	841	3477	68	7124	4	4032
GX 1100/SX 1100	1092	4401	86	9540	6	5040
GX 1650/SX 1650	1624	5851	114	13764	8	6290
GX 2100/SX 2100	2005	6501	127	17316	11	7488
GX 2500/SX 2500	2422	9963	195	20529	13	10022
GX 2800/SX 2800	2753	11721	229	23796	15	11520
GX 4500/SX 4500	4463	7033	137	37821	23	3960
GX 5500/SX 5500	5510	7033	137	47700	29	3960

· 互连、PLL（锁相环）和 FPGA 硬核资源

Intel Stratix 10 GX/SX 设备名称	互 连		PLL		IP
	最大 GPIO	最大 XCVR	fPLL	IO PLL	PCle 块
GX 400/SX 400	392	24	8	8	1
GX 650/SX 650	400	48	16	8	2
GX 850/SX 850	736	48	16	15	2
GX 1100/SX 1100	736	48	16	15	2
GX 1650/SX 1650	704	96	32	14	4
GX 2100/SX 2100	704	96	32	14	4
GX 2500/SX 2500	1160	96	32	24	4
GX 2800/SX 2800	1160	96	32	24	4
GX 4500/SX 4500	1640	24	8	34	1
GX 5500/SX 5500	1640	24	8	34	1

· Intel FPGA Stratix 10 系列架构

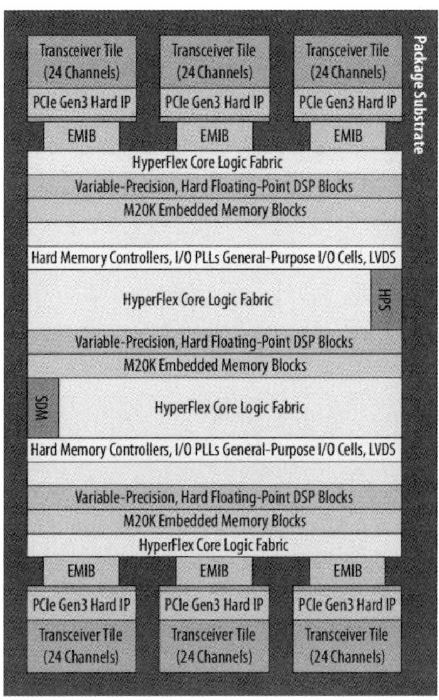

· Intel Stratix 10 FPGA 系列命名规则

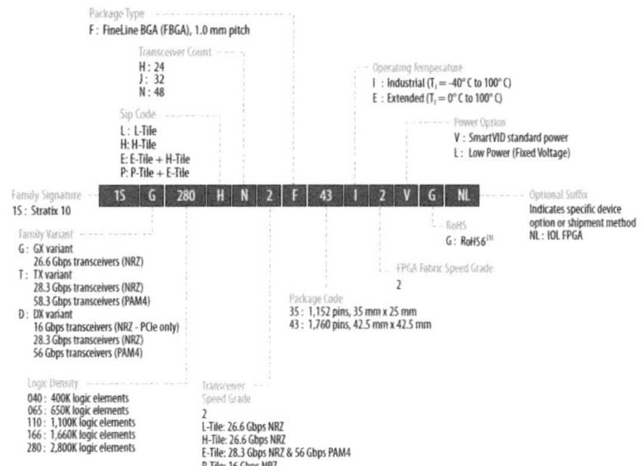

欲了解更多信息，请访问 http://www.altera.com。